建筑工程施工管理

姚晓峰　王旭峰　俞昊天　**主编**

吉林科学技术出版社

图书在版编目（CIP）数据

建筑工程施工管理 / 姚晓峰，王旭峰，俞昊天主编. -- 长春：吉林科学技术出版社，2019.12
ISBN 978-7-5578-6594-8

Ⅰ.①建… Ⅱ.①姚… ②王… ③俞… Ⅲ.①建筑工程—施工管理 Ⅳ.①TU71

中国版本图书馆CIP数据核字（2019）第285789号

建筑工程施工管理

主　　编	姚晓峰　王旭峰　俞昊天
出 版 人	李　梁
责任编辑	汪雪君
封面设计	刘　华
制　　版	王　朋
开　　本	185mm×260mm
字　　数	410千字
印　　张	18.5
版　　次	2019年12月第1版
印　　次	2019年12月第1次印刷
出　　版	吉林科学技术出版社
发　　行	吉林科学技术出版社
地　　址	长春市福祉大路5788号出版集团A座
邮　　编	130118
发行部电话/传真	0431—81629529　81629530　81629531
	81629532　81629533　81629534
储运部电话	0431—86059116
编辑部电话	0431—81629517
网　　址	www.jlstp.net
印　　刷	北京宝莲鸿图科技有限公司
书　　号	ISBN 978-7-5578-6594-8
定　　价	75.00元

版权所有　翻印必究

前 言

《建筑工程施工管理》反映了建设部重点推广的新材料、新技术、新工艺；紧密结合近年来建筑材料、建筑结构设计、建筑安装施工质量验收等标准、规范、规程进行编写；根据国家施工质量验收规范要求，增加了建筑监测和监理等内容。

本书主要有七章内容，分别有建筑发展历史、建筑施工方法管理、建筑施工测量管理、建筑施工风险管理、建筑施工质量管理、建筑施工进度管理、建筑施工监理管理等。因此，希望本书能够有助于建筑工程师和施工技术人员项目的顺利开展。

目 录

第一章 绪 论 1

 第一节 概 述 1

 第二节 建筑三要素 3

 第三节 建筑发展历史 7

 第四节 建筑背景 19

 第五节 建筑的分类和等级 20

第二章 施工方法管理 24

 第一节 地基与桩基施工 24

 第二节 钢筋混凝土工程施工 64

 第三节 砌体工程施工 123

 第四节 防水工程施工 149

 第五节 建筑给排水及采暖施工 159

第三章 施工测量管理 201

 第一节 施测部署 201

 第二节 施工安排 201

 第三节 测量方法和工艺 202

 第四节 沉降观测 214

 第五节 基坑监测 217

第六节　变形观测 219

　　第七节　测量、监测注意事项 222

　　第八节　施工测量质量要求 223

　　第九节　施工测量管理 224

　　第十节　测量复核和资料的整理 226

第四章　施工风险管理 **228**

　　第一节　风险管理的内涵 228

　　第二节　主要风险要素 228

　　第三节　运营过程风险管理 229

　　第四节　风险管理规划 230

　　第五节　工程质量测量 231

　　第六节　控制施工动态 232

　　第七节　施工进度控制 232

第五章　施工质量管理 **234**

　　第一节　质量管理体系 234

　　第二节　施工人员工程质量管理职责 235

　　第三节　质量保证 236

第六章　施工进度管理 **241**

　　第一节　影响因素和进度计划 241

　　第二节　施工成本控制 249

第七章　施工现场管理 **254**

　　第一节　存在问题 257

第二节　处理方案 259

第八章　施工监理管理 262

　　　第一节　监理概述 262

　　　第二节　项目监理机构 265

　　　第三节　监理方法 267

　　　第四节　合同管理 268

　　　第五节　质量控制 270

　　　第六节　造价控制 273

　　　第七节　进度控制 275

　　　第八节　安全生产管理的监理工作 276

　　　第九节　开工准备 279

　　　第十节　监理规划 280

　　　第十一节　监理实施细则 281

　　　第十二节　监理日志与日记 281

　　　第十三节　工地会议 282

　　　第十四节　监理月报 282

　　　第十五节　质量评估报告 283

　　　第十六节　监理工作总结 284

　　　第十七节　监理文件资料管理 284

　　　第十八节　监理表格 286

结　语 288

第一章 绪 论

第一节 概 述

建筑工程，指通过对各类房屋建筑及其附属设施的建造和与其配套的线路、管道、设备的安装活动所形成的工程实体。其中"房屋建筑"指有顶盖、梁柱、墙壁、基础以及能够形成内部空间，满足人们生产、居住、学习、公共活动需要的工程。

一、定义

为新建、改建或扩建房屋建筑物和附属构筑物设施所进行的规划、勘察、设计和施工、竣工等各项技术工作和完成的工程实体以及与其配套的线路、管道、设备的安装工程。也指各种房屋、建筑物的建造工程，又称建筑工作量。这部分投资额必须兴工动料，通过施工活动才能实现。

其中"房屋建筑物"的建造工程包括厂房、剧院、旅馆、商店、学校、医院和住宅等，其新建、改建或扩建必须兴工动料，通过施工活动才能实现；"附属构筑物设施"指与房屋建筑配套的水塔、自行车棚、水池等。"线路、管道、设备的安装"指与房屋建筑及其附属设施相配套的电气、给排水、暖通、通信、智能化、电梯等线路、管道、设备的安装活动。

二、专业预测分析

随着中国市场经济的迅速发展和加入 WTO 的带动，建筑业正从劳动密集型向技术密集型转化，先进技术和工艺设备将大量采用，许多岗位的专业程度越来越高，技术含量高的岗位又不断涌现，建筑企业需要大量地在生产及管理第一线既受理论教育，又掌握熟练技术及了解管理工作的劳动型人才。尽管国家从宏观总量层面实施经济调控，但对于那些总体发展落后于国民经济发展水平的瓶颈行业，国家将会加大政策扶持。

三、行业发展

根据国家统计局的统计数据，2010～2011年，中国建筑工程行业保持快速发展势头。2010年建筑工程行业实现销售收入3565.11亿元，同比增长58.59%；工业总产值为3488.90亿元，同比增长99.86%；实现利润总额385.20亿元，同比增长99.86%。

2011年，虽然整体经济形势不明朗，房地产调控严峻，铁路建筑投资减速，但是受保障房建筑加速以及水利建筑投资增速双方面积极影响，直接拉动了三类工程机械的需求：混凝土机械、大型挖掘机和装载机，对于其他机型的需求，则表现为间接拉动。因此，2011年我国建筑工程行业仍保持较快的增速。2011年，全国建筑工程行业资产总额达到4409.63亿元，同比增长28.61%；销售收入达到5180.92亿元，超过2010年全年，同比增长33.88%。中国庞大的基础设施建筑仍处于快速发展期，城镇化、新农村建筑、铁路、公路基础设施、公共设施建筑投资持续保持高位。"十二五"期间我国保障性住房、高铁、水利建筑年均投资分别达8000亿元、7000亿元和2000亿元，可大幅带动混凝土机械、土方机械等建筑工程类的发展。

"十二五"期间，我国对外承包合同额将继续保持增长，建筑工程行业应利用这一有利条件，扩大工程机械出口。"十二五"期间，低碳经济、绿色化、人性化和安全性愈加受到重视。挖掘机市场中端市场为主的韩系品牌市场份额已经呈现明显的下降趋势，中国企业正在从低端向高端市场突进，以外资品牌占绝对优势的市场格局有望在国内龙头企业的发力下得到有效的改观。近几年，中国建筑工程行业并购重组事件频繁，大企业初现的同时，伴随的是中小型企业逐渐退出，中国建筑工程行业大浪淘沙的年代或许已经到来。

随着建筑工程行业竞争的不断加剧，大型建筑工程企业间并购整合与资本运作日趋频繁，国内优秀的建筑工程生产企业愈来愈重视对行业市场的研究，特别是对产业发展环境和产品购买者的深入研究。正因为如此，一大批国内优秀的建筑工程品牌迅速崛起，逐渐成为建筑工程行业中的翘楚！

四、基本属性

建筑工程是土木工程学科的重要分支，从广义上讲，建筑工程和土木工程应属于同一意义上的概念。因此，建筑工程的基本属性与土木工程的基本属性大体一致，包括以下几个方面。

1. 综合性

建造一项工程设施一般要经过勘察、设计和施工三个阶段，需要运用工程地质勘查、水文地质勘查、工程测量、土力学、工程力学、工程设计、建筑材料、建筑设备、工程机械、建筑经济等学科和施工技术、施工组织等领域的知识以及电子计算机和力学测试等技术。因此，建筑工程是一门范围广阔的综合性学科。

2. 社会性

建筑工程是伴随着人类社会的发展而发展起来的。所建造的工程设施反映出各个历史时期社会经济、文化、科学、技术发展的面貌，因而建筑工程也就成为社会历史发展的见证之一。

3. 实践性

建筑工程涉及的领域非常广泛，因此影响建筑工程的因素必然众多且复杂，使得建筑工程对实践的依赖性很强。

4. 技术上、经济上和建筑艺术上的统一性

建筑工程是为人类需要服务的，所以它必然是集一定历史时期社会经济、技术和文化艺术于一体的产物，是技术、经济和艺术统一的结果。

五、工程开工

建筑工程开工必须先办理建筑工程施工许可证，施工组织设计经总监理工程师批准，有完整的具备开工的项目班子，包括：建造师、造价员、施工员、质检员、材料员、安全员证书齐全的管理人员。

现场具备三通一平。水通、电通、路通、场地平整开工的必要条件。

施工单位填报开工申请表，经总监理工程师审批同意后即可开工。

六、常用工具

瓦工常用的操作工具：瓦刀，拉拉车，砂浆机，马凳，钢卷尺，铁锹等

木工常用工具：手锯、钉锤、电锯、电刨、自制推刨等

钢筋工常用工具：绑扎勾，弯曲机，对焊机，电焊机、切断机等

砼工：振动棒

垂直运输设备：塔吊、龙门架

钢筋加工设备：钢筋调直机、钢筋弯曲机、钢筋切断机

木工加工设备：电锯、电刨、压刨

混凝土搅拌机、电焊机等

第二节 建筑三要素

建筑构成的基本要素是：建筑功能、物质技术条件和建筑形象。

建筑功能，即指建筑的实用性，是房屋的使用需要，它体现了建筑的目的性，任何建筑都有为人所用的功能，建筑功能的要求不是一成不变的，是随着社会生产力的发展，经

济的繁荣，物质文化生活水平的提高，人们对建筑功能的要求也将日益提高，满足新的建筑功能的房屋也应运而生。

物质技术条件是实现建筑的手段，它包括建筑材料（比如钢筋、水泥、木材等），结构与构造（比如砖混结构、框架结构等），设备与施工技术（比如垂直升降机、塔机、滑模升降机等）。

建筑形象是指建筑物的内外观感，它包括建筑体型（矩形、塔形、L形、圆形等）、立面处理（横向分格、竖向分格等）、内外空间的组织装修、色彩应用等。

一、中国古代建筑的特点

（一）以木构架为主的结构方式

中国古代建筑惯用木构架作房屋的承重结构。木构梁柱系统约在西元前的春秋时期已初步完备并广泛采用，到了汉代发展得更为成熟。木构结构大体可分为抬梁式、穿斗式、井干式，以抬梁式采用最为普遍。抬梁式结构是沿房屋进深在柱础上立柱，柱上架梁，梁上重叠数层瓜柱和梁，再于最上层梁上立脊瓜柱，组成一组屋架。平行的两组构架之间用横向的枋联结于柱的上端，在各层梁头与脊瓜柱上安置檩，以联系构架与承载屋面。檩间架椽子，构成屋顶的骨架。这样，由两组构架可以构成一间，一座房子可以是一间，也可以是多间。

斗栱是中国木构架建筑中最特殊的构件。斗是斗形垫木块，栱是弓形短木，它们逐层纵横交错叠加成一组上大下小的托架，安置在柱头上用以承托梁架的荷载和向外挑出的屋檐。到了唐、宋，斗栱发展到高峰，从简单的垫托和挑檐构件发展成为联系梁枋置于柱网之上的一圈「井」字格形复合梁。它除了向外挑檐，向内承托天花板以外，主要功能是保持木构架的整体性，成为大型建筑不可缺的部分。宋以后木构架开间加大，柱身加高，木构架结点上所用的斗栱逐渐减少。到了元、明、清，柱头间使用了额枋和随梁枋等，构架整体性加强，斗栱的形体变小，不再起结构作用了，排列也较唐宋更为丛密，装饰性作用越发加强了，形成显示等级差别的饰物。

木构架的优点是：第一、承重结构与维护结构分开，建筑物的重量全由木构架承托，墙壁只起维护和分隔空间的作用。第二、便于适应不同的气候条件，可以因地区寒暖之不同，随意处理房屋的高度、墙壁的厚薄、选取何种材料，以及确定门窗的位置和大小。第三、由于木材的特有性质与构造节点有伸缩余地，即使墙倒而屋不塌，有利于减少地震损害。第四、便于就地取材和加工制作。古代黄河中游森林茂密，木材较之砖石便于加工制作。

（二）独特的单体造型

中国古代建筑的单体，大致可以分为屋基、屋身、屋顶三个部分。凡是重要建筑物都建在基座台基之上，一般台基为一层，大的殿堂如北京明清故宫太和殿，建在高大的三重台基之上。单体建筑的平面形式多为长方形、正方形、六角形、八角形、圆形。这些不同的平面形式，对构成建筑物单体的立面形象起着重要作用。由于采用木构架结构，屋身的处理得以十分灵活，门窗柱墙往往依据用材与部位的不同而加以处置与装饰，极大地丰富了屋身的形象。

中国古代建筑的屋顶形式丰富多彩。早在汉代已有庑殿、歇山、悬山、囤顶、攒尖几种基本形式，并有了重檐顶。以后又出现了勾连搭、单坡顶、十字坡顶、盂顶、拱券顶、穹隆顶等许多形式。为了保护木构架，屋顶往往采用较大的出檐。但出檐有碍采光，以及屋顶雨水下泄易冲毁台基，因此后来采用反曲屋面或屋面举折、屋角起翘，于是屋顶和屋角显得更为轻盈活泼。

（三）中轴对称、方正严整的群体组合与布局

中国古代建筑多以众多的单体建筑组合而成为一组建筑群体，大到宫殿，小到宅院，莫不如此。它的布局形式有严格的方向性，常为南北向，只有少数建筑群因受地形地势限制采取变通形式，也有由于宗教信仰或风水思想的影响而变异方向的。方正严整的布局思想，主要是源于中国古代黄河中游的地理位置与儒学中正思想的影响。

中国古代建筑群的布置总要以一条主要的纵轴线为主，将主要建筑物布置在主轴线上，次要建筑物则布置在主要建筑物前的两侧，东西对峙，组成为一个方形或长方形院落。这种院落布局既满足了安全与向阳防风寒的生活需要，也符合中国古代社会宗法和礼教的制度。当一组庭院不能满足需要时，可在主要建筑前后延伸布置多进院落，在主轴线两侧布置跨院（辅助轴线）。曲阜孔庙在主轴线上布置了十进院落，又在主轴线两侧布置了多进跨院。它在奎文阁前为一条轴线，奎文阁以后则为并列的三条轴线。至于坛庙、陵墓等礼制建筑布局，那就更加严整了。这种严整的布局并不呆板僵直，而是将多进、多院落空间，布置成为变化的颇具个性的空间系列。像北京的四合院住宅，它的四进院落各不相同。第一进为横长倒座院，第二进为长方形三合院，第三进为正方形四合院，第四进为横长罩房院。四进院落的平面各异，配以建筑物的不同立面，在院中莳花植树，置山石盆景，使空间环境清新活泼，宁静宜人。

（四）变化多样的装修与装饰

国古代建筑对于装修、装饰特为讲究，凡一切建筑部位或构件，都要美化，所选用的形象、色彩因部位与构件性质不同而有别。

台基和台阶本是房屋的基座和进屋的踏步，但给以雕饰，配以栏杆，就显得格外庄严与雄伟。屋面装饰可以使屋顶的轮廓形象更加优美。如故宫太和殿，重檐庑殿顶，五脊四坡，正脊两端各饰一龙形大吻，张口吞脊，尾部上卷，四条垂脊的檐角部位各饰有九个琉璃小兽，增加了屋顶形象的艺术感染力。

门窗、隔扇属外檐装修，是分隔室内外空间的间隔物，但是装饰性特别强。门窗以其

各种形象、花纹、色彩增强了建筑物立面的艺术效果。内檐装修是用以划分房屋内部空间的装置，常用隔扇门、板壁、多宝格、书橱等，它们可以使室内空间产生既分隔又连通的效果。另一种划分室内空间的装置是各种罩，如几腿罩、落地罩、圆光罩、花罩、栏杆罩等，有的还要安装玻璃或糊纱，绘以花卉或题字，使室内充满书卷气味。

天花即室内的顶棚，是室内上空的一种装修。一般民居房屋制作较为简单，多用木条制成网架，钉在梁上，再糊纸，称「海墁天花」。重要建筑物如殿堂，则用木支条在梁架间搭制方格网，格内装木板，绘以彩画，称「井口天花」。藻井是比天花更具有装饰性的一种屋顶内部装饰，它结构复杂，下方上圆，由三层木架交构组成一个向上隆起如井状的天花板，多用于殿堂、佛坛的上方正中，交木如井，绘有藻纹，故称藻井。

于建筑物上施彩绘是中国古代建筑的一个重要特征，是建筑物不可缺少的一项装饰艺术。它原是施之于梁、柱、门、窗等木构件之上用以防腐、防蠹的油漆，后来逐渐发展演化而为彩画。古代在建筑物上施用彩画，有严格的等级区分，庶民房舍不准绘彩画，就是在紫禁城内，不同性质的建筑物绘制彩画也有严格的区分。其中和玺彩画属最高的一级，内容以龙为主题，施用于外朝、内廷的主要殿堂，格调华贵。旋子彩画是图案化彩画，画面布局素雅灵活，富于变化，常用于次要宫殿及配殿、门庑等建筑上。再一种是苏式彩画，以山水、人物、草虫、花卉为内容，多用于园苑中的亭台楼阁之上。

（五）写意的山水园景

中国古典园林的一个重要特点是有意境，它与中国古典诗词、绘画、音乐一样，重在写意。造景家用山水、岩壑、花木、建筑表现某一艺术境界，故中国古典园林有写意山水园之称。从造景艺术创作来说，它摄取万象，塑造典型，托寓自我，通过观察、提炼，尽物态，穷事理，把自然美升华为艺术美，以之表现自己的情思。赏景者在景的触发中引起某种情思，进而升华为一种意境，故赏景也是一种艺术再创作。这个艺术再创作，是赏景者借景物抒发感情，寄寓情思的自我表现过程，是一种精神升华，使人心性开涤，达到高一层的思想境界。

在中国古典园林中，景的意境大体分为：治世境界、神仙境界、自然境界。儒学讲求实际，有高度的社会责任感，关心社会生活与人际关系，重视道德伦理价值和治理国家的政治意义，这种思想反映到园林造景上就是治世境界。老庄思想讲求自然恬淡和炼养身心，以静观、直觉为务，以浪漫主义为审美观，艺术上表现为自然境界。佛、道两教追求涅槃与幻想成仙，园林造景上反映为神仙境界。治世境界多见于皇家苑囿，如圆明园四十景中约有一半属于治世境界，几乎包含了儒学的哲学、政治、经济、道德、伦理的全部内容。自然境界大半反映在文人园林之中，如宋代苏舜钦的沧浪亭，司马光的独乐园。神仙境界则反映在皇家园林与寺庙园林中，如圆明园中的蓬岛瑶台、方壶胜境、青城山古常道观的会仙桥、武当山南岩宫的飞升岩。

中国古代建筑艺术的精神内涵特征有三。其一，审美价值与政治伦理价值的统一。艺术价值高的建筑，也同时发挥着维系、加强社会政治伦理制度和思想意识的作用。其二，植根于深厚的传统文化，表现出鲜明的人文主义精神。其三，总体性、综合性很强。往往动用一切因素和手法综合成一个整体形象，从空间组合到色彩装饰都是整体的有机组成部分，抽掉其中任何一项都会整体效果。

第三节 建筑发展历史

一、世界建筑发展历史

现代建筑和现代主义建筑的区别

"现代建筑"是一个具有强烈时间阶段特制含义的概念，指现代的所有建筑活动，时间是从十九世纪中叶到现在。

"现代主义建筑"则是一种建筑风格的特指术语，主要是指二十世纪初起在全世界各国发生的各种建筑方式和建筑思维方式的探索和成果

（一）现代建筑产生的社会背景——18世纪与19世纪的欧洲社会

18世纪中期的欧洲，大部分国际还处于比较落后的农业经济阶段，各国大都沿袭了自古典主义、文艺复兴以来的文化传统，古典主义和文艺复兴成为西方文化的核心，存在两种不同的建筑：权贵的建筑和百姓的建筑。

资产阶级在十八世纪后半叶和十九世纪，终于成为欧洲和美洲的新权力阶级、统治阶级，他们不希望采用老的建筑形式，于是开创了现代建筑知识传统，但多是采用各种历史风格的大混合。

（二）欧美在建筑上的古典复兴运动的背景

18世纪下半叶和19世纪上半叶，欧洲几个主要的资本主义国家都相继出现了建筑设计上的复古主义现象，其中以法国的古典主义复古，英国的新哥特主义（浪漫主义）以及在美国和其他欧洲国家（包括英国和法国）产生的折中主义三个浪漫最具有代表性。

古典主义运动的原因：通过考古加深了对于罗马以前风格的认识，是当时的建筑家能够得到新的构思和灵感的重要资源；资产阶级看到罗马以前的一个近乎理想国的社会形态，于他们希望强调的自由、民主、博爱立场具有千丝万缕的联系，通过复古体现资产阶级的新政治立场。

古典复兴运动的风格主要是采用希腊风格、和托斯卡纳风格。

1. 法国以古典主义为中心的建筑复古运动

18世纪法国开始了启蒙运动，从意识形态上明确倾向于借用古典罗马时期的政治理

想主义和影响注意。考古还发现了罗马时期建筑的伟大面貌，从而给法国的建筑古典主义复兴提供了物质的参考基础

代表法国古典主义复古运动最高潮的是拿破仑帝国时期的大量建筑，这时期的大型建筑包括三个主要内容：

（1）为发达的经济而建立的新型建筑。

（2）为解决人口日益膨胀的城市居住问题而建造的大量多层住宅公寓建筑。

（3）为炫耀拿破仑征服的功绩而建立的大型纪念性建筑。

2. 浪漫主义建筑复古运动出现的原因

资产阶级在英国的权利和影响日益增大，煤矿和钢铁工业发展迅速，为他们急剧积累巨额的财富，在战后英国成为欧洲重要的大国，经济得到迅速发展，工业革命造成的工业城市急剧扩大，住房问题日趋严重。

英国复古主义的最特殊特点是新哥特主义的出现。

3. 美国以折中主义为主的建筑复古运动的发展

开国的革命者希望能够通过体现美国的民主精神，他们主张以罗马风格为主，兼容各种欧洲风格，形成古典折中主义的建筑面貌。

19世纪是两种类型的建筑交织发展的阶段：古典复兴主义的盛行和新建筑的涌现。

（二）现代建筑思想的萌芽

1. 产生现代建筑思想的三个基本思想因素

（1）对于传统的否定态度

（2）认为建筑应该具有强烈的时代感

（3）建筑服务对象的思维方式的改变

2. 新技术和新材料的突破为现代建筑奠定了发展的基础

1671年成立了世界上第一个建筑学院——法兰西建筑学院。

对于现代建筑来说，影响最大的技术因素之一就是钢铁在建筑中越来越广泛的应用。

3. 现代建筑思想的萌芽

提出现代建筑思想的最重要人物之一就是法国的建筑家加勒·杜克

现代建筑一个重要的启示来源是从最基本甚至是原始的建筑中找寻合理性。

（四）"水晶宫"——1851年的伦敦世界博览会和其他世界博览会对于建筑技术的促进

拉斯金的设计思想包括：

1. 强调设计的重要性

2. 强调设计的社会功能性。

3. 提出现代设计发展方向的看法：a. 对现实的观察；b. 具有表现现实的构思和创造能力

4. 提出早期的功能主义设计原则立场。
5. 肯定工业化在设计中应该具有相当重要的地位

（五）19世纪末的建筑潮流——激动与困惑

1. 设计中权利和财富象征要求和复古主义的尾声

在这一时期，许多强权国家企图通过建筑来体现权利和财富，出现了古典折中主义复古潮流，于是在奥地利、德国、英国和法国的城市扩建和改建中开始了对建筑形式的探索。

维也纳在改造中成为中欧最美丽的城市，而德国在普鲁士时期和俾斯麦时期成了欧洲最强大的国家。

在城市改造中很有特点的还有法国的巴黎、意大利的佛罗伦萨。

2. 维多利亚风格

维多利亚名字源于当时执政的英国女王维多利亚，它风格的实质是古典折中主义，代表新生的资产阶级企图利用烦琐、华贵的设计来炫耀自己的财富愿望。

这一时期最典型的例子是1835年由查尔斯·巴利设计、奥古斯都·普金作室内设计和装饰的英国议会大厦。

哥特风格的思想和意识形态奠基人是理论家约翰.拉斯金，他在1849年出版了重要的著作《建筑的七盏灯》，1851—1853年期间推出了他最有影响力的著作《威尼斯的石头》

3. "工艺美术"运动与建筑的发展

这场运动的理论指导是作家约翰·拉斯金，而运动的主要人物是艺术家威廉·莫利斯。

受工艺美术运动影响的还有以后的芝加哥建筑学派和另外一场运动——新艺术运动由画家但丁·罗西蒂，约翰·米勒斯和霍夫曼·汉特1848年发起的拉斐尔前派兄弟会给拉莫利斯很大的帮助和支持。

世界上最早的有艺术家领导的设计事务所是1864年成立的"莫利斯设计事务所"。

4. 莫利斯的跟随者——英国"工艺美术"运动的开展

具有影响意义的英国"工艺美术"运动设计集团包括："世纪行会""艺术工作者行会""手工艺行会"。

5. 沃赛和其他英国"工艺美术"运动建筑家的设计探索

6. 美国的"工艺美术"运动

美国的"工艺美术"运动建筑设计具有强烈的日本倾向。主要代表人物是弗兰克.赖特、古斯塔夫·斯提格利和格林兄弟。

（六）现代城市规划思想和实践的迅速发展

1. 工业化城市出现以前的城市规划和建筑
2. 工业城市的产生和存在的问题

3. 世纪之交期间的建筑业的结构变化和建筑形式面临的问题

建筑业逐渐被认为具有解决就业问题和吸收大量在资本主义发展时期过剩的资金的作用，这时期的建筑家行会逐渐形成了建筑设计的原则：

（1）以功能为中心；（2）强调使用当地材料；（3）强调采用本地的建筑方法；（4）在建筑时考虑本地的自认景观；（5）装饰的控制。

（七）"新艺术"运动与建筑的发展

1. 苏格兰的"新艺术"运动的查尔斯·麦金托什以及"格拉斯哥四人"设计集团

新艺术运动设计主张曲线、主张自然主义的装饰动机，反对直线和几何造型，反对黑白色彩，反对机械和工业化生产；而麦金托什则恰恰相反，主张直线，主张简单的几何造型，讲究黑白等重型色彩。

2. 奥地利"分离派"与德国的"青年风格"运动

1895年，奥地利设计家奥托·瓦格纳发表了他的著作《现代建筑》。

分离派另外一个重要的建筑设计家是约瑟夫·霍夫曼。

德国"青年风格"运动最重要的设计家是彼得·贝伦斯。

奥地利"分离派"与德国的"青年风格"运动被视为介于"新艺术"和现代主义设计之间的一个过渡性阶段。

（八）美国工业城市的兴起与芝加哥的重建

美国在殖民时期的建筑完全是模仿英国建筑，而早期的美国建筑形式多是流于形式的追逐，割断了文脉关系。

1866年麻省理工学院成立了美国第一个建筑系。

作为一个没有传统抱负、奉行实用主义、具有强大经济实力的国家，美国的建筑技术和建筑材料技术在19世纪中期以后得到迅速的发展。

几个比较重要的建筑建成时间：华盛顿纪念碑（1836—1884）、纽约布鲁克林大桥（1883年）。

19世纪末期到20世纪初期，芝加哥是美国建筑师密度最高的地区，形成了"芝加哥建筑学派"。

（九）现代建筑的开端

1. 20世纪初期的世界局势和政治状况

19世纪20世纪初，是欧洲帝国主义强权政治的时代。1871年的普法战争之后，欧洲进入一长达半个世纪的和平阶段，而这时期的西方政治基本上是由德国、意大利、法国、英国这样的一些大国操纵着。

2. 西方现代艺术的产生及其对现代建筑的影响

文学艺术上的现代主义进步是非常令人瞩目的，其中以视觉艺术的现代主义发展最令人瞩目而它对于现代建筑的影响也最大

（1）立体主义

这个运动的起源在法国印象派大师保罗.塞尚，受其影响很深的青年艺术家是巴布罗·毕加索，乔治·布拉克。

立体主义绘画是 1907 年以毕加索的作品《亚维农的少女》为标志开始的，而立体主义是在 1908 年展开的，奠基人是毕加索和乔治布拉克。

立体主义为现代建筑提供了形势基础。

（2）未来主义

未来主义运动是意大利在 20 世纪初期出现于绘画、雕塑和建筑设计的一场影响深刻的现代主义运动。他的开端是以意大利未来主义奠基人费里波·马里涅蒂于 1909 年 2 月份在法国报纸《费加罗报》上发表的《未来主义宣言》为标志的。其思想根源在于当时欧洲流行的无政府状态。

安东·桑蒂里亚是意大利未来主义建筑最重要的代表建筑设计。

未来主义对于现代建筑的影响主要是思想方面的，对建筑家冲击传统建筑提供了非常有利的意识形态和思想方法支持。

（3）达达主义

达达主义运动是一场高度无政府的艺术运动，具有很强烈的虚无主义特点，其时间是从 1915 年到 1922 年。

达达主义对于现代建筑的影响并不大，但达达对于传统的否定立场，却给现代建筑冲击传统建筑已非常有利的依据。

（4）超现实主义

超现实主义是凌驾于现实主义之上的一种反美学的流派。

超现实主义对于现代建筑的影响主要在于对工业化城市的形象方面。

3. 路易斯·沙利文和芝加哥建筑学派

芝加哥建筑学派中最具有世界性影响作用的建筑家是沙利文。其一生最重要的成就一个是芝加哥施莱辛格与迈耶百货大楼。另外一个就是他的弟子弗兰克·赖特。

代表沙利文建筑设计进入成熟阶段的标志是 1886 年的芝加哥大楼设计。

沙利文是现代建筑的重要先驱，其反对历史折中主义、采用新的建筑材料和方法、强调非工业化特点是其突出特征。他提出了"行是追随功能"的说法。从建筑实践来讲，他的最大贡献是完成了摩天大楼结构和形式的奠定基础的工作。他还是美国"工艺美术运动"的代表人之一。

4. 现代城市规划的理论和实践

进入现代时代以来，城市规划主要考虑的主要因素包括：

（1）如何安排不同城市内的区域位置和关系。

（2）建立有效的室内和成是与外部之间的交通、循环系统，使交通运输达到最大限度的方便和顺畅。

（3）城市之中的每个区域的规划设计都使之能够达到最佳效果。

（4）安全、清洁、舒适的都市环境。

（5）为娱乐、休息、教育和其他的社区活动提供足够的空间、合理的位置和足够的质量。

（6）经济实用而又足够的用水供应系统、废物排泄系统、公共设备系统的设计。

围绕这个原则出现了工业城市、带状城市、花园城市、空想社会主义城市、美国近代城市规划理论等几个形形色色的城市规划理论。

5. 弗兰克·赖特的崛起和他早期建筑设计对于现代建筑的重要影响

弗兰克·赖特提出了自己的"有机建筑"理论，在自己的设计中，他强调建筑与周围环境的形式和功能的协调性。

（1）赖特的芝加哥年代

在这一时期，赖特形成了自己的"草原住宅"风格。

（2）欧洲与日建筑对赖特的影响

在日本期间，他完成了他在亚洲最重要的建筑——东京"帝国饭店"。

6. 德意志"工业联盟""装饰艺术"设计运动和"流线型"运动

两次世界大战之间的现代建筑运动

7. "新建筑"思想——现代建筑理论和思想形成

现代建筑理论和思想的形成主要是由以下几个原因：

（1）现代社会的本质特征：从20世纪开始时期，西方各国都进入资本主义成熟发展阶段。

（2）现代社会的经济大变化：20世纪以来，西方社会国民经济不再以农业经济为主，大部分完成了农业国到工业国的转变。

（3）现代社会的人口大变化：人口增加，并且大部分来到城市工作和生活，造成对城市和建筑新的功能要求。

（4）都市化——现代化的必然产物：城市成为大部分国民居住和生活的地方，形成一种新的生活结构。

现代建筑和设计的内容主要包括：民主主义、精英主义、理想主义和乌托邦主义。

现代建筑形式特点总结如下：

（1）功能主义；（2）形式上提倡非装饰的简单几何造型：六面建筑、以柱支撑整个建筑的结构和幕墙结构的产生、标准化原则、反装饰主义立场、中型色彩立场；（3）具体设计上重视空间考虑；（4）重视设计对象的费用和开支。

8. 现代建筑运动的奠基人和他们的现代主义思想和实际

（1）现代设计的先驱：路斯、费尔德和贝伦斯

路斯是奥地利现代建筑的奠基人之一，其代表著作是《装饰或罪恶》。

费尔德是比利时"新艺术"运动的中坚人物，其重要成就是在魏玛创办了魏玛艺术与工艺学校。

贝伦斯直接影响了格罗庇乌斯、密斯和柯布西埃三位建筑大师。

（2）格罗庇乌斯与现代主义设计

（3）密斯·凡德罗与现代建筑

（4）勒·柯布西埃的现代建筑思想

（5）芬兰建筑大师阿尔瓦·阿尔托的现代建筑思想与早期建筑设计

9. 现代主义建筑在欧洲的终结和古典复兴潮

（1）独裁政权促进新古典主义建筑的意识形态背景

30 年代前后，欧洲几个独裁国家出现了对于古典主义风格的热衷潮，背景是法西斯政权要利用建筑和设计来强调政权的稳固、强大，具有明显的政治含义和象征功能性目的，这一时期的风格被称为"伪古典主义"。

（2）纳粹德国时期的建筑设计和城市规划设计思想

这一时期比较主要的德国建筑是 1934～1936 年期间建造的位于慕尼黑的德国艺术博物馆和 1934 年设计建成的纽伦堡"齐根费尔德会场"。

希特勒的两个首席设计师是保罗·特罗斯特和阿尔伯特·斯皮尔。

1937 年在巴黎举行的大型"巴黎国际博物馆"中最著名的是德国馆和俄国馆，他们代表了现代主义在德国和俄国的终结。

（3）意大利法西斯政权时期的建筑和城市规划

在这时期意大利具有代表性的建筑是汽车工业集团菲亚特委托意大利建筑家玛特·图科设计的汽车总部大楼和"奥古斯都宫"。

1927 年意大利成立了由七位建筑家组成的建筑集团——"意大利七人集团"。他们发起了"诺瓦茜多"运动，成为意大利古方建筑模式。

特拉格尼是"诺瓦茜多"风格最典型的代表人物。

10. 苏联现代建筑在两次世界大战之间的状况和新古典主义的兴起

苏联在构成主义运动中的前卫运动在斯大林领导的政府下被中止了，取而代之的是包括古典主义、俄罗斯东正教建筑和装饰风格、现代建筑结构三方面的大杂烩。

1929 年苏联部分建筑家成立了"全俄无产阶级建筑是联盟"。简称"voppa"。

列宁墓的建筑和"费库特玛斯"的中止活动，标志着苏联现代建筑运动的结束和新古

典主义的正式开始。

（1）苏联城市规划的特征：

1）政府大规模直接投资城市建筑和线性城市规划的推行。

2）通过城市规划来解决城乡对立的状况。

3）维新社会阶段结构而设计规划新城市。

（2）苏联新古典主义的兴起

这一时期的重要建筑是位于莫斯科的"苏维埃宫"和莫斯科地铁。

代表人物是建筑家波里斯·约兰。

11. 日本的现代建筑开端

在日本进行现代建筑教育的是日本东京帝国大学成立的建筑系。

这一时期日本比较主要的建筑家是日本现代建筑先驱后藤庆二、本野精吾，日斑现代建筑之父和"柯布西埃牌"中坚人物丹下健三。

12. 两次世界大战之间英美的建筑发展

威廉·阿兰设计了纽约克莱斯勒大楼，施列夫、兰伯和哈蒙联合设计和建造了"帝国大厦"，哈里逊和阿伯拉莫维兹设计的洛克菲勒中心。

（十）国际主义风格建筑运动——1945年至70年代初期

1. 世界建筑

（1）战后世界建筑发展状况

战后到70年代世界建筑可分为三个发展阶段：

1）1945年到50年代初期的恢复重建阶段，使包豪斯和现代主义建筑思想的集中体现；

2）50年代到70年代的国际主义风格运动阶段，采用了密斯提出的少就是多的原则，这一时期的风格又有粗野主义、典雅主义、有机功能主义和高科技主义；

3）70年代中期到80年代前后的当代阶段，使国际主义的延续；

西方国家建筑取得高速发展、取得重大成就的原因：

1）社会制度的不同；

2）建筑在国民经济中处于非常重要的地位；

3）国家和地方对建筑行业投资很多；

4）自由市场体系所提供的个人表现空间

（2）联邦德国（西德）：

重要的贡献是旧建筑的恢复，这样很好的保存了传统，成为国际典范。

1953年，乌尔姆设计学院建立，首任校长是马克思·比尔。其意义所在是：

1）在包豪斯的基础上继续发展了德国现代建筑、现代设计以社会目的为中心的教学

2）完全摒弃艺术为中心的建筑教育和设计教育方法

3）确定了建筑为所有设计教育的核心的模式

4）代表了欧洲不跟美国讲究流行式样的浅薄方式

英国：重要的贡献是通过卫星城市的建筑，缓解了都市的人口压力，还保护了历史传统，增强了城市的舒适性。

诺尔曼·福斯特和理查德·罗杰斯的高科技风格对世界建筑形式的影响不容忽视。

意大利：重要的贡献是意大利的室内设计和家具设计，有着其他欧洲国家所没有的个性色彩。

法国：政府投入巨大是该国建筑业的特点，并且建筑形式特点和总统有着密切联系。

斯堪的纳维亚国家：共同的特点是现代风格和人情味的兼容性非常好。一个非常重要的建筑就是丹麦建筑家约翰·伍重1957～1973年设计的澳大利亚悉尼歌剧院。

西班牙：突出特点就是各种建筑风格的混合，有建筑史博物馆的说法。比较重要的建筑是奥扎的彼堡银行大厦和拉斐尔·莫尼奥的国家艺术博物馆。

荷兰：理性化的完美，注意设计与大环境的和谐关系是其突出特点荷兰的铁路也是其很优秀的成果。

（3）美国

美国是国际主义成熟发展的国家，欧洲建筑家们的影响和本国经济环境的配合，造就了美国建筑业的飞速发展。

密斯.凡德罗在美国奠定了国际主义风格建筑的形式基础。

日裔美国建筑家山崎实则设计了纽约国际贸易中心双塔，其是典雅主义的代表作。

美国现代建筑发展的特色：

1）具有极大的包容性，广泛吸收各国建筑成就和人才，能够兼收并蓄地发展。

2）建筑科学技术的领先和广泛推广应用。

3）建筑的高度商业化。

4）汽车私人拥有的优势缓解了都市的人口压力。

5）政府兴建的建筑量比较低。

6）私人投资的公共建筑数量很多。

7）庞大的建筑教育体系和多元化的建筑教育方式。

8）国家三级政府对于规划的管理和私人建筑配合的统一体系。

9）绝大部分建筑是由私人公司承包的。

（4）日本

在美国经济的支持下，建筑业发展迅速，主要以典雅主义风格为主，但建筑风格受其本国各种因素影响，也出现多元化趋势。

这一时期的重要建筑是丹下健三设计的1963～1964年东京奥林匹克运动会大体育馆和小体育馆。

2. 国际主义建筑运动

国际主义风格时期的建筑可以分为以下几个不同类型：

（1）国际主义风格——以密斯的"少就是多"原则为主

（2）典雅主义——以山崎实为为代表

（3）粗野主义——以柯布西埃为代表

（4）有机功能主义——以埃罗·沙里宁为代表

国际主义被普及的原因：

（1）西方许多国家大企业总部大楼的兴建

（2）交通运输日益发达

（3）文化与公共设施的大量兴建

二、中国建筑发展历史

中国传统文化是中华文明演化而汇集成的一种反映民族特质和风貌的民族文化，是民族历史上各种思想文化、观念形态的总体表征，是指居住在中国地域内的中华民族及其祖先所创造的、为中华民族世世代代所继承发展的、具有鲜明民族特色的、历史悠久、内涵博大精深、传统优良的文化。它是中华民族几千年文明的结晶。

然而中国建筑艺术作为中国传统文化的分支，它是世界建筑史上延续时间最长、分布地域最广、有着特殊风格和建构体系的造型艺术。古老的中国建筑体系大约发端于距今8000年前的新石器时期。其发展大体可分为创始/成型/成熟/程式化/解体五个阶段。

（一）创始阶段

这一时代包括中国原始社会新石器时代中、晚期和整个奴隶社会的夏、商、周。

以定居为基础的新石器时代，是我国古代建筑艺术的萌生时期。由于自然条件的不同，黄河流域及北方地区流行穴居、半穴居及地面建筑；长江流域及南方地区流行地面建筑及干栏式建筑。在商代，已经有了较成熟的夯土技术，建造了规模相当大的宫室和陵墓。西周及春秋时期，统治阶级营造很多以宫市为中心的城市。原来简单的木构架，经商周以来的不断改进，已成为中国建筑的主要结构方式。瓦的出现与使用，解决了屋顶防水问题，是中国古建筑的一个重要进步。商代末年，商纣王大兴土木。周朝的建筑较之殷商更为发达，尤其技术进步很大，开始用瓦盖屋顶。此时建筑以版筑法为主，其屋顶如翼，木柱架构，庭院平整，已具一定法则。在陕西岐山凤雏村发现了西周早期宫殿遗址，在扶风召陈村有西周中晚期的建筑遗址。"上古穴居而野处，后世圣人易之以宫室，上栋下宇，以避风雨。"人类从穴居到发明三尺高的茅屋再到建筑高大宫室，从原始本能的遮风避雨到崇尚、表现高大雄伟的壮美之感，艺术的进步也是随着人类生产力的不断提高和经济的发展而不断进步的。

（二）成型阶段

这一阶段处于封建社会初期，从春秋直到南北朝。其中春秋、战国是这一阶段的序曲；秦、汉是主题，是中国古代建筑发展史的第一个高峰；三国、两晋是第一高峰的余脉；南北朝是下一阶段，即成熟阶段的序曲。

在这一阶段中国古代建筑体系已经定型。在构造上，穿斗架、叠梁式构架、高台建筑、重楼建筑和干栏式建筑等相继确立了自身体系，并成了日后2000多年中国古代木构建筑的主体构造形式。在类型上，城市的格局、宫殿建筑和礼制建筑的形制、佛塔、石窟寺、住宅、门阙、望楼等都已齐备。

战国时期，城市规模比以前扩大，高台建筑更为发达，并出现了砖和彩画。秦汉时期，木构架结构技术已日渐完善，其主要结构方法抬梁式和穿斗式已发展成熟，高台建筑仍然盛行，多层建筑逐步增加。石料的使用逐步增多，东汉时出现了全部石造的建筑物，如石祠、石阙和石墓。

秦始皇统一六国后，开始了中国建筑史上首次规模宏大的工程，这便是上林苑、阿房宫。此外，又派蒙恬率领30万人"筑长城，固地形，用制险塞。"从中我们可以看到秦作为一个统一的大帝国在中国建筑历史上所表现出来的气派。中国建筑从一开始就追求一种宏伟的壮美。

汉代建筑规模更大，到汉武帝之时更是大兴宫殿、广辟苑囿，较著名的建筑工程有长乐宫、未央宫等。汉宫殿突出雄伟、威严的气势，后苑和附属建筑却又表现出雅致、玲珑的柔和之美，这与秦相比显然又有了很大的艺术进步。

魏晋南北朝佛教盛行，给中国建筑艺术蒙上一层神秘的色彩。寺庙建筑大盛，值得一提的是，北朝不仅寺庙建筑众多而且依山开凿石窟，造佛像刻佛经，今天我们仍可见的云冈、龙门石窟都是中国及世界建筑史上的奇观。

（三）成熟阶段

这是中国古代建筑达到顶峰的时代，也是中国古代各民族间建筑第二次大融合的年代。这一历史阶段又可分为前、后半期。前半期包括隋、唐两个朝代，后半期包括五代、宋、辽金各朝。隋唐建筑气势雄伟、粗犷简洁、色彩朴实；而以两宋为代表的建筑风格趋于精巧华丽、纤缛繁复、色彩"绚丽如织绣"。

这一历史时期的建筑成就表现在建筑类型更为完善，规模极其恢宏；在建筑设计和施工中广泛使用图样和模型；建筑师从知识分子和工匠中分化出来成为专门职业；建筑技术上又有新发展并趋于成熟——组合梁柱的运用，材分模数制的确立，铺作层的形成。此外，这一期还留下了为数众多的伟大建筑。唐朝的城市布局和建筑风格规模宏大，气魄雄浑。隋唐兴建的长安城是中国古代最宏大的城市，唐代增建的大明宫，特别是其中的含元殿，气势恢宏而高大雄壮，充分体现了大唐盛世的时代精神。此外，隋唐时期还兴建了一系列宗教建筑，以佛塔为主，如玄奘塔、香积寺塔、大雁塔等。在建筑材料方面，砖的应用逐步增多，砖墓、砖塔的数量增加；琉璃的烧制比南北朝进步，使用范围也更为广泛。

在建筑技术方面，也取得很大进展，木构架的做法已经相当正确地运用了材料性能，出现了以"材"为木构架设计的标准，从而使构件的比例形式逐步趋向定型化，并出现了专门掌握绳墨绘制图样和施工的都料匠。建筑与雕刻装饰进一步融化、提高，创造出了统一和谐的风格。这一时期遗存下来的殿堂、陵墓、石窟、塔、桥及城市宫殿的遗址，无论布局或造型都具有较高的艺术和技术水平，雕塑和壁画尤为精美，是中国封建社会前期建筑的高峰。由此中国传统建筑文化发展到高潮。

（四）程式化阶段

这一阶段指元、明、清（1840年前）。然而这一历史阶段里重要的建筑活动和变革有：元大都、明、清北京城的兴建，这是中国古代封建帝都建筑的总结与终结；木构造技术的变革--拼合梁柱的大量使用、斗拱作用的衰退、模数制的进一步完成促使设计标准化、定型化以及砖石建筑的普及；施工机构的双轨制及设计工作的专业化；个体建筑形制的凝固，总体设计的发达。

这一时期建筑遗存十分丰富，重要的有明、清北京城、故宫和一些大型的皇家园林、众多的私家园林及许多著名的寺观建筑。

（五）解体阶段

在中国几千年的古代封建社会里，虽然政治上有二十余朝皇帝的更替，文化上有多次的对外交流，但是，中国文化基本上是连续的一元文化。中国的建筑，在中国整个环境总影响之下，虽各个时代有时代的特征，其基本的方法及原则却始终一贯。

以1840年鸦片战争为标志，中国步入了半封建半殖民地的近代社会，大量外国文化、建筑、技术涌入，被动的揭开了中国历史上第三次对外来文化的吸收时期，同时，也揭开了中国近代建筑史沉重的帷幕。这股外来势力动摇了中国传统的价值观，也动摇了中国传统建筑体系的根基。在强大的外来冲击、挑战下，固有的体系显得很不适应而开始解体。以此为开端的中国近代建筑的历史进程，也由此被动地在西方建筑文化的冲击、激发与推动之下展开了。其间，一方面是中国传统建筑文化的继续，一方面是西方外来建筑文化的传播，这两种建筑活动的互相作用（碰撞、交叉和融合），使中国近代建筑的历史呈现出中与西、古与今、新与旧多种体系并存、碰撞与交融的错综复杂状态。

中国传统文化博大精深，也正是这样博大精深的文化才孕育出了不朽的中华民族。其建筑艺术的发展始终伴随着人们世世代代，从有到无/从简到繁一步步发展至今。中国近代建筑正是这种不断发展的多元文化下的历史见证。

第四节　建筑背景

（一）行业背景

保持快速发展，未来的较长时间内全社会固定资产投资仍将保持稳定增长，我国建筑业正处于较快发展进程之中。城镇化建筑的推进将带来大量城市房屋建筑、城市基础设施建筑、城市商业设施建筑的需求，同时大量工业与能源基地建筑、交通设施建筑等市场也将保持旺盛的需求。根据国家"十二五"规划及建筑业各类规划，我国建筑业相关固定资产投资的主要体现：

1. 城镇化是我国现代化建筑的必由之路，也是保持经济持续健康发展的强大引擎

城镇化建筑将持续较长的时间，并将带来一个巨大的建筑市场。在城镇化建筑的带动下，房地产、建筑业等行业将继续保持增长趋势。2014年3月16日，我国发布《国家新型城镇化规划（2014—2020年）》，提出稳步提升我国城镇化水平和质量，目标到2020年底，我国常住人口城镇化率达到60%。城镇化的发展将拓展城市新增住宅建筑市场。2020年前我国将有约1亿左右农业转移人口和其他常住人口在城镇落户，这将带来大量新增城市住宅建筑需求。此外，大量的城市陈旧住宅更新也将带来较大的住宅建筑需求。同时，城镇化的持续推进将带来巨大的城市基础设施、商业设施的建筑需求。根据《国务院关于加强城市基础设施建筑意见》，我国明确了城市道路交通基础设施、管网建筑、污水及垃圾处理设施、生态园林建筑是未来城市基础设施建筑的四大核心领域。同时该意见要求加快在建项目建筑、积极推进新项目开工、做好后续项目储备，切实保障项目的落实和进度管控。

2. 房屋建筑市场

根据《中国国民经济和社会发展第十二个五年规划纲要》（以下简称：《"十二五"规划》），"十二五"期间我国将投资建筑3600万套保障房，年均建筑量达到720万套。其中，2011年开工建筑1043万套，基本建成432万套；2012年开工建筑781万套，基本建成601万套。2013年，全国已开工666万套，基本建成544万套。（注：实际为住建部公布的2013年1—11月份数据）预计2015年前，我国保障房将新开工约1100万套、在建总计约2000万套，我国保障房市场仍将保持较大建筑规模。根据《国务院关于加快棚户区改造工作的意见》（国发[2013]25号），2013-2017年内我国将改造各类棚户区1,000万户，包括城市棚户区、国有工矿棚户区改造等。棚户区的改造也将带来大量房屋建筑需求。

3. 交通基础设施建筑方面

根据《"十二五"综合交通运输体系规划》，"十二五"时期是我国交通基础设施网

络完善的关键时期，是构建综合交通运输体系的重要时期。"十二五"期间，我国将新增公路通车里程49.2万公里、新增铁路营业里程2.9万公里、新增民用运输机场55个、新增城市轨道交通营运里程1600公里。

根据《国家公路网规划（2013—2030）》，我国"十二五"国家公路网规划总规模将达40.1万公里，由普通国道和国家高速公路两个路网层次构成。普通国道网总规模约26.5万公里，共约10万公里现有公路需要升级改造、0.8万公里需要新建。国家高速公路网总计约11.8万公里，其中在建2.2万公里、待建约2.5万公里。

综上，"十三五"期间，我国交通基础设施市场在未来一段时间内仍将有较大建筑规模，公路、机场、铁路、轨道交通建筑仍将保持快速增长。

（二）人才需求分析

1. 社会需求

随着我国社会经济的发展，建筑业逐渐成为国民经济的支柱产业，在国民经济中起着十分重要的作用。根据权威部门和专家的分析，我国未来GDP的增长速度如要保持在9%左右，与此相适应的建筑业增长速度将保持在8%~9%之间，今后15年内建筑企业对建筑人才的需要数量会逐年增加。

简言之，建筑行业近几年的总体发展趋势是：效益逐年增加，规模迅速扩大，人才需求旺盛。建筑行业急需一大批熟悉建筑工程技术的技能型高级人才，而建筑工程技术专业正是在这个大背景下不断地更新和成熟，其发展前景十分广阔。因此，加强建筑工程技术专业建筑具有深远的意义。此外，《建筑法》的颁布和建筑质量责任终身制政策的实施，使企业对质量更加重视，这一系列因素都加剧了对建筑技术人员的需求，为建筑工程技术专业的发展奠定了良好的行业基础。

2. 行业需求

目前，全国建筑业现有从业人员3000多万，其中高级技工不足2.4%，技师不足1%，高级技师不足0.3%，从业技术人员不足9%。以上数据表明本行业急需大量的建筑工程技术和管理人才。

第五节　建筑的分类和等级

一、建筑的分类

1. 建筑物按照它的使用性质，通常可分为：

（1）生产性建筑：工业建筑、农业建筑

工业建筑：为生产服务的各类建筑，也可以叫厂房类建筑，如生产车间、辅助车间、动力用房、仓储建筑等。厂房类建筑又可以分为单层厂房和多层厂房两大类。

农业建筑：用于农业、畜牧业生产和加工用的建筑，如温室、畜禽饲养场、粮食与饲料加工站、农机修理站等。

（2）非生产性建筑：民用建筑

2. 民用建筑分类

（1）按照民用建筑的使用功能分类：居住建筑，公共建筑。

居住建筑：主要是指提供家庭和集体生活起居用的建筑物，如住宅、公寓、别墅、宿舍。

公共建筑：主要是指提供人们进行各种社会活动的建筑物，其中包括：

行政办公建筑：机关、企事业单位的办公楼。

文教建筑：学校、图书馆、文化宫等。

托教建筑：托儿所，幼儿园等。

科研建筑：研究所、科学实验楼等。

医疗建筑：医院、门诊部、疗养院等。

商业建筑：商店、商场、购物中心等。

观览建筑：电影院、剧院、购物中心等。

体育建筑：体育馆、体育场、健身房、游泳池等。

旅馆建筑：旅馆、宾馆、招待所等。

交通建筑：航空港、水路客运站、火车站、汽车站、地铁站等。

通讯广播建筑：电信楼、广播电视台、邮电局等。

园林建筑：公园、动物园、植物园、亭台楼榭等。

纪念性的建筑：纪念堂、纪念碑、陵园等。

其他建筑类：如监狱、派出所、消防站。

（2）按照民用建筑的规模大小分类：大量性建筑，大型性建筑。

大量性建筑：指建筑规模不大，但修建数量多的；与人们生活密切相关的；分布面广的建筑。如住宅、中小学校、医院、中小型影剧院、中小型工厂等。

大型性建筑：指规模大，耗资多的建筑。如大型体育馆、大型影剧院、航空港、火车站、博物馆、大型工厂等。

（3）按照民用建筑的层数分类：低层建筑，多层建筑，中高层建筑，高层建筑，超高层。

低层建筑：指 1～3 层建筑。

多层建筑：指 4～6 层建筑。

中高层建筑：指 7～9 层建筑。

高层建筑：指１０层以上住宅。公共建筑及综合性建筑总高度超过 24 米为高层。

超高层建筑：建筑物高度超过 100 米时，不论住宅或者公共建筑均为超高层。

（4）按照主要承重结构材料分类：木结构建筑，砖木结构建筑，砖混结构建筑，钢筋混凝土结构建筑，钢结构建筑，其他结构建筑。

二、建筑物的等级划分

建筑物的等级一般按耐久性、耐火性、设计等级进行划分。

（一）按耐久性能划分

耐久等级耐久年限使用建筑物的重要性和规模大小

1. 100 年以上适用于重要的建筑和高层建筑
2. 50～100 年适用于一般性建筑
3. 25～50 年适用于次要的建筑
4. 15 年以下适用于临时性建筑

（二）按耐火性能划分：

耐火等级：是衡量建筑物耐火程度的指标，它是由组成建筑物构件的燃烧性能和耐火极限的最低值所决定。

按耐火等级划分为四级，一级的耐火性能最好，四级最差。性能重要的或者规模宏大的或者具有代表性的建筑，通常按一、二级耐火等级进行设计；大量性的或一般性的建筑按二、三级耐火等级设计；次要的或者临时建筑按四级耐火等级设计。耐火等级按耐火极限和燃烧性能这两个因素确定。

燃烧性能：把构件的耐火性能分成非燃烧体、燃烧体、难燃烧体。

耐火极限：是指任一建筑构件在规定的耐火试验条件下，从受到火的作用时起，到失去支持能力；完整性被破坏；失去隔火作用时为止的这段时间，用小时表示。

（三）民用建筑设计等级划分

按照建筑部《民用建筑工程设计收费标准》的规定，我国目前将各类民用建筑工程按复杂程度划分为：特、一、二、三、四、五，共六个等级，设计收费标准随等级高低而不同。《注册建筑师条例》参照这个标准进一步规定，一级注册建筑师可以设计各个等级的民用建筑，二级注册建筑师只能设计三级以下的民用建筑。所以了解民用建筑的等级划分，对于建筑师执业是重要的。

以下是民用建筑复杂程度等级的具体标准：

1. 特级工程

（1）列为国家重点项目或以国际活动为主的大型公建以及有全国性历史意义或技术

要求特别复杂的中小型公建。如国宾馆、国家大会堂，国际会议中心、国际大型航空港、国际综合俱乐部，重要历史纪念建筑、博物馆、美术馆，三级以上的人防工程等。

（2）高大空间有声、光等特殊要求的建筑。如剧院、音乐厅等。

（3）30层以上建筑。

2. 一级工程

（1）高级大型公建以及有地区性历史意义或技术要求复杂的中小型公建。如高级宾馆、旅游宾馆，高级招待所、别墅，省级展览馆、博物馆、图书馆，高级会堂、俱乐部，科研实验楼（含高校），300床以下医院、疗养院、医技楼、大型门诊楼，大中型体育馆、室内游泳馆、室内滑冰馆，大城市火车站、航运站、候机楼，摄影棚、邮电通讯楼，综合商业大楼、高级餐厅，四级人防、五级平战结合人防等。

（2）16～29层或高度超过50M的公建。

3. 二级工程

（1）中高级的大型公建以及技术要求较高的中小型公建。如大专院校教学楼，档案楼，礼堂、电影院，省部级机关办公楼，300床以下医院、疗养院，地市级图书馆、文化馆，少年宫，俱乐部，排演厅，报告厅，风雨操场，大中城市汽车客运站，中等城市火车站，邮电局，多层综合商场，风味餐厅，高级小住宅等。

（2）16～29层住宅。

4. 三级工程

（1）中级、中型公建。如重点中学及中专的教学楼、实验楼、电教楼，社会旅馆、饭馆、招待所、浴室、邮电所、门诊所、百货楼、托儿所、幼儿园、综合服务楼、2层以下商场、多层食堂、小型车站等。

（2）7～15层有电梯的住宅或框架结构建筑。

5. 四级工程

（1）一般中小型公建。如一般办公楼、中小学教学楼、单层食堂、单层汽车库、消防车库、消防站、蔬菜门市部、粮站、杂货店、阅览室、理发室、水冲式公厕等。

（2）7层以下无电梯住宅、宿舍及砖混建筑。

6. 五级工程

一二层、单功能、一般小跨度结构建筑。

说明：以上分级标准中，大型工程一般系指1万平方米以上的建筑；中型工程指3000～10000平方米的建筑；小型工程指3000平方米以下的建筑。

第二章 施工方法管理

第一节 地基与桩基施工

一、地基的类型及性质

地基是承受由基础传下的荷载的土体或岩体。承受建筑物荷载而产生的应力和应变随着土层深度的增加而减小，在达到一定深度后就可忽略不计。直接承受建筑荷载的土层为持力层。持力层以下的土层为下卧层。

1. 天然地基

凡天然土层具有足够的承载能力，不需经过人工加固，可直接在其上部建造房屋的土层称为天然地基。天然地基的土层分布及承载力大小由勘测部门实测提供。作为建筑地基的土层分为岩石、碎石土、砂土、粉土、黏性土和人工填土。

（1）岩石

岩石为颗粒间牢固连接，呈整体或具有节理裂隙的岩体。岩石根据其坚固性可分为硬质岩石（花岗石、玄武岩等）和软质岩石（页岩、黏土岩等）；根据其风化程度可分为微风化岩石、中等风化岩石和强风化岩石等。岩石承载力标准值 f_k 为 200～4000kPa。

（2）碎石土

碎石土为粒径大于 2mm 的颗粒含量超过全重 50% 的土。碎石土根据颗粒形状和粒组含量又分漂石、块石（粒径大于 200mm）；卵石、碎石（粒径大于 20mm）；圆砾、角砾（粒径大于 2mm）。碎石土承载力的标准值 f_k 为 200～1000kpa。

（3）砂土

砂土为粒径大于 2mm 的颗粒含量不超过全重的 50%，粒径大于 0.075mm 的颗粒超过全重 50% 的土。砂土根据其粒组含量又分为砾砂（粒径大于 2mm 的颗粒占 25%～50%）、粗砂（粒径大于 0.5mm 的颗粒超过全重的 50%）、中砂（粒径大于 0.25mm 的颗粒超过全重的 50%）、细砂（粒径大于 0.075mm 的颗粒超过全重的 85%）、粉砂（粒径大于 0.075mm 的颗粒超过全重的 50%）。砂土承载力的标准值 f_k 为 140～500kpa。

（4）粉土

粉土为塑性指数 Ip≤10 且粒径大于 0.075mm 的颗粒含量不超过全重 50% 的土。其性质介于砂土与黏性土之间。粉土承载力的标准值 fk 为 105～410kpa。

（5）黏性土

黏性土为塑性指数 Ip>10 的土，按其塑性指数 Ip 值的大小又分为黏土（Ip>17）和粉质黏土（10<Ip<17）两大类。承载力的标准值 fk 为 105～475kpa。

（6）人工填土

人工填土根据其组成和成因可分为素填土、压实填土、杂填土、冲填土。素填土为碎石土、砂土、粉土、黏性土等组成的填土，经过压实或夯实的素填土为压实填土，杂填土为含有建筑垃圾、工业废料、生活垃圾等杂物的填土；冲填土为水力冲填泥沙形成的填土。人工填土的承载力 fk（标准值）为 65～160kpa。

2. 人工地基

当土层的承载力较差或虽然土层质地较好，但上部荷载过大时，为使地基具有足够的承载能力，应对土层进行加固。这种经过人工处理的土层叫人工地基。人工地基的加固处理方法有以下几种：

（1）压实法

利用重锤（夯）、碾压（压路机）和振动法将土层压实。这种方法简单易行，对提高地基承载力收效较大。

（2）换土法

当地基土为淤泥、冲填土、杂填土及其他高压缩性土时，应采用换土法。换土所用材料宜选用中砂、粗砂、碎石或级配石等空隙大、压缩性低、无侵蚀性的材料。换土范围由计算确定。

3. 桩基

在建筑物荷载大、层数多、高度高，地基土又较松软时，一般应采用桩基。常见的桩基有以下几种：

（1）支承桩（柱桩）

这种桩为钢筋混凝土预制桩，借助打桩机打入土中。这种桩的断面尺寸为 300mm×300mm～600mm×600mm，其长度视需要而定，一般在 6～12m 之间，桩端应有桩靴，以保证支承桩能顺利地打入土层中。

（2）灌注桩

这种桩是先用钻孔机钻孔，然后放入钢筋骨架，浇筑混凝土而成。钻孔直径一般为 300～500mm，桩长不超过 12m。与钢筋混凝土预制桩比较，灌注桩有施工快、施工占地面积小、造价低等优点。

（3）振动桩

这种桩是先利用打桩机把钢管打入地下，然后将钢管取出，最后放入钢筋骨架，并浇筑混凝土而成。其直径、桩长与钻孔桩相同。

（4）爆扩桩

爆扩桩是用机械或爆扩等方法成孔，引爆的作用是将桩端扩大，以提高承载力。孔径一般为300~400mm，成孔后用炸药扩大孔底，现浇混凝土而成。爆扩桩端是呈球状的扩大体，一般为桩身直径的2~3倍，桩长为5~7m。爆扩桩具有设备简单、施工速度快、劳动强度低等优点。

（5）其他类型桩

除上述桩的类型外，还有砂桩、碎石桩、灰土桩、扩孔墩等。桩基由设置于土中的桩和承接上部结构的承台组成。桩基的桩数不止一根，各桩在桩顶通过承台连成一体，以承托墙柱。

二、地基处理施工

（一）换填垫层法施工

换填垫层法施工工艺适用于建筑工程中基坑、基槽、管沟等浅层软弱地基及不均匀（含其下有暗沟、暗塘）的地基处理。

1. 材料要求（根据地质条件，选用换填材料）

（1）粉质黏土：土料不得含有松软杂质并应过筛，其颗粒不得大于15mm，不宜使用块状黏土，当含有碎石时，其粒径不宜大于50mm。土料含水量应控制在最优含水量范围内，误差不得大于±2%。粉质黏土适用于淤泥、淤泥质土、湿陷性黄土、素填土、杂填土地基的处理。

（2）灰土：土料宜用粉质黏土，不宜使用块状黏土，不得含有松软杂质，并应过筛，其颗粒不得大于15mm；石灰宜用新鲜的消石灰，其颗粒不得大于5mm。灰土的含水量，以手紧握土料成团，两指轻捏能碎为宜，灰土应拌合均匀，颜色一致，其配合比2:8或3:7灰土，适用于深2m以内、地下水位以上的一般黏性土地基处理。

（3）砂、砂石：宜选用碎石、卵石、角砾、圆砾、砾砂、粗砂、中砂或石屑（粒径小于2mm的部分不应超过总重的45%），砂石的最大粒径不宜大于50mm。含泥量不宜超过3%且不含植物残体、垃圾等。人工级配的砂、石材料，应级配良好拌合均匀。砂、砂石适用于处理2.5m以内软弱地基，不宜用于湿陷性黄土地基。

（4）粉煤灰：粉煤灰作为建筑物基础时应符合有关放射性安全标准的要求，大量填筑时应考虑对地下水和土壤的环境影响，可用于道路、堆场和小型建筑、构筑物等的地基换填。

2. 主要机具设备

平碾、平板振动器、振动碾或羊足碾、木夯、铁夯、石夯、蛙式或柴油打夯机、推土机、压路机（6~10t）、手推车、筛子、标准斗、靠尺、耙子、铁锹、胶皮管、小线和钢尺等。

3. 作业条件

（1）基坑（槽）内换填前，应先进行钎探并按设计和勘察单位的要求处理完基层，并办理基坑（槽）隐蔽验收手续。当底部存在古井、古墓、洞穴、旧基础、暗塘等不均匀部位时，应根据建筑物对不均匀沉降的要求予以处理，合格后方可施工。

（2）基础外侧换填前，应对基础、地下室墙及地下防水层、保护层进行检查，发现损坏时应及时修补，并办理隐蔽验收手续；现浇的混凝土基础墙、地梁等均已达到规定的强度，施工中不得损坏混凝土。

（3）当地下水位高于基坑（槽）底时，应采取排水或降水措施，使地下水位保持在基底以下500mm左右，并在3d之内不得受水浸泡。

4. 换填垫层法施工工艺流程

测量→基底清理→分层铺填检验过的换填料→分层压实→找平验收

5. 施工要点

（1）为防止换填垫层局部或大面积下沉，换填料应分层铺设夯实，取样检验测定压实后的干土质量密度（其合格率不应小于90%，干土质量密度不合格的最低值与设计值的差不应大于0.08g/cm³，且不应集中）；每层换填料检验合格后方可进行上层施工，检验必须保质保量；回填标高相差较大时，应先夯填低的部位；按规范要求分段碾压，边角部位应用动力夯或人力夯夯实；冬期换填的底槽如受冻，应清除冻层后再换填，暂时停顿或隔夜继续换填的底层上要覆盖保温材料。

（2）严格换填材料质量检验，材料含水量不合格不允许下槽。机械开挖至接近设计标高时，应预留200~300mm厚土层，用人工开挖，以防形成橡皮土或超挖。

（3）为防止换填地基密实度不够，施工中应严格操作要求和质量管理：排除积水，清除淤泥，疏干槽底，再进行分层回填夯实；需降水时，应在换填完毕再停止降水；如排除积水有困难，也要将淤泥清除干净，再分层回填砂或沙砾，在最优含水量下进行夯实；基面的横坡或纵坡陡于1∶5时应做台阶，台阶高等于压实厚度，台阶宽不小于1m。

6. 质量验收及标准

（1）质量检验必须分层进行，只有每层的分层厚度、分段施工时搭接部分的压实情况、加水量、压实遍数、压实系数均符合设计要求后，才能铺填上层土。

（2）换填用的原材料质量、配合比必须符合设计要求，且应拌和均匀。

（3）施工结束后应检验换填地基承载力。

（4）不同材料的换填地基质量检验标准见表3-2-1、表3-2-2、表3-2-3。

表 3-2-1 粉质黏土换填地基质量检验标准

项目	检查内容	允许偏差或允许值		检查方法
		单位	数值	
主控项目	地基承载力	符合设计要求		按拌和时的体积比
	配合比	符合设计要求		按规定方法
	压实系数	符合设计要求		现场实测
一般项目	石灰粒径	mm	≤5	筛分法
	土料有机物含量	%	≤15	试验室焙烧法
	土颗粒径	mm	≤15	筛分法
	含水量（与最优含水量比较）	%	±2	烘干仪
	分层厚度偏差（与设计要求比较）	mm	±50	水准仪

表 3-2-2 砂、砂石换填地基质量验收标准

项目	检查内容	允许偏差或允许值	检查方法
主控项目	地基承载力	符合设计要求	按规范方法
	配合比	符合设计要求	按拌和时的质量或体积比
	压实系数	符合设计要求	现场实测
一般项目	砂石料有机物含量（%）	≤5	焙烧法
	砂石料含泥量	≤5	筛分法
	石料粒径 /mm	≤100	筛分法
	与最优含水量差值（%）	±2	烘干法
	与设计要求分层厚度差值 /mm	±50	水准仪

表 3-2-3 粉煤灰换填地基质量检验标准

项目	检查项目	允许偏差或允许值		检查方法
		单位	数值	
主控项目	压实系数	符合设计要求		现场实测
	地基承载力	符合设计要求		按规定方法

续表

项目	检查项目	允许偏差或允许值		检查方法
		单位	数值	
一般项目	粉煤灰粒径	mm	0.01～2.000	筛分法
	氧化铝和二氧化硅含量	%	≥70	试验室化学分析
	烧失量	mm	≤12	试验室烧结法
	每层铺筑厚度	%	±50	水准仪
	含水量（与最优含水量比较）	mm	±2	取样后试验室确定

（二）预压法施工

预压法施工工艺适用于淤泥质土、淤泥和充填土等饱和黏性土地基。预压法包括堆载预压法和真空预压法。

1. 材料要求

（1）普通砂井用中粗砂，含泥量不大于3%。

（2）袋装砂井用的装砂袋，要有良好的透气、透水性，有足够的抗拉强度和一定的抗老化、耐腐蚀性能。常用的有玻璃丝纤维布、聚丙烯编织布、黄麻布、再生布等。

（3）钢管（打砂井用，直径略大于砂井）。

（4）塑料排水板。

（5）真空预压密封膜。

（6）堆载用散料（如土、砂、石子、石块、砖等）。

2. 主要机具设备

（1）砂井成孔钻机

（2）插板机

（3）射流真空泵及管路连接系统

3. 作业条件

（1）认真熟悉图纸和施工技术规范，编制施工方案并进行技术交底。

（2）搜集详细的工程地质、水文地质资料，邻近建筑物和地下设施的类型及分布和结构质量等情况。

（3）施工前应进行工艺设计，包括管网平面布置，排水管泵及电器线路布置，真空度探头位置、沉降观测点布置以及有特殊要求的其他设施的布置等。

（4）测量基准点复测及办理书面移交手续。

4. 施工工艺

（1）真空预压法施工工艺流程如下：平整场地→铺设水平排水垫层→打设竖向排水

体→埋设排水滤管→挖封闭沟→铺设密封膜→安装抽真空设备→抽真空及真空维持→真空预压卸荷→验收

（2）堆载预压法施工工艺流程如下：平整场地→施工定位→铺设水平排水垫层→打设竖向排水体→堆载预压→加载过程监测→卸载→质量检测→工程验收

5. 施工要点

（1）真空预压法施工要点

1）真空分布管的距离要适当，使真空度分布均匀，管外滤膜渗透系数不应小于10～2cm/s。

2）泵及膜下真空度应达到96kPa和60kPa以上的技术要求。真空预压的真空度可一次抽气至最大，当连续5d实测沉降小于2mm/d或固结度大于等于80%，或符合设计要求时，可停止抽气。

3）塑料膜下料时应根据不同季节预留伸缩量，夏季或冬季施工时应防晒、防冻措施。

（2）堆载预压法施工要点

1）施工前，在地下预埋孔隙水压计测定孔隙水压的变化；在堆载区周边的地表设置位移观测桩，用精密测量仪器观测水平和垂直位移；在堆载区周边的地下安装钻孔倾斜仪或其他观测地下土体位移的仪器，测量地基土的水平位移和垂直位移。

2）预压期间应及时整理变形与时间、孔隙水压力与时间等关系曲线，推算地基的最终固结变形量、不同时间的固结度和相应的变形量，以便分析地基处理的效果并为确定卸载时间提供依据。

3）预压后的地基应进行十字板抗剪强度试验及室内土工试验等，以便检验处理效果。

4）对于以抗滑稳定控制的重要工程，应在预压区内选择代表性地点预留孔位，在加载不同阶段进行不同深度的十字板抗剪试验和取土进行室内试验，以验算地基的抗滑稳定性，并检验地基的处理效果。

6. 质量验收及标准

（1）施工前应检查施工监测措施，沉降、孔隙水压力等原始数据，排水措施，砂井（包括袋装砂井）、塑料排水带等位置。塑料排水带的质量标准应符合《建筑地基基础工程施工质量验收规范》附录B的规定。

（2）堆载施工应检查堆载高度、沉降速率。真空预压施工应检查密封膜的密封性能、真空表读数等。

（3）施工结束后，应检查地基土的强度及要求达到的其他物理力学指标，重要建筑物地基应做承载力检验。

（4）预压地基和塑料排水带质量检验标准见表3-2-4。

表 3-2-4 预压地基和塑料排水带质量检验标准

项目类别	检查项目	允许偏差或允许值		检查方法
		单位	数值	
主控项目	预压载荷（或真空度降低值）	%	≤2	水准仪
	固结度（与设计要求比）	%	≤2	按设计采用不同的方法
	承载力或其他性能指标	设计要求		按规定方法
一般项目	沉降速率（与控制值比）	%	±10	水准仪
	砂井或塑料排水带位置	mm	±100	用钢尺量
	砂井或塑料排水带插入深度	mm	±200	插入时用经纬仪检查
	插入塑料排水带时的回带长度	mm	≤5000	用钢尺量
	塑料排水带或砂井	mm	≥200	用钢尺量
	插入塑料排水带的回带根数	%	<5	目测

（三）强夯法施工

强夯法施工工艺适用于处理碎石土、砂土、低饱和度的粉土与黏性土、湿陷性黄土、素填土和杂填土等地基。

1. 主要机具设备

（1）推土机、起重机械、夯锤、自动脱钩装置。

（2）检测设备：有标准贯入度、静力触探或轻便触探等设备以及土工常规试验仪器。

2. 作业条件

（1）场地已平整，机械设备进出场道路已铺设完毕。表面松散土层已经预压。

（2）现场积水已排除，满足机械行走作业。

（3）施工前应熟悉工程地质勘查报告、强夯场地平面图及设计对强夯的效果要求等技术资料。

（4）施工前应进行测量基准交底、复测及验收工作，并编制施工组织设计或施工方案。

3. 施工工艺

强夯法施工工艺流程如下：场地平整→布置夯点→机械就位→夯锤起吊至预定高度→夯锤自由下落→按设计要求重复夯击→低能量夯实表层松土→验收

4. 施工要点

（1）施工场地应平整并能承受夯击荷载，施工前必须清除所有障碍物及地下管线。

（2）强夯机械必须符合夯锤起吊重量和提升高度要求，并设置安全装置，防止夯击时起重机臂杆在突然卸重时发生后倾和减少臂杆振动。

（3）施工时必须严格按照试验确定的技术参数进行控制。夯击深度应用水准仪测量控制。

（4）每夯击一遍后，应测量场地平均下沉量，然后用土将夯坑填平，方可进行下一遍夯实，施工平均下沉量必须符合设计要求。

（5）强夯时，首先应检验夯锤是否处于中心，若有偏心时，应采取在锤边焊钢板或增减混凝土等办法使其平衡，防止夯坑倾斜。

（6）夯击时，落锤应保持平稳，夯位正确。如错位或坑底倾斜度过大，应及时用砂土将坑整平，予以补夯后方可进行下一道工序。

（7）夯击点宜距现有建筑物15m以上，否则，可在夯点与建筑物之间开挖隔振沟带，其沟深要超过建筑物的基础深度，并有足够的长度，或把强夯场地包围起来。

5. 质量验收及标准

（1）施工前应检查夯锤重量、尺寸，落距控制手段，排水设施及被夯地基的土质。

（2）施工中应检查落距、夯击遍数、夯点位置、夯击范围。

（3）施工结束后，检查被夯地基的强度并进行承载力检验。

（4）强夯地基质量检验标准见表3-2-5。

表3-2-5 强夯地基质量检验标准

项目类别	检查项目	允许偏差或允许值		检查方法
		单位	数值	
主控项目	地基强度	设计要求		按规定方法
	地基承载力	设计要求		按规定方法
	夯锤落距	mm	±300	钢索设标志
	锤重	kg	±100	称重
一般项目	夯击遍数及顺序	设计要求		计数法
	夯点间距	mm	±500	用钢尺量
	夯击范围（超出基础范围距离）	设计要求		用钢尺量
	前后两遍间歇时间	设计要求		现场计时

（四）砂石桩法施工

砂石桩法施工工艺适用于挤密松散砂土、粉土、黏性土、素填土、杂填土等地基。对饱和黏土地基上对变形控制要求不严的工程，也可采用砂石桩置换处理。砂石桩法也可用于处理可液化地基。

1. 材料要求

桩体材料可用碎石、卵石、角砾、圆砾、砾砂、粗砂、中砂或石屑等天然级配的砂石混合物，含泥量应小于5%，最大粒径不宜大于50mm。已风化的石块或含草根、垃圾等有机杂质的砂石料不得使用。

2. 主要机具设备

（1）机械设备：振动（或锤击）沉管打桩机（或汽锤、落锤、柴油打桩机）、履带（或轮胎）式起重机、机动翻斗车等。常用振动沉。

（2）主要工具：桩管（带活瓣桩尖）、装砂石料斗、铁锹、手推胶轮车、测绳、水准仪、经纬仪等。

3. 作业条件

（1）应具备详细的岩土工程地质及水文地质勘查资料、拟建建筑物平面位置图、基础平面图及剖面图、砂石桩复合地基处理施工图及工程施工组织设计。

（2）收集建筑场地工程地质、水文地质资料，熟悉砂石桩的设计图纸和技术要求。

（3）根据建筑物控制点坐标、水准点高程的书面资料，进行施工放线、放点，放线应将地基处理范围用白灰划出来，对建筑物控制点埋设木桩。必要时，对建筑物控制点坐标和水准点高程进行检测。要求使用经过检定合格的测量仪器。

（4）起重设备进场后应及时进行安装与调试，保证起重机行走运转正常；起吊挂钩锁定装置应牢固可靠，脱钩自由灵敏，与钢丝绳连接牢固；柱锤重量、直径、高度应满足设计要求，柱锤挂钩与柱锤整体应连接牢固。

（5）采用砂石桩处理地基时，应补充设计、施工所需要的有关资料，包括砂土的相对密度、砂石料特性、可采用的施工机具及性能等。

4. 施工工艺

砂石桩法施工工艺流程如下：

试成桩→施工参数确定→夯机就位→起吊夯锤→夯锤下落冲扩成孔→至设计深度→加碎石并夯实→控制桩顶标高→移机进行下一根桩施工

5. 应注意的问题

（1）对大型的、重要的或场地复杂的工程，在正式施工前，应在有代表性的场地上进行试验。

（2）用自动脱钩下落夯锤的方法施工时，应设有导正架限制其侧向倾倒。

（3）用钢丝绳悬吊下落夯锤的方法施工时，应经常检查钢丝绳磨损情况及钢丝绳与柱锤连接牢固情况，防止钢丝绳断裂或连接处松开导致夯锤伤人。

（4）桩体施工的关键是分层填料量、分层夯实厚度及总填料量。填料充盈系数不宜小于1.5，如密实度达不到设计要求，应空夯夯实。

（5）当土的含水量偏低、遇到坚硬土层或砖渣堆积层时，会造成沉管困难。对此应分清原因，分别采取适量浸水、开挖排除或引孔等方法进行处置，以确保施工顺利进行。

6. 质量验收及标准

（1）施工前应检查砂石料的含泥量及有机质含量、样桩的位置等。

（2）应在施工期间及施工结束后，检查砂石桩的施工记录。对沉管法，尚应检查套管往复挤压振动次数与时间、套管升降幅度和速度、每次填砂石料量等项施工记录。

（3）施工结束后，应检验被加固地基的强度或承载力，但应间隔一定时间方可进行质量检验。对饱和黏性土地基应待孔隙水压力消散后进行，间隔时间不宜少于28d；对粉土、砂土和杂填土地基，不宜少于7d。

（4）砂石桩地基质量检验标准见表3-2-6。

表 3-2-6 砂石桩地基质量检验标准

项目类别	检查项目	允许偏差或允许值		检查方法
		单位	数值	
主控项目	灌砂量	%	≥95	实际用砂量与计算体积比
	地基强度		设计要求	按规定方法
	地基承载力		设计要求	按规定方法
一般项目	砂石料含泥量	%	≤3	试验室测定
	砂石料有机质含量	%	≤5	焙烧法
	桩位	mm	≤50	用钢直尺量
	砂石桩标高	mm	±150	水准仪
	垂直度	%	≤1.5	用经纬仪检查桩管垂直度

（五）振冲法施工

振冲法施工工艺适用于处理砂土、粉土、粉质黏土、素填土和杂填土等地基。对于处理不排水抗剪强度不小于20kPa的饱和黏性土和饱和黄土地基，应在施工前通过现场试验确定其适用性。不加填料振冲加密适用于处理黏粒含量不大于10%的中砂、粗砂地基。

1. 材料要求

（1）桩体材料：可用含泥量不大于5%的碎石、卵石、矿渣或其他性能稳定的硬质材料，不宜使用风化易碎的石料。常用的填料粒径为：30kW振冲器20～80mm；55kW振冲器30～100mm；75kW振冲器40～150mm。

（2）褥垫层材料：宜用碎石，级配良好，最大粒径不大于50mm。

2. 主要机具设备

（1）振冲器：目前常用的有30kW、75kW两类振冲器。

（2）起吊机具：汽车吊车、履带吊车或自行井架式专用车。

（3）填料机具：装载机或人工手推车。用装载机时，30kW振冲器宜配0.5m³以上的装载机，75kW振冲器宜配1m³以上的装载机。

（4）电器控制设备：手控式或自控式控制箱。为保证施工质量不受人为因素影响，宜选用自控式控制箱。

（5）其他设备：供水泵（要求压力0.5～1.0MPa，供水量20～40m³/h）、排浆泵、电缆、胶管、水管、修理机具等。

3. 作业条件

（1）施工图纸已通过审查，施工场地"三通一平"已完成，人员、设备已到位。

（2）施工用石子已送试验室复试，保证所进石子符合设计与规范要求。

（3）已对施工人员进行全面的安全技术交底，并对设备进行了安全可靠性及完好状态检查，确保施工设备完好。

（4）施工现场已做好材料、设备机具摆放规划，以使材料运输距离最短。

（5）开挖泥浆沉淀池，泥浆池个数、大小依据实际排放量进行设置；设立泥浆排放系统，保证泥浆排放畅通，或组织运浆车将泥浆运到预定地点，不得通过公共排水系统直接排放。

（6）查清施工场地及临近区域内的地下及地上障碍物的分布情况并加以处理。

4. 施工工艺

振冲法施工工艺流程如下：

平整场地→布置桩位→桩机定位→开启供水泵和振冲器→造孔至设计深度→清孔→分层填料制桩→控制密实电流和留振时间→控制桩顶标高→关闭振冲器和水泵→移至下一桩位

5. 施工要点

（1）对大型的、重要的或场地地层复杂的工程，在正式施工前应通过现场试验确定其处理效果。

（2）每根桩的填料总量和密实度必须符合设计要求或施工规范和规定。一般每米桩体直径达0.8m以上所需碎石量为0.6～0.7m³。

（3）振冲施工对原土结构造成扰动，强度降低。因此，施工结束后，除砂土地基外，应间隔一定时间方可进行质量检验。对黏性土地基，间隔时间这3～4周；对粉土、杂填土地基为2～3周。

（4）造孔过程中若遇坚硬土层，可用加大水压的办法解决。

（5）若桩位周围土质有差别或振冲器垂直度控制不好时，会造成孔位偏移，此时可调整振冲器造孔位置，在偏移一侧倒入适量填料或调整振冲器垂直度，特别注意减震部位垂直度。

（6）若遇到强透水性砂层或孔内有堵塞的情况，会出现孔口返水少现象，此时可加大供水量或清孔，增大孔径，清除堵塞。

(7）若出现填料不畅现象，可能是因为孔口窄小，可用振冲器扩孔口，铲去孔口泥土；若孔中有堵塞，可能是石料粒径过大，可换用粒径小的石料；若填料过快、过多，会把振冲器导管卡住，填料下不去，此时可暂停填料，慢慢上下活动振冲器直到消除石料抱导管，然后再继续施工。

（8）若振冲器密实电流上升慢，可能是因为土质软，填料不足，此种情况下可加大水压，继续填料。

（9）若振冲器密实电流过大，可能是遇到硬质土质，此时可加大水压，减慢填料速度，放慢振冲器下降速度。

（10）若出现串桩现象（即已经成桩的碎石进入正在施工桩孔中），要及时查明原因，随时处理。常见原因有土质松软或桩距过小或成桩直径过大，可采用跳打、加大桩距或减小桩径的方法解决。被串桩应重新施工，施工深度应超过串桩深度。当不能贯入重新施工时，可在旁边补桩，补桩长度应超过串桩深度，补桩方案必须经设计人员同意。

（11）冬期施工时应采取防冻技术措施，每作业班施工完毕应及时将供水管和振冲器水管内积水排净，以免冻结，影响施工作业。

6. 质量验收及标准

（1）施工前应检查振冲器的性能，电流表、电压表的准确度及填料的性能。

（2）施工中应检查密实电流、供水压力、供水量、填料量、孔底留振时间、振冲点位置、振冲器施工参数等（施工参数由振冲试验或设计确定）。

（3）施工结束后，应在有代表性的地段做地基强度或地基承载力检验。除砂土地基外，应间隔一定时间后方可进行质量检验。对粉质黏土地基间隔时间可取 21～28d，对粉土地基间隔时间可取 14～21d。

（4）振冲地基质量检验标准见表 3-2-7。

表 3-2-7 振冲地基质量检验标准

项	检查项目	允许偏差或允许值		检查方法
		单位	数值	
主控项目	填料粒径		设计要求	抽样检查
	密实电流（黏性土）	A	50～55	电流表读数
	密实电流（砂性土或粉土）	A	40～50	电流表读数
	（以上为功率30kW振冲器）			
	密实电流（其他类型振冲器）	A	(1.5～2.0)A	电流表读数，A为空振电流
	地基承载力		设计要求	按规定方法

续表

项	检查项目	允许偏差或允许值		检查方法
		单位	数值	
一般项目	填料含泥量	%	<5	抽样检查
	振冲器喷水中心与孔径中心偏差	mm	≤50	用钢直尺量
	成孔中心与设计孔位中心偏差	mm	≤100	用钢直尺量
	桩体直径	mm	≤50	用钢直尺量
	孔深	mm	±200	量钻杆或重锤测

（六）水泥粉煤灰碎石桩施工

水泥粉煤灰碎石桩（CFG桩）施工工艺适用于处理黏性土、粉土、砂土和已自重固结的素填土等地基。对淤泥质土应按地区经验或通过现场试验确定其适用性。

1. 材料要求

（1）水泥：宜选用32.5级普通硅酸盐水泥或矿渣硅酸盐水泥。

（2）砂：中砂或粗砂，含泥量不大于5%，且泥块含量不大于2%。

（3）石子：卵石或碎石，粒径5~20mm，含泥量不大于2%。

（4）粉煤灰：宜选用Ⅰ级或Ⅱ级粉煤灰，细度分别不大于12%和20%。

（5）外掺剂：泵送剂、早强剂、减水剂等，根据施工需要通过试验确定。

2. 主要机具设备

（1）主要设备：长螺旋钻机、强制式搅拌机、混凝土输送泵、高强输送管。

（2）辅助设备：溜槽或导管、手推车或机动小翻斗车、磅秤、盘秤等。

3. 作业条件

（1）施工图纸已通过审查，施工场地"三通一平"已完成，人员、设备已到位。

（2）水泥、砂、石子、粉煤灰、外掺剂等已送实验室复试，同时进行配合比试验。

（3）已对施工人员进行全面的安全技术交底，并对设备进行了安全可靠性检查，确保设备完好。

（4）施工现场已做好材料、机具摆放规划，使混合料输送距离最短，且输送管铺设时拐弯最少。

4. 施工工艺

水泥粉煤灰碎石桩（CFG桩）施工工艺工艺流程如下：

场地平整→钻机安装、调试→桩位对中→钻孔至桩底标高→边提钻边投混合料→压灌混合料至设计标高→清理桩间土、提升钻杆→成桩验收→凿桩头、铺设褥垫层

5. 施工要点

（1）混合料下到孔底后，每打泵一次提升 200～250mm，均匀提钻并保证钻头始终埋在混合料中。

（2）施工中应避免出现混合料搅拌不均、混合料坍落度小、成桩时间过长、混合料初凝、水泥或粗骨料不合格、外加剂与水泥配比性不好等现象，以免发生混凝土堵管事故。

（3）当遇到饱和粉细砂及其他软土地基，且桩间距小于1.3m时，宜采取跳打的方法，以避免发生串桩现象。

（4）施工中应控制提钻速度，避免提钻速度过快，发生钻尖不能埋入混合料中的现象，从而导致缩颈夹泥现象。

（5）施工时若出现成桩中断时间超过1h或混合料产生离析现象，应重新钻孔成桩。

（6）如采用现场搅拌，要计量准确，保证搅拌时间不少于规定时间，以保证混合料的和易性、混合料坍落度满足设计要求。

（7）若采用沉管方法成孔，应注意新施工桩对已成桩的影响，避免挤桩。

6. 质量验收及标准

（1）水泥、粉煤灰、砂及碎石等原材料应符合设计要求。

（2）施工中应检查桩身混合料的配合比、坍落度和提拔钻杆速度（或提拔套管速度）、成孔深度、混合料灌入量等。

（3）施工结束后，应对桩顶标高、桩位、桩体质量、地基承载力以及褥垫层的质量进行检查。

（4）水泥粉煤灰碎石桩复合地基质量检验标准见表3-2-8。

表3-2-8 水泥粉煤灰碎石桩复合地基质量检验标准

项目类别	检查项目	允许偏差或允许值		检查方法
		单位	数值	
主控项目	原材料		设计要求	查产品合格证书或抽样送检
	桩径	mm	-20	用钢直尺量或计算填料量
	桩身强度		设计要求	查28d试块强度
	地基承载力		设计要求	按规定的办法
	桩身完整性		按桩基检测技术规范	按桩基检测技术规范
一般项目	桩位偏差		满堂布桩 ≤0.40D	用钢尺量，D为桩径
			条基布桩 ≤0.25D	
	桩垂直度	%	≤1.5	用经纬仪测桩管

续表

项目类别	检查项目	允许偏差或允许值		检查方法
		单位	数值	
	桩长	mm	+100	测桩管长度或垂球测孔深
	褥垫层夯填度		≤0.9	用钢尺量

（七）夯实水泥土桩法施工

夯实水泥土桩法施工工艺适用于处理地下水位以上的粉土、素填土、杂填土、黏性土等地基。处理深度不宜超过10m。

1. 材料要求

（1）水泥：宜用32.5级普通硅酸盐水泥和32.5级矿渣硅酸盐水泥。进场水泥应进行强度和安定性试验，储存和使用过程中要做好防潮、防雨。

（2）土：宜优先选用原位土作混合料，土料中有机质含量不得超过5%，不得含有冻土或膨胀土，使用时应过10～25mm筛，混合料含水量应满足土料的最优含水量、其允许偏差不得大于±2%。土料和水泥应拌和均匀，水泥用量不得少于按配比试验确定的重量。

（3）其他掺和料：可选用工业废料粉煤灰、炉渣作混合料。

2. 主要机具

（1）主要设备：成孔机具：洛阳铲、长螺旋钻机、沉管打桩机、吊锤式夯实机、夹板锤式夯实机等。

（2）辅助设备：搅拌机、粉碎机、机动翻斗车、手推车、铁锹、盖板、量孔器、料斗等。

3. 作业条件

（1）熟悉施工图纸及场地的土质、水文地质资料，做到心中有数。现场取土，确定原位土的土质及含水量是否适宜作水泥土桩的混合料。根据设计选用的成孔方法作现场成孔试验，确定成孔的可行性，并编制施工方案。

（2）水泥已送实验室复试，掺和料也已选定，并进行了室内配合比试验，用击实试验确定了掺和料的最佳含水量。对重要工程，在掺和料最佳含水量的状态下，还要在70.7mm×70.7mm×70.7mm的试模中制作几种配合比的水泥土试块，做3d、7d、28d的抗压强度试验，确定适宜的配合比。

（3）已对施工人员进行了全面的安全技术交底，并对设备进行了安全可靠性检查，确保设备完好。

（4）已按基础平面图测设轴线及桩位，并经技术负责人、质检员、班组长等共同验收合格后，报甲方或监理办理完预检签字手续。

4. 施工工艺

夯实水泥土桩法施工工艺流程如下：场地平整→测量放线→基坑开挖→人工洛阳铲或钻机成孔→清孔验收→孔底夯实→拌和水泥土→水泥土最优含水量检验→分层夯填成桩→夯至设计桩位标高→素土封顶→成桩质量检查

5. 施工要点

（1）成孔施工应做到桩孔中心偏差不超过桩径设计值的1/4，对条形基础不应超过桩径设计值的1/6；桩孔垂直度偏差不应大于1.5%；桩孔直径不得小于设计桩径；桩孔深度不应小于设计深度。

（2）垫层材料应级配良好，不含植物残体、垃圾等杂质。垫层铺设时应压（夯）密实，采用的施工方法应严禁使基底土层扰动。

（3）施工过程中，应有专人监测成孔及回填夯实的质量，并做好施工记录，如发现地基土质与勘察资料不符时，应查明情况，采取有效处理措施。

（4）填料时一定要分层填，夯填桩孔时宜选用机械夯实。分段夯填时，夯锤的落距和填料厚度应根据现场试验确定，混合料的压实系数不应小于0.93。

（5）若设计没有要求挤密和振密效应，可用排土法成孔，一般用长螺旋钻和洛阳铲成孔，孔深大时宜采用长螺旋钻成孔。

（6）若设计要求挤密和振密效应，可用挤土法成孔，一般选用锤击式打桩机或振动打桩机，也可采用钻孔重型尖锤强夯法。

（7）孔底如有积水可用干硬性混凝土夯填，桩体每次填料不能超量，以免夯压不密实。

（8）处理深度范围内的管道或墓穴等应予清除，并用土料分层回填夯实，经检验后，再重新布孔成桩，以免影响地基处理的整体质量。

（9）雨季或冬期施工时，应采取防雨、防冻措施，防止土料和水泥受雨水淋湿或冻结。

6. 质量检验及标准

（1）水泥及夯实用土料的质量应符合设计要求。

（2）施工中应检查孔位、孔深、孔径、水泥和土的配合比、混合料含水量等。

（3）施工结束后，应对桩体质量及复合地基承载力做检验，褥垫层应检查其夯填度。

（4）夯实水泥土桩复合地基质量检验标准见表3-2-9。

表 3-2-9 夯实水泥土桩复合地基质量检验标准

项目类别	检查项目	允许偏差或允许值		检查方法
		单位	数值	
主控项目	桩径	mm	-20	用钢尺量
	桩长	mm	+500	测桩孔深度
	桩体干密度	设计要求		现场取样检查
	地基承载力	设计要求		按规定的方法
一般项目	土料有机质含量	%	≤5	焙烧法
	含水量（与最优含水量比）	%	±2	烘干法
	土料粒径	mm	≤20	筛分法
	水泥质量	设计要求		查产品质量合格证或抽样送检
	桩位偏差	满堂布桩 ≤0.40D 条基布桩 ≤0.25D		用钢尺量，D 为桩径
	桩孔垂直度	%	≤1.5	用经纬仪测钻杆或量孔器量测
	褥垫层夯填度	≤0.9		用钢尺量

（八）水泥土搅拌法施工

水泥土搅拌法施工工艺分为深层搅拌法（简称湿法）和粉体喷搅法（简称干法）。水泥土搅拌法适用于处理正常固结的淤泥与淤泥质土、粉土、饱和黄土、素填土、黏性土以及无流动地下水的饱和松散砂土等地基。当地基土的天然含水量小于30%（黄土含水量小于25%）、大于70%或地下水的pH值小于4时不宜采用干法。冬期施工时，应注意负温对处理效果的影响。

1. 材料要求

（1）水泥：采用强度等级为32.5级的普通硅酸盐水泥，要求无结块。

（2）砂子：用中砂或粗砂，含泥量小于5%。

（3）外加剂：塑化剂采用木质素磺酸钙，促凝剂采用硫酸钠、石膏，应有产品出厂合格证，掺量通过试验确定。

2. 主要机具

（1）主要设备：深层搅拌机、起重机、灰浆搅拌机、灰浆泵、冷却泵。

（2）辅助设备：机动翻斗车、导向架、集料斗、磅秤、提速测定仪、电气控制柜、铁锹、手推车等。

3. 作业条件

（1）施工图纸已通过审查，施工场地"三通一平"已完成，人员、设备已到位。

（2）桩位处地上、地下障碍物已清除，场地低洼处已用黏性土料回填并夯实。

（3）设备已检修、调试，桩机运行良好、输料管完好畅通。

（4）水泥及外加剂已复验合格，各种计量设备完好（主要是水泥浆流量计和其他计量装置）。

4. 施工工艺

水泥土搅拌桩施工工艺流程如下：

地上（下）清障→深层搅拌机定位、调平→预搅下沉至设计加固深度→配制水泥浆（粉）→边喷浆（粉）边搅拌提升至预定的停浆（灰）面→重复搅拌下沉至设计加固深度→根据设计要求，喷浆（粉）或仅搅拌提升至预定的停浆（灰）面→关闭搅拌机、清洗→移至下一根桩

5. 施工要点

（1）搅拌机预搅下沉时，不宜冲水，当遇到较硬土层下沉太慢时，方可适量冲水，但应考虑冲水成桩对桩身强度的影响。

（2）深层搅拌桩的深度、截面尺寸、搭接情况、整体稳定和桩身强度必须符合设计要求，检验方法在成桩后3d内用轻便触探仪检查桩均匀程度和用对比法判断桩身强度。

（3）场地复杂或施工有问题的桩应进行单桩荷载试验，检验其承载力，试验所得承载力应符合设计要求。

6. 质量标准

（1）施工前应检查水泥及外掺剂的质量、桩位、搅拌机工作性能及各种计量设备完好程度（主要是水泥浆流量计及其他计量装置）。

（2）施工中应检查机头提升速度、水泥浆或水泥注入量、搅拌桩的长度和标高。

（3）施工结束后，应检验桩体强度、桩体直径和地基承载力。

（4）进行强度检验时，对承重水泥土搅拌桩应取90d后的试件；对支护水泥土搅拌桩应取28d后的试件。

（5）水泥土搅拌桩地基质量检验标准见表3-2-10。

表 3-2-10 水泥土搅拌桩地基质量检验标准

项目类别	检查项目	允许偏差或允许值		检查方法
		单位	数值	
主控项目	水泥及外掺剂质量		设计要求	查产品证书或抽样送检
	水泥用量		参考指标	查看流量计
	桩体强度		设计要求	按规定办法
	地基承载力		设计要求	按规定办法
一般项目	机头提升速度	m/min	≤0.5	量机头上升距离及时间
	桩底标高	mm	±200	量机头深度
	桩顶标高	mm	+100 -50	水准仪（最上部500mm）不计入
	桩位偏差	mm	<50	用钢直尺量
	桩径		<0.04D	用钢尺量，D为桩径
	垂直度	%	≤1.5	经纬仪
	搭接	mm	>200	用钢尺量

（九）高压喷射注浆法施工

高压喷射注浆法施工工艺适用于处理淤泥、淤泥质土、流塑、软塑或可塑黏性土、粉土、砂土、黄土、素填土和碎石土等地基。当土中含有较多的大粒径块石、大量植物根茎或有较高的有机质时，以及地下水流速过大和已涌水的工程，应根据现场试验结果确定其适用性。

高压喷射注浆法可用于既有建筑和新建建筑的地基处理，深基坑侧壁挡土或挡水，基坑底部加固防止管涌与隆起，坝的加固与防水帷幕等工程。

1. 材料要求

（1）水泥：宜采用强度等级为32.5级以上的普通硅酸盐水泥，并应按有关规定对水泥进行质量抽样检测。

（2）水：搅拌水泥浆所用的水须符合《混凝土拌合用水标准》（JGJ63—1989）的规定。

（3）外加剂：包括速凝剂、早强剂（如氯化钙、水玻璃、三乙醇胺等）、扩散剂（NNO、三乙醇胺、亚硝酸钠、硅酸钠等）、填充剂（粉煤灰、矿渣等）、抗冻剂（如沸石粉、NNO、三乙醇胺和亚硝酸钠）、抗渗剂（水玻璃）。外加剂的使用必须按照设计要求，经复试合格后方可使用，使用量必须按试验资料或已有工程经验确定。

2. 主要机具设备

(1) 主要设备：钻机、高压泥浆泵、高压清水泵、空压机。

(2) 辅助设备：浆液搅拌机，真空泵与超声波传感器等。

3. 作业条件

(1) 场地应具备"三通一平"条件，旋喷钻机行走范围内无地表障碍物。

(2) 按有关要求铺设各种管线（施工电线，输浆、输水、输气管）；开挖储浆池及排浆沟（槽）。

(3) 已对施工人员进行全面的安全技术交底，并对设备进行了安全可靠性及完好状态检查，确保施工设备完好。

(4) 已按基础平面图测设轴线及桩位，并经技术负责人、质检员、班组长等共同验收合格后，报甲方或监理办理完预检签字手续。

4. 施工工艺

高压喷射注浆法施工工艺流程如下：

场地平整→机具就位→贯入喷射管、试喷射→喷射注浆→拔管及冲洗→移至下一桩位

5. 施工要点

(1) 施工前应复核高压喷射注浆的孔位。

(2) 单管法、双管法喷射高压水泥浆的压力不应低于20MPa。

(3) 三管法喷射清水的压力也不应低于20MPa。

(4) 喷射孔与高压注浆泵的距离不宜大于50m。

(5) 分段提升喷射搭接长度不得小于100mm。

(6) 单孔注浆体应在其初凝前连续完成施工，不得中断。由于特殊原因中断后，应采用复喷技术进行接头处理。

(7) 单管法、双管法的水泥浆水灰比应按工程要求确定，一般采用0.8~1.5，常用1.0。

(8) 水泥浆必须随搅随用，当水泥浆放置时间超过初凝时间后，不得再用于喷射施工。

(9) 高压喷射用浆液必须搅拌均匀，每罐搅拌时间不得少于3min。浆液使用过程中应对浆液进行不间断的轻微搅拌，避免浆液沉淀。

(10) 水泥浆液应经过筛网过滤，避免喷嘴堵塞。

(11) 当局部须增大桩体直径和提高桩体强度时，可采用复喷。

(12) 当处理既有建筑地基时，应采取速凝浆液或大间距隔孔旋喷和冒浆回灌等工艺。

6. 质量标准

(1) 施工前应检查水泥、外掺剂等的质量，桩位，压力表、流量表的精度和灵敏度，高压喷射设备的性能等。

(2) 施工中应检查施工参数（压力、水泥浆量、提升速度、旋转速度等）及施工程序。

(3) 施工结束后，应检验桩体强度、桩体平均直径、桩身中心位置、桩体质量及承

载力等。桩体质量及承载力检验应在施工结束后 28d 进行。

（4）高压喷射注浆地基质量检验标准见表 3-2-11。

表 3-2-11 高压喷射注浆地基质量检验标准

项目类别	检查项目	允许偏差或允许值 单位	允许偏差或允许值 数值	检查方法
主控项目	水泥及外掺剂质量	符合出厂要求		查产品合格证书和抽样送检
	水泥用量	设计要求		查看流量表及水泥浆水灰比
	桩体强度或完整性检验	设计要求		按规定方法
	地基承载力	设计要求		按规定方法
一般项目	钻孔位置	mm	≤50	用钢尺量
	钻孔垂直度	%	≤1.5	经纬仪测钻杆或实测
	孔深	mm	±200	用钢尺量
	注浆压力	按设定参数指标		查看压力表
	桩体搭接	mm	>200	用钢尺量
	桩体直径	mm	≤50	开挖后用钢尺量
	桩身中心允许偏差		≤0.2D	开挖后桩顶下 500mm 处用钢尺量，D 为桩径

（十）石灰桩法施工

石灰桩法施工工艺适用于处理饱和黏性土、淤泥、淤泥质土、填土和杂填土等地基；用于地下水位以上的土层时，宜增加掺合料的含水量并减少生石灰用量，或采取土层浸水等措施。对重要工程或缺少经验的地区，施工前应进行桩身材料配合比、成桩工艺及复合地基承载力试验。桩身材料配合比试验应在现场地基土中进行。

1. 材料要求

（1）石灰：应选用新鲜生石灰块，有效氧化钙含量不宜低于 70%，粒径不应大于 70mm，含粉量（即消石灰）不宜超过 15%。

（2）掺合料：粉煤灰或炉渣，使用时含水量宜控制在 30% 左右。

2. 主要机具设备

（1）主要设备：振动沉管打桩机、锤击沉管打桩机、冲击成桩机、螺旋钻机、洛阳铲。

（2）辅助设备：装载机、偏心轮夹杆式夯实机或卷扬机提升式夯实机、机动小翻斗车或手推车；钢尺、测绳、线坠、孔径仪、水准仪、经纬仪；料斗、盖板、铁锹等。

3. 作业条件

（1）施工图纸已通过审查，施工场地"三通一平"已完成，人员、设备已到位。

（2）已对施工人员进行全面的安全技术交底，并对设备进行了安全可靠性及完好状态检查，确保施工设备完好。

（3）已按基础平面图测设轴线及桩位，并经技术负责人、质检员、班组长等共同验收合格后，报甲方或监理办理完预检签字手续。

（4）场地为陡坡时，应挖成平坡，有困难时可用木排或枕木等搭设稳固的施工平台。

4. 施工工艺

石灰桩法施工工艺流程如下：

平整场地→定桩位→桩机就位→成孔→桩孔验收→拌制石灰混合料→桩孔夯填→成桩验收

5. 施工要点

（1）石灰桩施工可采用洛阳铲或机械成孔。机械成孔分为沉管和螺旋钻成孔。成桩时可采用人工夯实、机械夯实、沉管反插、螺旋反压等工艺。填料时必须分段压（夯）实，人工夯实时每段填料厚度不应大于400mm。管外投料或人工成孔填料时应采取措施减小地下水渗入孔内的速度，成孔后填料前应排除孔底积水。

（2）施工顺序宜由外围或两侧向中间进行。在软土中宜间隔成桩。

（3）施工前应仔细检查场地排水设施，防止场地积水。

（4）进入场地的生石灰应有防水、防雨、防风、防火措施，做到随进随用。

（5）桩位偏差不宜大于0.5d。

（6）应建立完整的施工质量和施工安全管理制度，根据不同的施工工艺制定相应的技术保证措施。及时做好施工记录，监督成桩质量，进行施工阶段的质量检测等。

（7）石灰桩施工时应采取防止冲孔伤人的有效措施，确保施工人员的安全。

6. 质量检验及标准

（1）施工所用原材料必须符合设计要求。

（2）石灰桩应进行施工阶段的质量检测和竣工验收检测。施工检测宜在施工7～10d后进行；竣工验收检测宜在施工28d后进行。

（3）施工检测可用静力触探、动力触探或标准贯入试验。检测部位为桩中心及桩间土，每两点为一组。检测组数不少于总桩数的1%。

（4）石灰桩地基质量检验标准见表3-2-12。

表 3-2-12 石灰桩地基质量检验标准

项目类别	检查项目	允许偏差或允许值 单位	允许偏差或允许值 数值	检验方法
主控项目	桩体及桩间土干密度	设计要求		现场取样检查
	桩长	Mm	+500	测桩管长度或线坠测孔深
	地基承载力	设计要求		按规定的方法
一般项目	桩径	Mm	-20	用钢尺量
	土料有机质含量	%	≤5	试验室烘烧法
	石灰粒径	Mm	≤5	筛分法
	桩位偏差	满堂布桩 ≤0.40D	条形布桩 ≤0.25D	用钢尺量，D 为直径
	垂直度	%	≤1.5	用经纬仪观测

（十一）土和灰土挤密桩法施工

土和灰土挤密桩法施工工艺适用于处理地下水位以上的湿陷性黄土、素填土和杂填土等地基，可处理地基的深度为 5～15m。当以消除地基土的湿陷性为主要目的时，宜选用土挤密桩法；当以提高地基土的承载力或增强其水稳定性为主要目的时，宜选用灰土挤密桩法；当地基土的含水量大于24%、饱和度大于65%时，不宜选用土或灰土挤密桩法进行地基处理。

1. 材料

（1）土料：配制灰土的土料宜选用纯净的黄土、一般黏性土或 Ip>4 的粉土，其有机质含量不得超过5%，也不得含有杂土、砖瓦块、石块、膨胀土、盐渍土和冻土块等。土块的粒径不宜大于15mm。

（2）石灰：应选用新鲜的消石灰，颗粒直径不得大于5mm。石灰的质量不应低于Ⅲ级标准，活性 CaO+MgO 的含量（按干重度）不少于50%。

2. 主要机具设备

（1）主要设备：振动沉管打桩机、锤击沉管打桩机、冲击成桩机。

（2）辅助设备：装载机、偏心轮夹杆式夯实机或卷扬机提升式夯实机、机动小翻斗车或手推车；钢尺、测绳、线坠、孔径仪、水准仪、经纬仪；料斗、盖板、铁锹等。

3. 作业条件

（1）施工前场地应达到"三通一平"。场地内妨碍施工的高架线路、地下管线应迁移，地下构筑物应挖除。对邻近的危房、精密车间进行调查。

（2）已对施工人员进行全面的安全技术交底，并对设备进行了安全可靠性及完好状态检查,确保施工设备完好。

(3)已按基础平面图测设轴线及桩位,并经技术负责人、质检员、班组长等共同验收合格后,报甲方或监理办理完预检签字手续。

(4)场地为陡坡时,应挖成平坡,有困难时可用木排或枕木等搭设稳固的施工平台。

4. 施工工艺

灰土挤密桩法施工工艺流程如下:

平整场地→定桩位→桩机就位→沉管(冲击)成孔→桩孔验收→灰土拌和→桩孔夯填→成桩验收

5. 施工要点

(1)施工中应严格控制夯填质量,回填料应拌合均匀,其含水量接近最优含水量,每根桩孔的回填料应与桩孔计算量相符,并适当考虑1.1~1.2的充盈系数,以防止出现桩身疏松、缩颈、夹有生土、断裂、出现孔隙等。

(2)桩管沉入设计深度后应及时拔出,不宜在土中搁置时间过长,以免摩擦阻力增大后拔管困难;拔管确实困难时,可采取管周浸水或设法转动桩管的方法减少土中阻力。

(3)冬期施工应制定有效的冬期施工方案,防止灰土和土料冻结。

(4)雨期施工应采取防雨措施,防止灰土和土料受雨水淋湿。为防止基土沉陷、桩机倾斜,雨期施工现场必须有排水设施,防止地面雨水流入孔内。

6. 质量标准

(1)施工前应对土及灰土的质量、桩孔放样位置等进行检查。

(2)施工中应对桩孔直径、桩孔深度、夯击次数、填料的含水量等进行检查。

(3)施工结束后,应检验成桩的质量和地基承载力。

(4)灰土挤密桩地基质量验收标准见表3-2-13。

表3-2-13 灰土挤密桩地基质量验收标准

项目类别	检查项目	允许偏差或允许值		检验方法
		单位	数值	
主控项目	桩体及桩间土干密度	设计要求		现场取样检查
	桩长	mm	+500	测桩管长度或垂球测孔深
	地基承载力	设计要求		按规定的方法
	桩径	mm	-20	用钢尺量

续 表

项目类别	检查项目	允许偏差或允许值		检验方法
		单位	数值	
一般项目	土料有机质含量	%	≤5	试验室烘烧法
	石灰粒径	mm	≤5	筛分法
	桩位偏差		满堂布桩 ≤0.40D 条形布桩 ≤0.25D	用钢尺量，D 为桩径
	垂直度	%	≤1.5	用经纬仪观测
	桩径	mm	-20	用钢尺量

（十二）柱锤冲扩桩法施工

柱锤冲扩桩法施工工艺适用于处理杂填土、粉土、黏性土、素填土和黄土等地基，对地下水位以下饱和松软土层，应通过现场试验确定其适用性。地基处理深度不宜超过6m，复合地基承载力特征值不宜超过160kPa。对大型的、重要的或场地复杂的工程，在正式施工前，应在有代表性的场地上进行试验。

1. 材料要求

（1）碎砖三合土（生石灰、碎砖、黏性土）：石灰宜采用块状生石灰，CaO含量应在80%以上；黏性土尽量选用就地开挖出的基坑土，不应含有机物料（如油毡、杂草、木片等），不应使用淤泥质土、盐渍土和冻土。碎砖三合土的配合比（体积比）一般可采用1：2：4（生石灰：碎砖：黏性土），设计有特殊要求时按设计要求。

（2）其他混合料：有条件时也可以采用级配碎石、矿渣、灰土、水泥混合土等，但必须经试验确定其适用性和配合比等有关参数。

（3）主要机具设备

1）主要设备：柱锤、自动脱钩装置。

2）辅助设备：斗车、铁锹等。

2. 作业条件

（1）施工图纸已通过审查，施工场地"三通一平"已完成，人员、设备已到位。

（2）已对施工人员进行全面的安全技术交底，并对设备进行了安全可靠性及完好状态检查，确保施工设备完好。

（3）已按基础平面图测设轴线及桩位，并经技术负责人、质检员、班组长等共同验收合格后，报甲方或监理办理完预检签字手续。

3. 施工工艺

柱锤冲扩桩法施工工艺流程如下：

试成桩→施工参数确定→柱锤机械就位→起吊柱锤→柱锤下落冲扩成孔→至设计深度→填加碎砖三合土并夯实→控制桩顶标高→移机进行下一根桩施工

4. 施工要点

（1）桩体施工的关键是分层填料量、分层夯实厚度及总填料量。施工前应根据试成桩及设计要求的桩径和桩长进行确定。填料充盈系数不宜小于1.5。如密实度达不到设计要求，应空夯夯实。

（2）柱锤冲扩桩法夯击能量较大，易发生地面隆起，造成表层桩和桩间土出现松动，从而降低处理效果，因此成孔及填料夯实的顺序宜间隔进行。

5. 质量标准

由于柱锤冲扩桩法目前还处于半理论半经验状态，成孔和成桩工艺及地基固结效果直接受到土质条件的影响，因此在正式施工前进行成桩试验及试验性施工十分必要，根据现场试验取得的资料修改设计，制定施工及检验要求。本节不再给出检验标准。

三、钻孔灌注桩施工

（一）钻孔灌注桩施工流程

钻孔灌注桩施工工序包括场地准备、桩位放样、埋设护筒、钻孔、清孔、吊放钢筋笼、灌注混凝土等。钻孔灌注桩施工是一项质量要求高，须在一个短时间内连续完成多道工序的地下隐蔽工程，施工必须要认真按照施工工艺流程进行。

（二）施工准备

1. 放桩

放桩是指将设计好的桩中心点位的坐标用相关仪器投放到施工场地中。放桩流程为：核对坐标→架设仪器→输入坐标→放点。

（1）核对坐标

此过程往往被众多测量人员所忽略，图纸中给定的坐标可能会是错误的，因此在实地放桩前需要进行坐标核算，核对坐标可用 Execel 表格。

（2）架设仪器

将全站仪位于控制点位处，固定两支架，伸缩第三只架。使圆水准器泡偏向的方向与固定两只架中的一个处于同一直线上，然后固定支架再调节和气泡在一直线上的支架。一般情况只要精平后再对中精平就可以了，棱镜立于另一控制点位处作为后视。

（3）输入坐标

将要测放桩号的点位坐标输入到全站仪中，全站仪就可以计算出控制点位与测放点位的距离与角度。

（4）放点

调整全站仪使镜头方向指向测放点位的方向，误差在2"左右以内，将棱镜立于测放点位附近，不断调整棱镜的位置，是全站仪对准棱镜头，然后通过全站仪测距后给定的移动距离移动棱镜，直到全站仪经过测算后给定的移动距离1mm左右以内为止，再将木桩或钢桩钉在棱镜架设处并喷漆，此时一个桩的桩位即投放完成。

2. 人工挖探坑

施工厂区内地下管线复杂，为保证管线安全及施工正常进行，在钻孔桩施工前需进行人工挖探坑探明管线准确位置，并加以保护后方可施工钻孔桩。探坑深度不小于2.0m（挖到原状土），如果2.0m以下仍然为回填土，不能确定管线位置的，必须继续挖，直到原状土或确定管线位置为止。为保证施工安全必须浇注混凝土护壁，探坑开挖至1m后必须开始施做混凝土护壁，严防土质疏松导致孔口坍塌。

3. 符桩

符桩的过程大致与放桩相同，略有不同的是桩位标识是安放在人工挖探坑后的盖板上，以便钻机中心对准标识准确下钻。符桩也是施工准备中的一个重要环节，不可忽视。

4. 护筒埋设

护筒采用钢护筒，根据不同的钻孔径用4mm钢板制成内径比钻孔直径大0.1m～0.2m的钢护筒，护筒埋设一般要高出地下水位1.0m～2.0m，并高出施工地面至少0.3m，护筒在黏土层中不宜小于1.0m；砂土中不宜小于1.5m；其高度尚应满足孔内泥浆面高度的要求，如果采用旋挖钻机开挖护筒埋设深度不应小于2.5m。并且要求坚固、不漏水。钢护筒顶端留有宽0.4m、高0.2m的出浆口，桩位经测设确定后，先挖探坑，确认没有管线后进行护筒埋设，护筒外围用黏土填筑夯。护筒采用钻机压入，位置应准确，其中心线与桩中心线对齐，允许偏差不大于20mm，并应保证护筒的垂直度，倾斜率不大于L%（L为护筒的全长）。

5. 泥浆制备

（1）泥浆制备技术要求

使用的泥浆用泥浆用优质膨润土制作。泥浆技术指标见表3-3-1所示。

表3-3-1 泥浆技术指标表

名称	新制泥浆	循环再生泥浆	废弃泥浆
比重（g/cm）	1.06～1.10	1.10～1.25	≥1.25
黏度（s）	18～28	25～30	>30
失水量（ml/30min）	≤20	≤30	>30
泥皮厚度（mm）	≤3	≤5	>5
含砂量（%）	≤4	≤5	>5
pH值	8～10	≤11	>11

制备好的泥浆还应达到以下要求：

1）及时采集泥浆样品，测定性能指标。对新制备泥浆要进行第一次测试，使用前进行一次测试，钻孔过程中再测试一次，钻孔结束后在泥浆面下1米及孔底以上0.5米处各取泥浆样品进行测试。泥浆回收、处理后各测试一次。

2）储存泥浆每8小时搅拌一次，每次搅拌泥浆或测试必须进行记录。

3）新鲜泥浆制作好搁置24小时后，经测试各项指标合格方可正式使用。回收泥浆必须经过振动筛处理，性能指标达到要求后方可循环利用。

4）施工中经常测定泥浆比重、黏度、含砂率和胶体率。

（2）泥浆循环系统

环泥浆循环系统由泥浆池、沉淀池、泥浆输出管、泥浆回收管、制浆机、活动振动筛、除渣设备等组成，并应设有排水排废浆等设施。

6.混凝土配合比及灌注机具

（1）混凝土的配合比

因混凝土是在水下灌注，因此混凝土应该具有良好的和易性和流动性，且易于在导管中流动，又不易于离析，因此需要对混凝土的粗细骨料和外加剂严格要求。对混凝土的材料要求如下：

水泥：采用硅酸盐水泥或普通硅酸盐水泥，强度等级不宜低于32.5级，用量不低于370Kg/m，水泥的初凝时间不早于2.5h。

细骨料：应选用级配合理，质地坚硬，颗粒洁净的天然中粗砂。

粗骨料：宜选用坚硬卵砾石或碎石，骨料最大粒径不应大于导管内径的1/6至1/8和钢筋最小净距的1/4，同时不应大于40mm。

外加剂：为改善混凝土的和易性和缓凝，水下混凝土掺入减水剂、混凝剂、早强剂等外加剂。

（2）主要机具设备

主要机具设备：向水下输送混凝土用的导管；导管进料用的漏斗；隔水胆与混凝土挡板；输送混凝土用的搅拌车等。

各设备主要参数如下：

导管内径为20cm，分段制成，导管间通过导管端部的螺丝口导管套筒连接。导管每节长度2.5m，最上部的三节导管从上到下依次为0.5m、1.0m、1.5m。

漏斗为5mm厚的钢板制成，容积大于$1m^3$。

隔水胆采用篮球内球胆，直径为20cm，即同导管内径，混凝土挡板采用3mm厚圆形钢板，略大于漏斗下口。

（三）主要施工过程

1. 钻孔施工

（1）钻机就位

钻孔选用德国产的低噪音、无污染、高效率、特备适合坚硬岩层宝峨 BG25C 钻机成孔，该钻机采用全断面取芯钻机工艺，即采用特别的"筒式"钻具，将一次性全部抓入筒中，成孔速度可达 10～15m/h。

钻机就位前应先检查钻机底座和顶端是否平衡，检测作业区承载力是否满足钻机施工要求，保证在钻进过程中不产生位移和沉陷；钻机就位后对应钻杆中心和垂直度进行复测，其偏差不应大于 2cm。对钻杆垂直度的复测是一项必不可少的工作，垂直度的校核可用全站仪进行。

（2）钻进

成孔采用"跳二打一"施工步骤，即每隔 2 根桩进行钻孔施工，这样做可以避免因孔间距过小而造成的踏孔现象，同时也可以避免大范围移动机械造成工时延后。

钻进前应先测算出设计孔深，设计孔深的计算步骤如下：

首先用水准仪测出护筒顶标高，护筒顶的测量方法为：将水准仪立于将要测量的护筒附近位置处，架稳调平，塔尺立于高程控制点处，调整水准仪镜头竖直中心线，读取并记录水平中心线所指示的读数（后视读数），然后将塔尺立在护筒边沿上，和前述方法一样读取读数（前视读数），则：

护筒顶标高＝控制点高程－前视读数

下面计算设计桩底标高：

设计桩底标高＝设计桩顶标高－设计桩长

计算设计孔深：

设计孔深＝护筒顶标高－设计桩底标高

钻进工艺及要求为：

1）旋挖钻机钻孔时，先在钢护筒内注入泥浆，开始慢速钻进，使护筒刃脚处有坚硬的泥皮护壁，钻进深度超过护筒下 2m 后，即可按正常速度钻进。泥浆经沉淀池沉淀后回收循环利用。钻进要随时监测泥浆比重及泥浆中含砂情况，记录钻进中的有关参数及地质情况，以核对地质资料。

2）钻进达到要求孔深停钻时，仍要维持泥浆正常循环，直到钻渣含量小于 4% 为止。起钻时应注意操作轻稳，防止拖刮孔壁，并向孔内补充适量的泥浆，稳定孔内水头高度。

3）为保证孔深要求，避免超欠挖，当钻机在钻孔过程中仪器显示已达到设计标高时，需要在用测绳复制。钻进过程中还应随时注意控制仪表，以控制钻杆垂直度。

4）钻进过程中，每进尺 2～3m，应检查钻孔直径和竖直度，检查工具可用圆钢筋笼（外径 D 等于设计桩径，高度 3～5m）吊入孔内，使钢筋笼中心与钻孔中心重合，如上下各处均无挂阻,则说明钻孔直径和竖直度符合要求。

5)钻进时如孔内出现踏孔、涌砂等异常情况应立即将钻具提离孔底,保持泥浆高度,吸除坍落物和涌砂;同时向孔内输送性能符合要求的泥浆,保持水头压力以抑制继续涌砂和坍孔。

2. 清孔

(1)清孔要求

清孔应分二次进行。第一次清孔在成孔完毕后立即进行,采用钻机的掏渣筒清孔;第二次在下放钢筋笼和灌注混凝土导管安装完毕后进行,采用泥浆循环置换法清孔。清孔过程中观测孔底沉渣厚度,孔底沉渣厚度不大于100mm时即可停止清孔,并保持孔内水头高度,防止坍孔事故。

(2)第一次清孔

由于旋挖钻机采用筒式掏渣,应严格控制其钻进深度,严禁超深。清孔采用抽浆清孔法,即在终孔后停止进尺,利用泥浆泵持续泵压5至15min,使孔底沉渣随泥浆基本排除,达到清孔要求为止,并同时掺入相对比重较小的泥浆(含沙量小于4%),以保持稳定的水位。

(3)第二次清孔

在安放钢筋笼及导管后,准备灌注水下混凝土前,由于这段时间间隙较长,孔底又会产生一部分沉渣,所以待安放钢筋笼及导管就绪后,利用泥浆循环,将孔内沉渣带出孔外。

3. 钢筋笼的制作和吊装

(1)制作钢筋笼

钢筋笼的成型采用加强箍筋成型法,其绑扎顺序大致是先主筋等间距布置好,待固定住架立筋后,再按设计的间距安设箍筋。箍筋、架立筋与主筋之间的接点可用电弧焊接。加强箍筋与全部主筋焊接并在下端焊加强箍筋一道,并将箍筋及架立筋预先牢固地焊接到钢筋笼的端部上,这样当钢筋笼插到孔底时,可有效地防止架立筋插到桩端处的地基中。钢筋笼主筋采用机械连接,接头的外漏丝扣不得超过一个完整扣,主筋连接在同一断面的接头率不大于50%。钢筋笼下端0.2m范围内主筋稍后内侧弯曲呈倾斜状。钢筋笼制作允许偏差见表。

钢筋笼制作允许偏差

序号	项目	允许偏差(mm)	检验方法
1	主筋间距	±10	用尺量
2	箍筋间距	±20	用尺量
3	钢筋笼直径	±10	用尺量
4	钢筋笼整体长度	±50	用尺量
5	主筋弯曲度	<1%	用尺量
6	主筋弯曲度	<1%	用尺量

为确保桩身混凝土保护层厚度，在主筋外侧安设混凝土保护层砂浆垫块，垫块制成圆饼状。

钢筋笼的制作过程中还有一个十分重要的环节就是吊筋的安装，安装吊筋的目的是为了固定钢筋笼，使其处在预先设定的平面上。安装吊筋前需要计算吊筋的长度。吊筋长度的计算方法如下：

首先计算出桩顶至护筒顶距离。由于设计桩顶标高为已知量，护筒顶标高可通过高程控制点测出，则：

桩顶至护筒顶距离＝护筒顶标高－设计桩顶标高

已知护筒顶距离就可以很容易的计算出吊筋长度：

吊筋长度＝桩顶至护筒顶距离－0.9m＋0.1m＋0.15m

上式中0.9m为笼顶端与设计桩顶的距离，0.1m为吊筋上端吊环的高度，0.15m为吊筋与主筋的搭接长度。

仍以二号承台的桩孔为例，其护筒顶标高为43.721m，设计桩顶标高为41.242m，代入公式得：

桩顶至护筒顶距离＝43.721m－41.242m＝2.479m

吊筋长度为：

吊筋长度＝2.479m－0.9m＋0.1m＋0.15m＝1.829m

上述结果表示吊筋设计成这个长度就可以保证桩顶的位置满足设计高程。

此处还要提到的是测斜管的绑扎。因为基坑就开挖要对桩体位移进行监测，所以需要在一些钢筋笼上绑扎测斜管。测斜管应绑扎在钢筋笼的内侧，保持罐体在一条直线上，绑扎牢固。

（2）钢筋笼的吊装

钢筋笼的吊装采用25t吊车吊放。起吊时，须用双吊点，吊点位置要恰当，一般设在加强箍筋处（吊点处应加焊）。采用大钩和小钩相互进行钢筋笼吊装，小钩吊下部、大钩吊上部。在吊车小钩上挂一个滑轮，将钢丝绳穿过滑轮，钢丝绳两端采用U型卡环与钢筋笼加强箍筋连接牢固，下部第一个吊点设置在下部第二个加强箍筋处，第二个吊点设置在向上6.0m加强箍筋处。钢筋笼上部对称设置两根钢丝绳，钢丝绳两端采用U型卡环与钢筋笼加强箍筋连接牢固，第一个吊点设置在上部第二个加强箍筋处，第二个吊点设置在乡下8.0m的加强箍筋处，每根钢丝绳上均有一个滑轮，将两个滑轮挂在扁担（型钢制作）上，扁担上部设置吊钩挂在吊车大钩上。起吊时大、小钩同时受力，大钩向上吊起钢筋笼，小钩起到稳定钢筋笼的作用，同时防止钢筋笼弯曲变形，相互配合将钢筋笼慢慢吊直，同时安排专人扶稳钢筋笼的作用，同时防止钢筋笼在起吊过程中始终处于稳定状态下。吊直后将钢筋笼对准孔位缓慢下放，不得摇晃碰撞孔壁或强行入孔。

钢筋笼入孔后，要牢固定位，保证钢筋笼的方向，并将钢管穿入吊环中，将钢筋笼吊住，保证笼顶标高符合规范要求，防止在灌注水下砼过程中下沉或上浮。入孔定位标高应准备，允许误差为 ±5cm，并使其下部悬空；钢筋笼上口应和桩中心对中并固定，允许误差为 ±3cm。

4. 灌注混凝土

灌注前应先测量混凝土的坍落度和泥浆比重，要求的坍落度为 160mm ~ 220mm，泥浆比重为 1.1 ~ 1.2，还应取混凝土做成试块，养护后按照国家标准进行强度测定。

灌注混凝土施工顺序：安设导管→使隔水栓与导管内水面紧贴→灌注首批混凝土→连续灌注直至桩顶。

（1）灌注首批混凝土

放下隔水胆，安平混凝土挡板后，灌入封底混凝土。封底混凝土灌注到一定量后，用吊车小钩提起混凝土挡板，隔水胆被混凝土压入孔底，并从底部导管排出。灌注首批混凝土时，导管底部距离宜为 0.3 ~ 0.5m，导管首次封入长度不小于 0.8m。混凝土的初灌量宜按下式计算：

$$V_f = \frac{\pi}{4}d^2(H+h+0.5t)+\frac{\pi}{4}d_i^2(0.5L-H-h)$$

式中：

V—混凝土的初灌量（m）

d—桩孔直径（m）

d—导管直径（m）

L—钻孔深度（m）

H—导管埋入混凝土的深度（m）

h—导管下端距灌注前测得的孔底高度（m）

t—灌注前孔底沉渣厚度（m）

以二号承台的桩孔为例，取其导管埋入混凝土深度 H 为 0.8m，导管底部距灌注前测得的孔底高度 h 为 0.4m，钻孔直径 0.8m，导管直径 d 为 0.2m，经测得其钻孔深度 L 为 25.93m，灌注前孔底沉渣厚度为 0.03m，将上述数据代入公式上式得混凝土初灌量为：

$$V_f = \frac{\pi}{4}\times 0.8^2 \times(0.8+0.4+0.5\times 0.03)+\frac{\pi}{4}\times 0.2^2 \times(0.5\times 25.93-0.8-0.4)=0.98m^3$$

（2）导管埋深

首批混凝土灌注后应连续不断灌注混凝土，实际上因为每个孔需要灌注的混凝土量大约为 13m，而每辆混凝土搅拌车的容量为 7m 左右，因此每个孔需要灌注两车混凝土，这样就不可避免的出现灌注混凝土间歇现象。在灌注过程中，应经常用测锤探测混凝土面的上升高度，并适时提升、逐级拆卸导管，保持导管的合理埋深。应根据实际情况严格控制导管的最小埋深，以保证桩身混凝土的连续均匀，不使其可能裹入混凝土上面的浮浆皮和土块，防止出现断桩现象。对导管的最大埋深，则以能使管内混凝土顺畅流出，便于导管提升和减少灌注提管、拆管的辅助作业时间来确定。探测次数不宜小于所用的导管节数，并应在每次提升导管前,探测一次管内外混凝土面的高差。导管埋深如表。

导管埋深值表

导管内径（mm）	桩孔直径（mm）	初灌量埋深(m)	连续灌注埋深（m）		桩顶部灌注埋深（m）
			正常灌注	最小埋深	
200	60~1200	1.2~2.0	3.0~4.0	1.5~2.0	0.8~1.2
230~255	80~1800	1.0~1.5	2.5~3.5	1.5~2.0	1.0~1.2
300	>1500	0.8~1.2	2.0~3.0	1.2~1.5	1.0~1.2

（3）灌注过程注意事项

1）灌注混凝土必须连续进行,不得中断。否则先灌入的混凝土达成初凝,将阻止后灌入的混凝土从导管中留出,造成断桩。

2）在灌注过程中,当导管内混凝土不满含有空气时,后续混凝土宜通过导流槽流入漏斗及导管,所以不得将混凝土整斗倾入管内,以免在导管形成高压气囊,挤出管节间的橡胶垫圈,造成导管漏水。

3）在灌注将近结束时,混凝土上升困难,可用吊钩上下提升导管,加大孔内混凝土高度,加快混凝土上升速度。

4）为防止提升导管时挂住钢筋笼,在导管提升时要人工施加外力使导管旋转,边旋转边提升。

（4）桩顶的灌注标高及桩顶处理

桩顶的灌注标高应比设计标高增加0.5m以便清除桩顶的浮浆沉渣,桩顶灌注完毕后应立即测量桩顶的实际标高,待桩顶混凝土强度达到设计强度的70%时,将高出设计标高的部分凿除。

（四）质量通病及其预防措施

钻孔灌注桩可以穿越各种土质复杂或软硬变化较大的土层（如各类黏性土、砂土、碎砾石土、风化岩及多夹层的岩层）对地基进行加固处理,其对承载力的适应范围广（为300~20000kN）,施工机具简单,且施工过程具有噪音低、对相邻楼宇影响小、施工安全性好等诸多优点,因而在基础加固工程中得到广泛地应用。但由于钻孔灌注桩的施工环节较多,技术要求高,工艺较复杂,需要在一个较短的时间内快速完成水下灌注混凝土隐蔽工程的灌注,无法直观的对质量进行控制,人为因素的影响较大,若稍有疏忽,很容易出现一些质量问题,甚至造成病桩、断桩等重大质量事故,危及桩基工程的安全。以下针对本工程的特点从分析桩基病害的成因入手,采取一些控制桩身质量病害的技术方法。

1. 钻孔灌注桩常见的质量通病分析

（1）影响成桩质量的原因分析

1）影响桩身上部强度的原因分析

①钻孔灌注桩在承受垂直荷载压力的时候，以桩顶位置所受的压力最大，下部承受的压力相对较小。但钻孔灌注桩的成桩工艺与实际受力状况相反，往往是上部混凝土的强度低，中下段混凝土的强度高，若不严格控制，容易出现桩上段强度达不到质量要求的情况。除此之外，还容易出现缩颈、孔壁塌落、孔底沉淤、桩身空洞、蜂窝、夹泥等质量缺陷，造成桩基承载力的下降，影响到工程结构的安全。按照施工规范的规定，钻孔后要彻底清除孔底的淤泥，但在实际施工过程中，很难将淤泥彻底清除，于是在浇灌第一斗混凝土进行封底施工时，孔底沉积的淤泥必然混入混凝土中。由于用导管灌注的水下混凝土是从下往上顶升的，先灌入的混凝土顶升于孔的上面，这样就容易出现桩上段强度较低的现象。

②浇灌混凝土时，若导管插入混凝土之内过深，浇注速度又较快，则容易在孔体深部沉积较多的骨料，加上振捣过程所造成的混凝土的离析，也容易导致桩体上部强度较低的质量问题。

③埋设护筒的周围土不密实，或护筒水位差太大，或钻头起落时碰撞引起质量问题。

④孔壁坍陷的主要原因是土质松散，泥浆护壁不好，护筒周围未用黏土紧密填封以及护筒内水位不高。钻进速度过快、空钻时间过长、成孔后待灌时间过长和灌注时间过长也会引起孔壁坍陷。

⑤钻机安装就位稳定性差，作业时钻机安装不稳或钻杆弯曲所致；地面软弱或软硬不均匀；土层呈斜状分布或土层中夹有大的孤石或其它硬物等情形，以至造成成孔后桩孔出现较大垂直偏差或弯曲。

⑥清孔不干净或未进行二次清孔；泥浆比重过小或泥浆注入量不足而难于将沉渣浮起；钢筋笼吊放过程中，未对准孔位而碰撞孔壁使泥土坍落桩底；清孔后，待灌时间过长，致使泥浆沉积，以至造成桩底沉渣量过多。

（2）影响其他桩身质量的原因分析

1）混凝土浇筑施工中，若导管插入混凝土内过浅（<1.5m），则成桩过程中混凝土的上升就不是顶升式的，而是摊铺式的，这时，泥浆、泥块就容易混入混凝土中，进而影响到桩身的质量。除此之外，若设计的桩身直径过小，则混凝土上翻时就会受到孔壁的限制，从而使桩体产生空洞、蜂窝缺陷。

2）钻孔灌注桩的承载力主要表现为桩周摩阻力，而桩周摩阻力与孔壁形状和护壁质量密切相关。在施工过程中，孔壁的形状是由钻头旋转速度、钻杆下降速度和土质等因素决定的，泥浆性能（包括容重、黏度胶体率、砂率等指标）愈好、高程越高，越能保护好护壁，其桩周摩阻力愈大，但施工难度加大，费用也相应提高。

3）在钻孔成孔、拆除钻杆泥浆、停止循环至吊放钢筋笼、浇灌水下混凝土的全过程中，施工环节多，时间长，会在孔底淤积较厚的淤泥而影响成桩质量。静置的时间越长，淤积的淤泥越多。

4）混凝土在水下浇灌的过程中，其流动性、初凝时间、黏聚性能会变得更差，若稍有疏忽，很容易产生空洞、蜂窝、离析、夹泥甚至断桩的质量缺陷。

2. 钻孔灌注桩质量通病与防治措施

（1）钢筋笼碰坍桩孔

现象：吊放钢筋笼入孔时。已钻好的孔壁发生坍塌。

危害：施工无法正常进行，严重时埋住钢筋笼。

原因分析：

1）钻孔孔壁倾斜、出现缩孔等孔壁极不规则时，由于钢筋笼入孔撞击而坍孔。

2）吊放钢筋笼时。孔内水位未保持住坍孔。

3）吊放钢筋笼不仔细，冲击孔壁产生坍孔。

预防措施：

1）钻孔时，严格掌握孔径、孔垂直度或设计斜桩的斜度，尽量使孔壁较规则。如出现缩孔，必须加以治理和扩孔

2）在灌注水下混凝土前，要始终维持孔内有足够水头高。

3）吊放钢筋笼时，应对准孔中心，并竖直插入。

（2）钢筋笼放置的与设计要求不符

现象：钢筋笼吊运中变形。钢筋笼保护层不够。钢筋笼底面标高与设计不符。

危害：使桩基不能正确承载。造成桩基抗弯、抗剪强度降低。桩的耐久性大大削弱等。

原因分析：

1）桩钢筋笼加工后，钢筋笼在堆放、运输、吊人时没有严格按规程办事，支垫数量不够或位置不当，造成变形。

2）钢筋笼上没有绑设足够垫块，吊人孔时也不够垂直，产生保护层过大及过小。

3）清孔后由于准备时间过长。孔内泥浆所含泥沙，钻渣逐渐又沉落孔底，灌注混凝土前没按规定清理干净，造成实际孔深与设计不符，形成钢筋笼底面标高有误。

预防措施：

1）钢筋笼根据运输吊装能力分段制作运输。吊入钻孔内再焊接相连接成一根。

2）钢筋笼在运输及吊装时，除预制焊接时每隔2.0m设置加强箍筋外，还应在钢筋笼内每隔3.0～4.0m装一个可拆卸的十字形临时加强架，待钢筋笼吊入钻孔后拆除。

3）钢筋笼周围主筋上，每隔一定间距设混凝土垫块或塑料小轮状垫块，使混凝土垫块厚和小轮半径符合设计保护层厚。

4）最好用导向钢管固定钢筋笼位置，钢筋笼顺导向钢管吊入孔中。这样，不仅可以保证钢筋的保护层厚符合设计要求，还可保证钢筋笼在灌注混凝土时，不会发生偏离。

5）做好清孔，严格控制孔底沉淀层厚度，清孔后，及早进行混凝土灌注。

（3）导管进水

现象：灌注桩首次灌注混凝土时，孔内泥浆及水从导管下口灌入导管；灌注中，导管接头处进水；灌注中，提升导管过量，孔内水和泥浆从导管下口涌入导管等现象。

危害：导管进水，轻者造成桩身混凝土离析，轻度夹泥；重者产生桩身混凝土有夹层甚至发生断桩事故。

原因分析：

1）首次灌注混凝土时，由于灌满导管和导管下口至桩孔底部间隙所需的混凝土总量计算不当，使首灌的混凝土不能埋住导管下口，而是全部冲出导管以外，造成导管底口进水事故。

2）灌注混凝土中，由于未连续灌注，在导管内产生气囊。当又一次聚集大量混凝土拌合物猛灌，导管内气囊产生高压，将两节导管间加入的封水橡皮垫挤出，致使导管接口漏空而进水。

3）导管拼装后，未进行水密性试验。由于接头不严密，水从接口处漏入导管。

4）测深时，误测造成导管提升过量，致使导管底口脱离孔内的混凝土液面，使泥水进入。

预防措施：

1）确保首批灌注的混凝土总方量，能满足填充导管下口与桩孔底面间隙和使导管下口首灌时被埋没深度 ≥1m 的需要。首灌前，导管下口距孔底一般不超过 0.4m。

2）在提升导管前，用标准测深锤（锤重不小于 4kg，锤呈锥状。吊锤索用质轻，拉力强，浸水不伸缩的尼龙绳）测好混凝土表面的深度，控制导管提升高度，始终将导管底口埋于已灌入混凝土液面下不少于 2m。

3）下导管前。导管应进行试拼，并进行导管的水密性、承压性和接头抗拉强度的试验。试拼的导管，还要检查其轴线是否在一条直线上。试拼合格后，各节导管应从下而上依次编号，并标示累计长度。入孔拼装时，各节导管的编号及编号所在的圆周方位，应与试拼时相同，不得错、乱，或编号不在一个方位。

4）首灌混凝土后，要保持混凝土连续地灌注。尽量缩短间隔时间。当导管内混凝土不饱满时，应徐徐地灌注，防止导管内形成高压气囊。

治理方法：首灌底口进水和灌注中导管提升过量的进水，一旦发生，停止灌注。利用导管作吸泥管，以空气吸泥法，将已灌注的混凝土拌合物全部吸出。针对发生原因，予以纠正后，重新灌注混凝土。

（4）导管进水

现象：导管已提升很高，导管底口埋入混凝土接近 1m。但是灌注在导管中的混凝土仍不能涌翻上来。

危害：造成灌注中断，易在中断后灌注时形成高压气囊。严重时，易发展为断桩。

原因分析：

1）由于各种原因使混凝土离析，粗骨料集中而造成导管堵塞。

2）由于灌注时间持续过长，最初灌注的混凝土已初凝，增大了管内混凝二卜下落的阻力，使混凝土堵在管内。

预防措施：

1）灌注混凝土的坍落度宜在18～22cm之间。并保证具有良好和易性。在运输和灌注过程中不发生显著离析和泌水。

2）保证混凝上的连续灌注，中断灌注不应超过30min。

治理方法：灌注开始不久发生堵管时，可用长杆冲、捣或用振动器振动导管。若无效果，拔出导管，用空气吸泥机或抓斗将已灌入孔底的混凝土清出。换新导管，准备足够储量混凝土，重新灌注。

（5）导管进水

提升导管时，导管卡挂钢筋笼

现象：导管提升时，导管接头法兰盘或螺栓挂住钢筋笼，无法提升导管。

危害：使灌注混凝土中断，易诱发导管堵塞。易演变成断桩、埋导管事故。

原因分析：

1）导管拼装后，其轴线不顺直，弯折处偏移过大，提升导管时，挂住钢筋笼。

2）钢筋笼搭接时，下节的主筋摆在外侧，上节的主筋在里侧，提升导管时被卡挂住。钢筋笼的加固筋焊在主筋内侧，也易挂在导管上。

3）钢筋笼变形成折线或者弯曲线，使导管与其发生卡、挂。

预防措施：

1）导管拼装后轴线顺直，吊装时，导管应位于井孔中央，并在灌注前进行升降是否顺利的试验。法兰盘式接口的导管，在连接处罩以圆锥形白铁罩。白铁罩底部与法兰盘大小一致，白铁罩顶与套管头上卡住。

2）钢筋笼分段入孔前，应在其下端主筋端部加焊一道加强箍，入孔后各段相连时，应搭接方向适宜，接头处满焊。

治理方法：

1）发生卡挂钢筋笼时。可转动导管，待其脱开钢筋笼后，将导管移至孔中央继续提升。

2）如转动后仍不能脱开时，只好放弃导管，造成埋管。

（6）钢筋笼在灌注混凝土时上浮

现象：钢筋笼入孔后，虽已加以固定。但在孔内灌注混凝土时，钢筋笼向上浮移。

危害：钢筋笼一旦发生上浮，基本无法使其归位，从而改变桩身配筋数量，损害桩身抗弯强度。

原因分析：混凝土由漏斗顺导管向下灌注时，混凝土的位能产生一种顶托力。该种顶托力随灌注时混凝土位能的大小，灌注速度的快慢，首批混凝土的流动度。首批混凝土的表面标高大小而变化。当顶托力大于钢筋笼的重量时。钢筋笼会被浮推上升。

预防措施：

1）摩擦桩应将钢筋骨架的几根主筋延伸至孔底，钢筋骨架上端在孔口处与护筒相接固定。

2）灌注中，当混凝土表面接近钢筋笼底时，应放慢混凝土灌注速度，并应使导管保持较大埋深，使导管底口与钢筋笼底端间保持较大距离，以便减小对钢筋笼的冲击。

3）混凝土液面进入钢筋笼一定深度后，应适当提升导管，使钢筋笼在导管下口有一定埋深。但注意导管埋入混凝土表面应不小于2m。

（7）灌注混凝土时桩孔坍孔

现象：灌注水下混凝土过程中，发现护筒内泥浆水位忽然上升溢出护筒，随即骤降并冒出气泡，为坍孔征兆。如用测深锤探测混凝土面与原深度相差很多时，可确定为坍孔。

危害：造成桩身扩径，桩身混凝土夹泥，严重时，会引发断桩事故。

原因分析：

1）灌注混凝土过程中，孔内外水头未能保持一定高差。在潮汐地区，没有采取措施来稳定孔内水位。

2）护筒刃脚周围漏水；孔外堆放重物或有机器振动，使孔壁在灌注混凝土时坍孔。

3）导管卡挂钢筋笼及堵管时。均易同时发生坍孔。

治理方法：

1）灌注混凝土过程中，要采取各种措施来稳定孔内水位。还要防止护筒及孔壁漏水，其措施同一、（五）的预防措施。

2）用吸泥机吸出坍入孔内的泥土，同时保持或加大水头高，如不再坍孔，可继续灌注。

3）如用上法处治，坍孔仍不停时，或坍孔部位较深，宜将导管、钢筋笼拔出，回填黏土，重新钻孔。

（8）埋导管事故

现象：导管从已灌入孔内的混凝土中提升费劲，甚至拔不出，造成埋管事故。

危害：埋导管使灌注水下混凝土施工中断，易发展为断桩事故。

原因分析：

1）灌注过程中，由于导管埋入混凝土过深，一般往往大于6m。

2）由于各种原因，导管超过0.5h未提升，部分混凝土初凝，抱住导管。

预防措施：

1）导管采用接头形式宜为卡口式，可缩短卸导管引起的导管停留时间，各批混凝土均掺入缓凝剂，并采取措施，加快灌注速度。

2）随混凝土的灌入，勤提升导管，使导管埋深不大于6m。

治理方法：

1）埋导管时，用链式滑车、千斤顶、卷扬机进行试拔。

2）若拔不出时，可加力拔断导管，然后按断桩处理。

（9）桩头浇注高度短缺

现象：已浇注的桩身混凝土，没有达到设计桩顶标高再加上 0.5～1.0m 的高度。

危害：在有地下水时，造成水下施工。无地下水时，需进行接桩，产生人力、财力和时间的浪费，加大工程成本。

原因分析：

1）混凝土灌注后期，灌注产生的超压力减小，此时导管埋深较小。由于测深时，仪器不精确，或将过稀浆渣、坍落土层误判为混凝土表面，使导管提冒漏水。

2）测锤及吊锤索不标准，手感不明显，未沉至混凝土表面，误判已到要求标高。造成过早拔出导管，中止灌注。

3）不懂得首灌混凝土中，有一层混凝土从开始灌注到灌注完成，一直与水或泥浆接触，不仅受浸蚀，还难免有泥浆、钻渣等杂物混入，质量较差。必须在灌注后凿去。因此，对灌注桩的桩顶标高计算时，未在桩顶设计标高值上，增加 0.5～1.0m 的预留高度。从而在凿除后，桩顶低于设计标高。

治理方法：

1）尽量采用准确的水下混凝土表面测深仪。提高判断的精确度。当使用标准测深锤检测时，可在灌注接近结束时，用取样盒等容器直接取样，鉴定良好混凝土面的位置。

2）对于水下灌注的桩身混凝土，为防止剔桩头造成桩头短浇事故，必须在设计桩顶标高之上，增加 0.5～1.0m 的高度，低限值用于泥浆比重小的、灌注过程正常的桩；高限值用于发生过堵管，坍孔等灌注不顺利的桩。

3）无地下水时，可开挖后做接桩处理。

4）有地下水时，接长护筒。沉至已灌注的混凝土面以下，然后抽水、清渣、按接桩处理。

（10）夹泥、断桩

现象：先后两次灌注的混凝土层之间，夹有泥浆或钻渣层，如存于部分截面，为夹泥；如属于整个截面有夹泥层或混凝土有一层完全离析，基本无水泥浆黏结时，为断桩。

危害：夹泥、断桩使桩身混凝土不连续，无法承受弯矩和地震引起的水平剪切力，使桩报废。

原因分析：

1）灌注水下混凝土时，混凝土的坍落度过小。集料级配不良，粗骨料颗粒太大，灌注前或灌注中混凝土发生离析；或导管进水等使桩身混凝土产生中断。

2）灌注中。发生堵塞导管又未能处理好；或灌注中发生导管卡挂钢筋笼，埋导管，严重坍孔，而处理不良时，都会演变为桩身严重夹泥，混凝土桩身中断的严重事故。

3）清孔不彻底或灌注时间过长，首批混凝土已初凝，而继续灌入的混凝土冲破顶层与泥浆相混；或导管进水，一般性灌注混凝土中坍孔，均会在两层混凝土中产生部分央有泥浆渣土的截面。

预防措施：

1）混凝土坍落度严格按设计或规范要求控制住，尽量延长混凝土初凝时间（如用初凝慢的水泥，加缓凝剂，尽量用卵石，加大砂率，控制石料最大粒径）。

2）灌注混凝土前，检查导管、混凝土罐车、搅拌机等设备是否正常，并有备用的设备、导管，确保混凝土能连续灌注。

3）随灌混凝土，随提升导管。做到连灌、勤测、勤拔管，随时掌握导管埋入深度，避免导管埋入过深或过浅。

4）采取措施，避免导管卡、挂钢筋笼；避免出现堵导管、埋导管、灌注中坍孔、导管进水等质量通病的发生。

治理方法：

1）断桩或夹泥发生在桩顶部时。可将其剔除。然后接长护筒，并将护筒压至灌注好的混凝土面以下，抽水、除渣，进行接桩处理。

2）对桩身在用地质钻机钻芯取样，表明有蜂窝、松散、裹浆等情况（取芯率小于40%时）；桩身混凝土有局部混凝土松散或夹泥、局部断桩时，应采用压浆补强方法处理。

3）对于严重夹泥、断桩，要进行重钻补桩处理。

第二节　钢筋混凝土工程施工

一、模板工程施工

（一）木模板安装与拆除

本标准适用于建（构）筑物的现浇钢筋混凝土结构施工

1. 施工准备

（1）材料

1）木模板（或夹板）：木模板（或夹板）宜采用Ⅰ或Ⅱ等松木，杉木以及胶合夹板，并应符合《木结构工程施工及验收规范》GB50206-2002和《木结构设计规范》中的有关规定。

2）木枋：木枋宜采用Ⅰ或Ⅱ等松木、什木，并应符合《木结构工程施工及验收规范》GB50206—2002和《木结构设计规范》中的有关规定。

3）支顶系统：木（松木或杉木）支顶及钢门式刚架、钢管等，并应符合《木结构工程施工及验收规范》GB50206—2002.《木结构设计规范》《钢管脚手架扣件》中的有关规定。

（2）作业条件

1）模板结构选型：模板及支模板顶架的结构与施工方案应根据工程结构特点，平面几何形状、施工机具设备、模板及顶架料供应等条件综合比较后，选定最佳的结构形式与施工方案，并在方案中注明其操作工艺及工艺流程。

2) 木模板备料：模板数量应根据模板设计方案，并结合方案中施工流水段的划分，进行综合考虑，合理确定模板的配置数量。

3) 模板涂刷脱模剂，并按施工平面布置图中指定的位置分规格堆放整齐。

4) 模板安装前，应根据设计图纸要求，放好纵横轴线（或中心线）和模板边线，定好水平控制标高。

5) 模板施工前，应办完前一工序的分部或分项工程隐蔽验收手续。

6) 模板安装前，根据模板、图纸要求和操作工艺标准向班组进行安全、技术交底。

2. 操作工艺

（1）基础模板制作安装

1) 安装顺序

放线→安底阶模→安底阶支撑→安上阶模→安上阶围箍和支撑→搭设模板吊架→（安杯芯模）→检查、校正→验收

注：括号工序仅适用杯形基础模板安装。

2) 阶梯形独立基础：根据图纸尺寸制作每一阶级模板，支模顺序由下至上逐层向上安装，先安装底层阶梯模板，用斜撑和水平撑钉稳撑牢；核对模板墨线及标高，配合绑扎钢筋及砼（或砂浆）垫块，再进行上一阶模板安装，重新核对墨线各部位尺寸和标高，并把斜撑、水平支撑以及拉杆加以钉紧、撑牢，最后检查斜撑及拉杆是否稳固，校核基础模板几何尺寸、标高及轴线位置。

3) 杯形独立基础：其操作工艺与阶梯形基础相似，不同的是增加一个中心杯芯模，杯口上大下小略有斜度，芯模安装前应钉成整体，轿杠钉于两侧，中心杯芯模完成后要全面校核杯底标高，各部分尺寸的准确性和支撑的牢固性。

4) 条形基础模板：侧板和端头板制成后，应先在基础底弹出基础边线和中心线，再把侧板和端头板对准边线和中心线，用水平尺较正侧板顶面水平，经检测无误差后，用斜撑、水平撑及拉撑钉牢。最后校核基础模板几何尺寸及轴线位置。

（2）柱模板

1) 立模程序

放线→设置定位基准→第一块模板安装就位→安装支撑→邻侧模板安装就位→连接二块模板，安装第二块模板支撑→安装第三、四块模板及支撑→调直纠偏→安装柱箍→全面检查校正→柱模群体固定→清除柱模内杂物、封闭清扫口。

2) 根据图纸尺寸制作柱侧模板（注意：外侧板宽度要加大两倍内侧板模厚度）后，按楼地面放好线的柱位置钉好压脚板再安装柱模板，两垂直向加斜拉顶撑。柱模安完后，应全面复核模板的垂直度、对角线长度差及截面尺寸等项目。柱模板支撑必须牢固，预埋

件、预留孔洞严禁漏设且必须准确、稳牢。

3）安装柱箍：柱箍的安装应自下而上进行，柱箍应根据柱模尺寸、柱高及侧压力的大小等因素进行设计选择（有木箍、钢箍、钢木箍等）。柱箍间距一般在40～60cm，柱截面较大时应设置柱中穿心螺丝，由计算确定螺丝的直径、间距。

（3）梁模板安装

1）安装程序

放线→搭设支模架→安装梁底模→梁模起拱→绑扎钢筋与垫块→安装两侧模板→固定梁夹→安装梁柱节点模板→检查校正→安梁口卡→相邻梁模固定

2）在柱子上弹出轴线、梁位置和水平线，钉柱头模板。

3）梁底模板：按设计标高调整支柱的标高，然后安装梁底模板，并拉线找平。当梁底板跨度≥4m时，跨中梁底处应按设计要求起拱，如设计无要求时，起拱高度宜为全跨长度的1～3‰。主次梁交接时，先主梁起拱，后次梁起拱。

4）梁下支柱支承在基土面上时，应将基土平整夯实，满足承载力要求，并加木垫板或砼垫板等有效措施，确保砼在浇筑过程中不会发生支顶下沉等现象。

5）支顶在楼层高度3.8m以下时，应设1～2道水平拉杆和剪刀撑，若楼层高度在3.8m以上时要按公司有关规定另行制定顶架搭设方案。

6）梁侧模板：根据墨线安装梁侧模板、压脚板、斜撑等。梁侧模板制作高度应根据梁高及楼板模板碰旁或压旁。

7）当梁高超过70cm时，梁侧模板宜加穿梁螺栓加固。

（4）楼面模板：

1）安装程序：

复核板底标高→搭设支模架→安放龙骨→安装模板（铺放密肋楼板模板）→安装柱、梁、板节点模板→安放预埋件及预留孔模板等→检查校正→交付验收

2）根据模板的排列图架设支柱和龙骨。支柱与龙骨的间距，应根据模板的砼重量与施工荷载的大小，在模板设计中确定。一般支柱为80～120cm，大龙骨间距为60～120cm，小龙骨间距为40～60cm。支柱排列要考虑设置施工通道。

3）底层地面分层夯实，并铺垫脚板。采用多层支顶支模时，支柱应垂直，上下层支柱应在同一竖向中心线上。各层支柱间的水平拉杆和剪刀撑要认真加强。

4）通线调节支柱的高度，将大龙骨拉平，架设小龙骨。

5）铺模板时可从四周铺起，在中间收口。若为压旁时，角位模板应通线钉固。

6）楼面模板铺完后，应复核模板面标高和板面平整度，预埋件和预留孔洞不得漏设并应位置准确。支模顶架必须稳定、牢固。模板梁面、板面应清扫干净。

3. 质量标准

（1）主控项目

1）模板及其支顶必须有足够的强度，刚度和稳定性，其支顶的支承部分必须有足够的支承面积。如安装在基土上，基土必须坚实并有排水措施。

2）木模板（或夹板）应符合《木结构工程施工及验收规范》（GB50206—2002）中的承重结构选材标准，其树种可按本地区实际情况选用，材质不宜低于Ⅲ等材。

（2）一般项目

1）模板接缝宽度应符合以下规定：

合格：不大于1.5mm

2）模板与混凝土的接触面应清理干净，并采取防黏结措施。

①每件（处）板的模板上粘浆和漏涂隔离剂累计面积应符合以下规定。

合格：不大于1000cm²

②每件（处）梁、柱的模板上粘浆和漏涂隔离剂累计面积应符合以下规定。

合格：不大于400cm²

（3）允许偏差

模板安装和预埋件、预留孔洞的允许偏差应符合规定：

模板安装和预埋件、预留孔洞的允许偏差（mm）

项目		允许偏差		检查方法
		单层多层	高层框架	
柱、墙、梁轴线位移		5	3	尺量检查
标高		±5	+2、−5	用水准仪检查
柱、墙、梁截面尺寸		+4、−5	+2、−5	尺量检查
相邻两板表面高低差		2	2	用直尺和尺量检查
表面平整度		5	5	用2M靠尺和塞尺检查
预埋钢板、预埋管、预留孔中心线位移		3	3	
预埋螺栓	中心线位移	2	2	
	外露长度	+10、−0	+10、−0	
预留洞	中心线位移	10	10	
	截面内部尺寸	+10、0	+10、0	
每层垂直度		3	3	用2M托线板检查

4.施工注意事项

（1）避免工程质量通病

1）模板安装前，先检查模板的质量，不符质量标准的不得投入使用。

2）基础模板

带形基础要防止沿基础通长方向，模板上口不直，宽度不准，下口陷入混凝土内，拆模时上段混凝土缺损，底部上模不牢的现象。

预防措施：

①模板应有足够的强度和刚度，支模时垂直度要准确。

②模板上口应钉木带，以控制带形基础上口宽度，并通长拉线，保证上口平直。

③隔一定间距，将上段模板下口支承在钢箍支架上；也可用临时木撑，以使侧模高度保持一致。

④支撑直接撑在土坑边时，下面应垫以木板，以扩大其承力面。两块模板长向接头处应加拼条，使板面平整，连接牢固。

杯形基础应防止中心线不准，杯口模板位移；混凝土浇筑时芯模浮起，拆模时芯模起不出的现象。

预防措施：

①杯形基础支模时中心线位置及标高要准确，支上段模板时采用抬轿杠，可使位置准确，托木的作用是将轿杠与下段混凝土面隔开少许，便于混凝土面拍平。

②杯芯模板要刨光直拼，芯模外表面涂隔离剂，底部应钻几个小孔，以便排气，减少浮力。

③浇筑混凝土时，在芯模四周要均衡下料及振捣。

④脚手板不得搁置在模板上。

⑤拆除的杯芯模板，要根据施工时的温度及混凝土凝固情况来掌握，一般在初凝前后即可用锤轻打，撬棍拨动。

3）梁模板：防止梁身不平直、梁底不平及下挠、梁侧模炸模、局部模板嵌入柱梁间；拆除困难的现象。

预防措施：

①支梁模时应遵守边模包底模的原则，梁模与柱模连接处，应考虑梁模吸湿后长向膨胀的影响，下料尺寸一般应略为缩短，使混凝土浇筑后不致嵌入柱内。

②梁侧模必须有压脚板、斜撑、拉线通直后将梁侧钉固，梁底模板按规定起拱。

③混凝土浇筑前，模板应充分用水湿润。

4）柱模板：防止柱模板炸模、断面尺寸鼓出、漏浆、混浆土不密实，或蜂窝麻面、偏斜、柱身扭曲的现象。

预防措施：

①根据规定的柱箍间距要求钉牢固

②成排柱模支模时，应先立两端柱模，校直与复核位置无误后，顶部拉通长线，再立中间柱模。

③四周斜撑要牢固。

④较高的柱子，应在模板中部一侧留临时浇灌孔，以便浇灌混凝土，插入振动棒，当

混凝土浇灌到临时洞口时，即应封闭牢固。

5）板模板：防止板中部下挠，板底混凝土面不平的现象。

预防措施：

①楼板模板厚度要一致，搁栅木料应有足够强度和刚度，搁栅面要平整。

②支撑材料应有足够强度，前后左右相互搭牢，支撑系统应稳固。

③板模按规定起拱。

（2）成品保护

1）坚持每次模板使用后清理板面，涂刷脱模剂。

2）按楼板部位层层复安，减少损耗。

3）材料应按平面布置图中指定的位置分类堆放整齐。

（二）定型组合钢模板的安装与拆除

本工艺标准适用于工业与民用建筑现浇混凝土框架和现浇混凝土剪力墙模板工程

1. 施工准备

（1）材料：

1）组合钢模板材料由钢模及配件组成。

①平面模板规格

长度：450mm、600mm、750mm、900mm、1200mm、1500mm

宽度：100mm、150mm、200mm、250mm、300mm

②定型钢角模：阴阳角模、联接角模。

③联结附件：U型卡、L型插销、3型扣件、碟型扣件、钩头螺栓、穿墙螺栓、紧固螺栓。

④支撑系统：柱箍、钢花梁、木枋、墙箍、钢管门式脚手架、可调钢支顶、可调上托、钢桁架、木材。

⑤脱模剂。

2）SP—模板系列材料（即钢框夹板面模板）

①模板规格

长度：900mm、1200mm、1500mm

宽度：200、300mm、600mm

厚度：55mm、70mm

②定型钢角模：活动铰模、联结角模、改形联接角模、固定阴阳角模。

③联结附件：钢管卡、方钢卡、楔形插销、穿墙螺栓、联连螺栓。

④支撑系统：柱箍、方钢墙箍、钢管、门式脚手架、可调钢支顶、可调上托、钢桁架、木枋、木材。

⑤脱模剂。

（2）作业条件

1）模板设计：根据工程结构形式和特点及现场施工条件进行模板设计，确定模板平面布置、纵横龙骨规格、排列尺寸和穿墙螺栓的位置，确定支撑系统的形式，间距和布置，根据规范验算龙骨和支撑系统的强度、刚度和稳定性，绘制全套模板设计图（包括模板平面布置图、立面图、组装图、节点大样图、零件加工图、材料表等）。模板数量应在模板设计时结合施工流水段划分，进行综合研究，合理确定模板的配制数量。

2）模板按区段进行编号，并涂好脱模剂，按施工平面布置图中指定的位置分规格堆放。

3）根据模板设计图，放好轴线和模板边线，定好生口位置和水平控制标高，墙、柱模板底边应做水泥砂浆找平层。

4）墙柱钢筋绑扎完毕，水电管线及预埋已安装，绑好钢筋保护层垫块，并办完前一工序的分部或分项工程隐蔽验收手续。

5）斜支撑的支承点或钢筋锚环牢固可靠。

6）模板安装前，根据模板方案、图纸要求和操作工艺标准，向班组进行安全、技术交底。

2. 操作工艺

（1）基础模板安装

1）安装顺序

与上一节安装顺序相同。

2）根据基础墨线钉好压脚板，用U型卡或联接销子把定型模板扣紧固定。

3）安装四周龙骨及支撑，并将钢筋位置固定好，复核无误。

（2）柱模板安装

1）立模程序

与上一节立模程序相同。

2）按柱模板设计图的模板位置，由下至上安装模板，模板之间用楔形插销插紧，转角位置用联接角模将两模板连接。

3）安装柱箍：柱箍可用钢管、型钢等制成，柱箍应根据柱模尺寸、侧压力大小等因素进行设计选择、必要时可增加穿墙螺栓。

4）安装柱模的拉杆或斜撑：柱模每边的拉杆或顶杆，固定于事先预埋在楼板内的钢筋环上，用花篮螺栓或可调螺栓调节校正模板的垂直度，拉杆或顶杆的支承点要牢固可靠，与地面的夹角不大于45度。

（3）剪力墙模安装

1）立模程序

放线定位→模板安放预埋件→安装（吊装）就位一侧模板→安装支撑→安装门窗洞模板→绑扎钢筋和砼（砂浆）垫块、插入穿墙螺栓及套管等→安装（吊装）就位另侧模板及支撑→调整模板位置→紧固穿墙螺栓→固定支撑→检查校正→连接邻件模板。

2）按放线位置钉好压脚板，然后进行模板的拼装，边安装边插入穿墙螺栓和套管，穿墙螺栓的规格和间距在模板设计时应明确规定。

3）有门窗洞口的墙体，宜先安好一侧模板，待弹好门窗洞口位置线后再安另一侧模板，且在安另一侧模板之前，应清扫墙内杂物。

4）根据模板设计要求安装墙模的拉杆或斜撑。一般内墙可在两侧加斜撑，若为外墙时，应在内侧同时安装拉杆和斜撑，且边安装边校正其平整度和垂直度。

5）模板安装完毕，应检查一遍扣件、螺栓、拉顶撑是否牢固，模板拼缝以及底边是否严密特别是门窗洞边的模板支撑是否牢固。

（4）梁模板安装

1）安装程序

与上一节操作工艺中的安装程序相同。

2）在柱子上弹出轴线、梁位置线和水平线。

3）梁支架的排列、间距要符合模板设计和施工方案的规定，一般情况下，采用可调式钢支顶间距为400～1000mm不等，具体视龙骨排列而定；采用门架支顶可调上托时其间距有600、900、1800mm等。

4）按设计标高调整支柱的标高，然后安装木枋或钢龙骨，铺上梁底板，并拉线找平。当梁底板跨度等于及大于4m时，梁底应按设计要求起拱，如设计无要求时，起拱高度为梁跨的1‰～3‰。

5）支顶之间应设水平拉杆和剪刀撑，其竖向间距不大于2m，若采用门架支顶，门架之间应用交叉杆联结。若楼层高度超过3.8m以上时，要按公司有关规定另行制订顶架搭设方案。

6）支顶若支承在基土上时，应对基土平整夯实，并满足承载力要求，并加木垫板或混凝土垫块等有效措施，确保混凝土在浇筑过程中不会发生支顶下沉。

7）梁的两侧模板通过联接模用U型或插销与底连接。

8）当梁高超过700mm时，侧模增加穿梁螺栓。

9）梁柱头的模板构造应根据工程特点设计和加工。

（5）楼面板安装：

1）安装程序

安装顺序同上。

2）底层地面应夯实，并铺垫脚板。采用多层支架支模时，支顶应垂直、上下层支顶应在同一竖向中心线上，而且要确保从多层支架间在竖向与水平向的稳定。

3）支顶与龙骨的排列和间距，应根据楼板的混凝土重量和施工荷载大小在模板设计中确定，一般情况下支顶间距为800～1200mm，大龙骨间距为600～1200mm，小龙骨间距为400～600mm，支顶排列要考虑设置施工通道。

4）通线调节支顶高度，将大龙骨找平。

5）铺模板时可从一侧开始铺，每两块板间的边肋上用U型卡连接，生口板位置可用L型插销连接，U型卡间距不宜大于300mm。卡紧方向应正反相间，不要同一方向。对拼缝不足50mm，可用木板代替。若采用SP-模板系列，除沿梁周边铺设的模板边肋上用楔形插销连接外，中间铺设的模板不用插销连接。与梁模板交接处可通过固定角模用插销连接，收口拼缝处可用木模板或用特制尺的模板代替，但拼缝要严密。

6）楼面模板铺完后，应检查支柱是否牢固，模板之间连接的U型卡或插销有否脱落、漏插、然后将楼面清扫干净。

（6）模板拆除

1）柱子模板拆除：先拆掉斜拉杆或斜支撑，然后拆掉柱箍及对拉螺栓，接着拆连接模板的U型卡或插销，然后用撬棍轻轻撬动模板，使模板与混凝土脱离。

2）墙模板拆除：先拆除斜拉杆或斜支撑，再拆除穿墙螺栓及纵横龙骨或钢管卡，接着将U型卡或插销等附件拆下，然后用撬棍轻轻撬动模板，使模板离开墙体，模板逐块传下堆放。

3）楼板、梁模板拆除

①先将支柱上的可调上托松下，使代龙与模板分离，并让龙骨降至水平拉杆上，接着拆下全部U型卡或插销及连接模板的附件，再用钢钎撬动模板，使模板块降下由代龙支承，拿下模板和代龙，然后拆除水平拉杆及剪刀撑和支柱。

②拆除模板时，操作人员应站在安全的地方。

③拆除跨度较大的梁下支顶时，应先从跨中开始，分别向两端拆除。

④楼层较高，支撑采用双层排架时，先拆上层排架，使龙骨和模板落在底层排架上，待上层模板全部运出后再拆下层排架。

⑤若采用早拆型模板支撑系统时，支顶应在混凝土强度等级达到设计的100%方可拆除。

⑥拆下的模板及时清理黏结物，涂刷脱模剂，并分类堆放整齐，拆下的扣件及时集中统一管理。

3. 质量标准

（1）主控项目

模板及其支架必须具有足够的强度、刚度和稳定性；其支承部分应有足够的支承面积，如安装在基土上，基土必须坚实，并有排水措施。

（2）一般项目

模板接缝宽度不得大于1.5mm。

模板表面清理干净并采取防止黏结措施，模板上粘浆和漏涂隔离剂累计面积：墙、板应不大于$1000cm^2$；柱、梁应不大于$400cm^2$。

4. 施工注意事项

（1）避免工程质量通病

1）柱模板容易产生的问题：柱位移、截面尺寸不准，混凝土保护层过大，柱身扭曲，梁柱接头偏差大。防止方法：支模前按墨线校正钢筋位置，钉好压脚板；转角部位应采用联接角模以保证角度准确；柱箍形式、规格、间距要根据柱载面大小及高度进行设计确定；梁柱接头模板要按大样图进行安装而且联接要牢固。

2）墙模板容易产生的问题：墙体混凝土厚薄不一致，上口过大，墙体烂脚，墙体不垂直。防止办法：模板之间连接用的U型卡或插销不宜过疏，穿墙螺栓的规格和间距应按设计确定，除地下室外壁之外均要设置墙螺栓套管；龙骨不宜采用钢花梁；穿墙螺栓的直径、间距和垫块规格要符合设计要求；墙梁交接处和墙顶上口应设拉结；外墙所设的拉、顶支撑要牢固可靠，支撑的间距、位置宜由模板设计确定。模板安装前模板底边应先批好水泥砂浆找平层，以防漏浆。

3）梁和楼板的模板容易产生的问题：梁身不平直，梁底不平，梁侧面鼓出，梁上口尺寸加大，板中部下挠，生蜂窝麻面。防止办法：700mm梁高以下模板之间的联接插销不少于两道，梁底与梁侧板宜用联接角模进行联接，大于700mm梁高的侧板，宜加穿墙螺栓。模板支顶的尺寸和间距的排列，要确保系统的足够的刚度，模板支顶的底部应在坚实地面上，梁板跨度大于4m者，如设计无要求则按规范要求起拱。

（2）成品保护

1）模板安装时，不得随意开孔，穿墙螺栓应在钢加劲肋的钢环中穿过或在板缝中加木条安装墙螺栓。预留钢筋可一端弯成90°与混凝土墙钢筋焊接或扎牢，另一端用铁线绑牢，从板缝中拉紧紧贴模板内面，拆模后再拉出。

2）模板竖向安装时，加劲肋的凹面须向下安装。

3）拆模时不得用大锤硬砸或用撬棍硬撬，以免损坏模板边框。

4）操作和运输过程中，不得抛掷模板。

5）模板每次拆除以后，必须进行清理，涂刷脱模剂，分类堆放。

6）在模板面进行钢筋等焊接工作时，必须用石棉板或薄钢板隔离；泵送混凝土的布料架脚和输送混凝土管支架脚下应加垫板等有效措施。

7）拆下的模板如发现脱焊、变形等时，应及时修理。拆下的零星配件应用箱或袋收集。

（三）竹胶合模板

1. 施工准备

（1）材料及工具

1）模板选择：楼板、平台等水平结构施工采用12mm厚双面酚醛覆膜竹胶合板模板，墙体、柱、梁模施工采用18mm厚双面酚醛覆膜木胶合板模板。模板质量要符合行业标准

《竹胶合板标准》（JG/T3026）的规定。

2）支撑系统：根据情况可选用钢管扣件式脚手架支撑系统，碗扣式脚手架支撑系统等，龙骨选用 50×100mm 或 100×100mm 方木。

3）小型工具：锤子、打眼电钻、活动扳手、手锯、水平尺、线坠、吊装索具等。

4）脱模剂：水质脱模剂。

5）海绵条：2mm 厚及 20mm 厚。

（2）技术准备：

1）根据工程结构形式和特点及现场施工条件，对模板进行设计，确保模板和支撑的刚度、强度及稳定性。

2）绘制全套模板设计图，其中包括：模板平面布置配板图、组装图、节点大样图。确定模板配板平面布置及支撑布置。根据总图对梁、板、柱等尺寸及编号设计出配板图应标志出不同型号、尺寸单块模板平面布置、纵横龙骨规格、数量及排列尺寸；柱箍选用的形式及间距；支撑系统的竖向支撑、侧向支撑、横向拉接件的型号、间距。

3）模板验算：在进行模板配板布置及支撑系统布置的基础上，对模板及支撑系统进行强度、刚度及稳定性验算。

2. 作业条件

（1）轴线、模板线、门窗洞口线、标高线放线完毕，水平控制标高引测到预留插筋或其他过渡引测点，并办好预检手续。

（2）为防止模板下口漏浆，安装模板前，对模板的承垫底部先垫上 20mm 厚的海绵条，若底部严重不平的，应先沿模板内边线用 1:3 水泥砂浆，根据给定的标高线准确找平（找平层不得伸入墙内）。外墙、外柱的外边根部根据标高线设置模板承垫木方，与找平层上平交圈，以保证标高准确和不漏浆。

（3）设置模板定位基准，即在墙、柱主筋上距地面 50mm 处，根据柱、墙边控制线用 φ16 钢筋焊接水平支杆，从 2 面或 4 面顶墙柱模板，以防模板的水平移位。焊接点的钢筋采用砂轮切割机断料，以避免用钢筋切断机切成锐利尖头，并在墙对拉螺栓紧固时嵌入胶合板内。

（4）墙、柱钢筋绑扎完毕，水电管线、预留洞、预埋件已安装完毕，绑好钢筋保护层垫块，并办好隐检手续。

（5）安装模板前应把胶合板模板面清理干净，刷好脱模剂。

（6）墙、柱模板根部清理干净，凿除松散层砼。

3. 施工工艺及方法

对层高不超过 5m 的现浇结构、柱、墙梁板一次性浇筑，以减少中间工序，保证施工质量，加快进度。当胶合板模板在进行平面或转角拼接时，为了确保其密闭性能，采用重复企口和 45° 斜面对接法连接，并在接口处用 50×100mm 方木加固。

（1）柱模安装操作工艺

1）工艺流程

第一片柱模安装就位→第二片柱模安装就位并用螺栓连接→安装第三、四片柱模→检查柱模对角线，位移并纠正→安装柱筋并做斜撑→群体柱模固定→预检

2）模板采用50×100mm方木作楞木固定，方木净距不大于150mm，柱模转角采用50×100mm方木重复企口加固。

3）柱模宜采用钢管固定（或用10～12#槽钢加φ14拉杆紧固），其间距由模板设计确定，一般第一道距楼面不大于150mm，当柱截面边长为600～1000mm时，中间用1根φ12的螺栓紧固。柱曲子螺栓外套φ20的塑料管，两端采用定制塑料塞封头，以避免管内灌进水泥浆。当柱截面边长为1000～1500mm时，中间采用2根φ12的螺栓紧固。

4）当柱外侧面上下贯通时，为防止接缝处接头错位，减少模板开槽和防止重复使用时节点不垂直，柱头采用框架梁侧模固定时的螺栓进行加固，因此在设置框架梁外侧模板固定螺栓时，综合考虑柱、梁螺栓合用。

5）梁、柱节点模板拼接做法为：梁侧模和梁底模插入到柱模内一个模板厚度，并在梁侧模和梁底模与柱模交一接处加钉衬口50×100mm方木。

①安装就位第一片柱模板，并设临时支撑或用不小于14号铅丝与柱主筋绑扎临时固定。

②随即安装第二片柱模，在二片柱模的接缝处粘贴2mm厚的海绵条，以防漏浆；用连接螺栓连接二块柱模，做好支撑或固定。

③如上述完成第三、四片柱械的安装就位与连接，使之呈方桶型。

④自下而上安装柱套箍，较正柱模轴线位移、垂直偏差、截面。

⑤模板拼装，所有板面必须牢固固定在龙骨上。

⑥对于组装完毕的模板，应按图纸要求检查其对角线、平整度、外型尺寸及牢固是否有效；并涂刷脱模齐，分门别类放置。

（2）楼板模

1）工艺流程

搭设支架→安装横纵钢（木）楞→调整楼板下皮标高及起拱→铺设模板→检查模板上皮标高、平整度。

2）支架搭设前，首层是土壤地面应平整夯实，支撑下宜铺设通长垫板，并且楼层间的上下支座应在一条直线上。支架的立杆应从边跨的一侧开始，依次逐排安装，同时在支撑中间及下部安装纵横连杆，立杆和龙骨间距按模板设计确定，一般情况下，支撑的间距为800～1200mm，主龙骨采用双根φ48钢管（或100×100mm方木），间距800×1200mm，小龙骨采用50×100mm方木，间距不宜大于150mm，方木要经过机械压刨加工后，再用手工细加工。

3）支架搭设完毕后，要认真检查板下龙骨与支撑的连接及支架安装的牢固与稳定，

根据给定的水平标高线，认真调节顶托的高度，将龙骨找平，注意起拱高度（当板的跨度等于或大于4m时，按跨度的1/1000~3/1000起拱），并留出楼板模板的厚度。

4）铺设胶合板：现浇板模板根据各开间进深尺寸及方案翻样，结合胶合板的模数尺寸绘出平面布置图，分别进行加工，对制作的半成品模板统一满涂隔离剂、标识、编号，并分类堆放，模板铺设时，应先铺设整块的竹胶板，对于不够整数的模板，再用小块模板补齐，但拼缝要严密，每层每间的胶合板缝排列应一致，找零时方向与整体一致，模板接缝及固定采用铁钉与下面的50×100mm以龙骨钉牢，注意铁钉不宜过多，只要使竹胶板不移位，翘曲即可。

5）铺设完毕后，用靠尺、塞尺和水平仪检查模板的平整与底标高，并进行必要的校正。

（3）梁模支模工艺

1）工艺流程

弹出梁轴线及水平线并复核→搭设梁模支架→安装梁底楞或卡具→安装梁底模板→梁底起拱→绑扎钢筋→安装侧梁模→安装另一侧梁模→安装上下锁口楞、斜撑楞及腰楞和对拉螺栓→复核梁模尺寸、位置。

2）安装梁模支架之前，首层为土壤地面时应平整夯实，支撑下铺设通长垫板，并且楼层间的上下支座应在一条直线上，支撑一般采用双排，间距一般以500~1000mm为宜（具体应按施工计算定），在支撑上方设置梁底短钢管，在支撑之间应设纵横水平连杆，根据支撑高度决定水平联结杆设几道，一般离地200mm处设一道，往上纵横方向隔1500mm左右设一道，并且与满堂架拉结，对于无满堂或高度超过5m和大体积深梁必须设剪刀撑。

3）在支撑上调整梁底短钢管，预留梁底模板的厚度，拉线安装梁底模板并找直，梁底板应超拱，当梁跨度等于或大于4m时，梁底板按设计要求起拱，如设计无要求，起拱高度宜为全跨长度的1/1000~3/1000。

4）梁侧模采用胶事板加50×100mm方木制成，方木间距一般为200~250mm，支模时采用侧模包底模，板模包侧模的方法，外竖楞、斜撑间距一般为500mm，当梁高大于700mm时，需加直径不小于10mm的对拉螺栓加固。

（4）墙模施工工艺

1）工艺流程

安装前检查→安装门窗口模板→一侧墙模安装就位→安装斜撑→插入穿墙螺栓及塑料套管→清扫墙内杂物→安装就位另一侧墙模板→安装斜撑→穿墙螺栓穿过另一侧墙模→紧固穿墙螺栓→斜撑固定→与相邻模板连接。

2）剪力墙模板采用组合模板，基本配板单为608×2440mm，采用胶合板与50×100mm方木相结合的拼合模板，方木竖向设置，方木间距不大于300mm，方木外侧设置双钢管，采用蝶形扣件加φ12对拉螺栓紧固，对拉螺栓间距500~600mm，当墙体高度大于5mm时，设置内、外两道钢管（一道横钢管，一道竖钢管），以加强模板整体刚度。

3）墙模板外侧与下层连接部位采用柱根模板的方法紧固，只需在制作和安装模板加肋筋时,把模板和龙骨(50×100mm方木)向已浇灌砼墙(柱)伸下20cm以上,再压下横杆,利用已浇灌砼原有拉杆孔箍紧横板竖向龙骨,确保不漏浆,上下不错位。

4)按照先横墙后纵墙的安装顺序,墙体模板按照两面模板分正、负模板,将一个流水段的内墙正号模板按顺序吊至安装位置初步就位,用撬棒按墙位置线及模板的起止线调整模板位置,对穿模板的对拉螺栓,并调节至大致水平,用托线板测垂直、校正标高,使模板垂直度、水平度、标高符合设计要求,采用钢管就位后,立即拧紧螺栓。

5)合模前检查钢筋、水电预埋管件、门窗及预留洞口模框、穿墙套管是否遗漏,位置是否准确,安装是否牢固,是否削弱断面过多等。合模板前将墙内可能有的杂物再次清理干净。

6)安装反号模板,经校正垂直后用穿墙螺栓将两块模板锁紧。

7)在内墙模板的外端头安装活动堵头模板,它可以用木反或用铁板根据墙厚制作;模板接缝要严密,防止浇筑砼时漏浆。

8)安装外墙内侧模板,按楼板上的位置线将大模板就位找正。

9)合模前检查钢筋、水电等预埋管件、门穿及预留洞口模框是否遗漏正确无误。

10)安装外墙外侧模板,模板放在金属三角模板架上,将模板就位、校正、紧固穿墙螺栓。

11)正、反模板、侧面堵头模全部安装完后,检查墙模这间、侧模与墙模、施工缝处是否严密、牢固可靠,防止出现漏浆、错台现象。检查每道墙上口是否平直。

12)模板安装完毕后,全面检查扣件、螺栓、斜撑是否紧固、稳定,模板拼缝及下口是否严密。

(5)细部防漏浆措施

1)模板纵向拼缝应设置在受力背楞上,横向拼缝处用短背楞连接。

2)海绵条粘贴在板面下3mm处。既防止漏浆,板面还不露痕迹,保证清水效果。

3)穿墙螺栓孔防漏浆措施,木模板螺栓孔处在螺栓护套端头加塑料堵头。钢模板螺栓用嵌入式橡胶圈。

4)预埋电盒的防漏浆措施,电盒、预留洞等部位防漏浆措施的关键是使其形成密实且不吸水的实体,使浆无处可漏。在顶板电盒内衬超薄塑料袋,袋内用锯末塞实,袋口拧紧,盖板封严。立面结构电盒用$\phi 10$附加钢筋与土建柱、墙钢筋搭接固定,再将电盒电焊的附加钢筋上,电盒固定配管后,用管塞将盒内管口塞好,用布包油灰将盒内空间填充密实,不留缝隙,用1.2mm厚镀锌铁皮盖板将盒口盖严,固定铁盖的螺帽端面凹进盒口1mm,对于盖板与盒口四周的缝隙,用$\delta=3mm$橡胶板挤严密封,橡胶板尺寸同盒内口尺寸,贴于铁皮盖板上,并凸出盒口2mm,胶条固定,保证盒内既密实,又能与模板面软接触,起到良好的防漏浆效果。

(6)模板拆除操作工艺

1)侧模拆除在砼强度能保证其表面及棱角不因拆除模板而受损,方可拆除。

2）底模及冬季施工模板的拆除，必须待同条件养护试块抗压强度达到表的规定后方可拆除。

现浇结构拆模时所需的砼强度

结构类型	结构跨度（m）	按设计的砼强度标准值的百分率计（%）
板	≤2	50
	>2.≤8	75
	>8	100
梁、拱、壳	≤8	75
	>8	100
悬臂构件	≤2	
	>2	100

3）已拆除模板及支架的结构，在砼达到设计强度等级后方可承受全部使用荷载；当施工荷载所产生的效应比使用荷载的效应更不利时，必须经核算，加设临时支撑。

4）拆除时，应遵循先支后拆，后支先拆，先拆不承重的模板，后拆承重部分的模板；自上而下进行。

5）下调可调式顶托，使得龙骨与底模脱开，再用钢钎轻轻撬动竹胶板拆下第一块，然后逐块拆除；切不可用钢钎、铁锤猛出乱撬。每块竹胶板模板拆下后，应用人工将其运托放至地上，严禁把拆下的模板扔下地面或使其自由坠落于地面。

6）拆除跨度较大的梁支架及其模板时，应从跨中开始向两端进行。

（7）楼板、梁模板拆除工艺：

1）工艺流程

拆除支架部分水平拉杆和剪力撑→拆除梁连接件及侧模板→下调楼板模板支柱顶翼托螺旋2～3m，使模下降→分段分片拆除楼扳模板、钢（木）楞及支柱→拆除梁底模板及支撑系统。

2）拆除工艺施工要点

①拆除支架部分水平拉杆和剪刀撑，以便作业。而后拆除梁与楼板模板的连接角模及梁侧模板，以使两相邻模板断连。

②下调支柱顶翼托螺杆后，先拆钩头板栓，以使钢框竹编平模与钢楞脱开。色后拆下U形卡和L形插销，再用钢钎轻轻撬动负钢框竹编模板，或用木锤锰击乱撬。每块竹编模板拆下时，或用人工托扶放于地上，或将支柱顶翼托螺杆再下调相等高度，在原有钢楞上适量搭设脚手板，以托住拆下的模板。严禁使拆下的模板自由坠落于地面。

③拆除梁底模板的方法大致与楼板模板相同。但拆除跨度较大的梁底模板时，应从跨中开始下调支柱顶翼托螺杆，然后向两端遂根下调，再按4.3.2.2条要求做后续作业。拆

除梁底摸支柱时,亦从跨中向两端作业。

(8)柱子模板拆除工艺:

1)分散拆除工艺流程

拆除拉杆或斜撑→自上而下拆掉(穿柱螺栓)或柱箍→拆除竖楞,自上而下拆钢框竹编模板→模板及配件运输维护

2)分片拆模工艺流程

拆掉拉杆或斜撑→自上而下拆掉柱箍→拆掉柱连接角一侧U形卡,分二片或四片拆离→吊运片模板

3)柱模拆除要点

①分散拆除柱模时,应自上而下、分层拆除。拆除第一层时,用木锤或带橡皮垫的锤向外侧轻击模板上口,使之松动,脱离柱混凝土。依次拆下一层模板时,要轻击模边肋,切不可用撬根从柱角撬离。拆掉的模板及配件用滑板滑至地面,并绳子绑扎吊下。

②分片拆除柱模板时,要从上口向外侧轻击和轻撬连接角模,使之松动。要适当加设,尉支撑或在鲜口留一个松动穿墙螺栓,以防整片柱模倾倒伤人。

(9)墙模拆除工艺:

1)墙模分散拆除工艺流程

拆除斜撑→自上而下拆掉穿墙螺栓及外楞→拆除内楞及竹编模板→模板及配件运输及维护

2)墙模拆除工艺施工要点

分散拆除墙模的施工要点与柱模分散拆除相同。只是在拆各层单块模板时,先拆墙两端接缝窄条模板,然后再向墙中心方向逐块拆除。

3. 质量标准

(1)主控项目

模板及其支架必须有足够的强度、刚度和稳定性;其支承部分应有足够的支承面积。如安装在基土上,基土必须坚实,并有排水措施。对湿陷性黄土,必须有防水措施;对冻胀土,必须有防冻融措施。检查方法:对照模板设计,现场观察或尺量检查。

(2)一般项目

1)接缝宽度不得大于1.5mm。

检查方法:观察和用楔形塞尺检查。

2)模板表面清理干净,并采取防止黏结措施。模板上粘浆和满刷隔离剂的累计面积,不大于$1000cm^2$;柱、梁应不大于$400cm^2$。

检查方法:观察和用尺量计算统计。

3)模板安装允许偏差项

模板安装的允许偏差表

允许偏差（mm）	单层、多层	高层框架	多层大模	高层大模	测量
墙、梁、柱轴线位移	4	4	4	4	尺量检查
标高	±4	±4	±4	±4	用水准仪或拉线和尺量检查
墙、柱、梁截面尺寸	+3,-4	+2,-4	±4	±4	尺量检查
每层垂直度	6	6	3	3	用2m托线板检查
相邻两板表面高低差					用直尺和尺量检查
表面平整度					用2m靠尺和塞尺检查
预埋钢板中心线位移					
埋管预留孔中心线位移					
插筋中心线位置					拉线和尺量检查
插筋外露长度					拉线和尺量检查
预埋螺栓中心线位置					拉线和尺量检查
预埋螺栓外露长度					拉线和尺量检查
预留洞中心线位置					拉线和尺量检查
预留洞截面外露长度					拉线和尺量检查

4. 成品保护

（1）安装完毕的平台模板、梁模板不可临时堆料和当作业平台，模板平放时，要有木方垫架。立放时，要搭设分类模板架，模板触地处要垫木方，以此保证模板不扭曲不变形，防止模板的变形、标高和平整度产生偏差。不可乱堆乱放或在组拼的模板上堆放分散模板和配件。

（2）工作面已安装完毕的墙、柱模板，不准在吊运其它模板时碰撞，不准在预拼装模板就位前作为临时椅靠，以防止模板变形或产生垂直偏差。工作面已安装完毕的平面模板，不可做临时堆料和作业平台，以保证支架的稳定，防止平面模板标高和平整产生偏差。

（3）拆除模板时，不得用大锤、撬棍硬碰猛撬，以免混凝土的外形和内部受到损伤，防止砼墙面及门窗洞口等处出现裂纹。

（4）保持模板本身的整洁及配套构件的齐全，放置合理，保证板面不变形。

（5）模板吊运就位时要平稳、准确，不得碰砸墙体、楼板及其它已施工完了的部位，不得兜挂钢筋。用撬棒调整模板时，撬棒下要支垫木方，要注意保护模板下面的海绵条或砂浆找平层。

（6）冬季施工防止砼受冻，当砼达到规范规定的拆模强度后方准拆模，否则会影响砼质量。

（7）补充柱角保护措施

5. 质量注意事项

（1）梁、板模板

梁、板底不平、下挠；梁侧模板不平直；梁上下口涨模：防治的方法是，梁、板底模板的龙骨、支柱的截面尺寸及间距应通过设计计算决定，使模板的支撑系统有足够的强度和刚度。作业中应认真执行设计要求，以防止混凝土浇筑时模板变形。模板支柱应立在垫有通长木板的坚实的地面上，防止支柱下沉，使梁、板产生下挠。梁、板模板应按设计或规范起拱。梁模板上下口应设销口楞，再进行侧向支撑，以保证上下口模板不变形。

（2）柱模板

涨模、断面尺寸不准：防治的方法是，根据柱高和断面尺寸设计核算柱箍自身的截面尺寸和间距，以及对大断面柱使用穿柱螺栓和竖向钢楞，以保证柱模的强度、刚度足以抵抗混凝土的侧压力。施工应认真按设计要求作业。

柱身扭向：防治的方法是，支模前先校正柱筋，使其首先不扭向。安装斜撑（或拉锚），吊线找垂直时，相邻两片柱模从上端每面吊两点，使线坠到地面，线坠所示两点到柱位置线距离均相等，即使柱模不扭向。

轴线位移，一排柱不在同一直线上：防治的方法是，成排的柱子，支模前要在地面上弹出柱轴线及轴边通线，然后分别弹出每柱的另一方向轴线，再确定柱的另两条边线。支模时，先立两端柱模，校正垂直与位置无误后，柱模项技通线，再支中间各柱模板。柱距不大时，通排支设水平拉杆及剪刀撑，柱距较大时，每柱分别四面支撑，保证每柱垂直和位置正确。

（3）墙模板

1）墙体厚薄不一，平整度差：防治方法是模板设计应有足够的强度和刚度，龙骨的尺寸和间距、穿墙螺栓间距、墙体的支撑方法等在作业中要认真执行。

2）墙体烂根，模板接缝处跑浆：防治方法是，模板根部砂浆找平塞严，模板间卡固措施牢靠。

3）门窗洞口混凝土变形：产生的原因是，门窗模板与墙模或墙体钢筋固定不牢，门窗模板内支撑不足或失效。

6. 使用过程中应加强管理

竹胶板模板在使用过程中应加强管理。支、拆模及运输时应轻搬轻放，发现有损坏及变形时，应及时修理。锯板时，应选用锯齿锋利的硬质合金锯片，竹胶板下面要垫实，锯截后竹模板周边毛刺要打磨干净。

技术措施：

（1）当提前拆除竖向模板时，竖向模板顶部设一块与梁底同宽的竹夹板，且与竖向模板相互断开，拆模时梁部位不拆，梁底方木断开，向上倒运、周转施工。

（2）竹夹板表面如有扎洞、毛边、不平直处，用塑料胶带纸封贴堵缝。

（3）当梁底大于4米时，梁中间应起拱，起拱高度为2.5%。

（4）所有模板每次周转均应均匀涂刷隔离剂，便于模板拆除，不破坏混凝土成品。

（5）悬挑构件必须在强度达到85%以后，方可拆除支撑构件，悬挑超过2米的构件，必须在其强度达到100%后方可拆除。

（四）门架支顶

门架支顶是用钢管加工而成的建筑脚手架制成品，可组合成多层多跨，用于模板支承的一种钢管门架支撑系统。

1. 施工准备

（1）材料

门架支顶由门架（高1700mm、宽914mm、内空宽490mm）、剪刀撑、水平梁架、连接销、臂形连接条、可调托座、可调底座等组成。

1）门架是将立杆、横杆及加强杆焊接而成的框架，在立杆上有防止脱落的剪刀撑销座。

2）水平梁架、剪刀撑是联结门架部件，可根据门架的间距来选择，一般多采用1.8m。

3）臂形连接条、连接销是用于门架在垂直方向连接、使立杆相互连接的部件。臂形连接条又是以上立杆拨出的连接条。

4）可调底座与上托座用于门架立杆的最下端和最上端，用来调整支架的高度及拆除时解除应力的部件。

（2）作业条件

1）门架支顶地基应平整夯实，并满足承载力要求，应有可靠的排水措施，防止积水浸泡地基。

2）计算传递到门架上的荷载，除按有关规范考虑钢筋混凝土的重量，模板与配件的重量以及施工活载等以外，还应考虑输送泵脉冲水平推力，按照门架上的荷载以及门架容许承载力计算出门架的间距和位置。

3）一般情况，采用木枋做龙骨的梁下门架，间距90cm，楼板模板下门架间距≤1.8m。

2. 操作工艺

（1）门架支顶安装

1）安装门架时，要在坚实的地基上安装。在表面不平整的混凝土板面安装门架时，应铺设通长垫板或垫板下如有空隙予垫平夯实。然后安装可调底座及门架、两侧剪刀撑，并用钉子将可调底座固定在木枋上。在混凝土面直接安装可调底座时，要在根部设置两个方向的水平拉结杆，以防立杆根部移动。可调底座的调节螺杆初时不要伸出太长当安装完第一层门架后应要校正可调底座使门架顶水平，然后逐层向上安装，当安装高度不足一榀门架高度时，可采用中架或上架和可调托座进行调节。

2）在楼层特别高的楼层层间安装门架支顶，每往上安装一榀门架，两侧要安装剪刀撑，并用连接销、臂形连接条锁紧立杆接头。最上一层及每隔5层，各跨必须安装水平撑联结。门架上部安装的可调托座要牢固承托上部龙骨、模板。

（2）门架支顶拆除

1）拆除前，宜在距门架顶下一人高处设工作平台。

2）拆除时，先松可调托座，拆去平台上门架、托座和模板后，逐层向下拆门架。

3. 质量标准

（1）主控项目

1）门架支顶的产品说明书及出厂合格证。

2）有弯曲、凹腔、裂缝、锈蚀严重和焊口断裂的门架支顶不得使用。

（2）一般项目

1）检查门架支顶地基内是否平整坚实。

2）检查门架连接销、剪刀撑、臂形连接条是否安装齐备，立杆接头的锁紧是否牢固，水平撑安装是否缺漏。

4. 施工注意事项

（1）避免工程质量通病

1）门架支顶局部沉降：门架地基应垫平夯实，在门架支顶下部位加设通长垫板（或垫木），并满足承载力要求，做好可靠的排水措施，防止积水浸泡地基，防止支顶下沉。

2）门架底座整体不稳定：可调底座及可调托座螺栓不能伸得太长，要安装足够的交叉支撑，门架的水平联接件（通常用钢管）要与邻近坚固物联结，使门架不产生位移。

（2）成品保护

1）使用后拆卸下来的门架及其构件，将有损伤的门架及构件挑出，重新维修，严重损坏的要剔除更换。

2）门架支顶可调底座及可调托座螺纹上的锈斑及混凝土浆等要清除干净，用后上油保养。

3）搬运时，门架及剪撑等不能随意投掷。

（五）可调式钢管支顶

可调式钢管支顶，作为建筑模板的支顶用得很广泛，本标准适用于现浇钢筋混凝土结构建（构）筑物的施工。

1. 施工准备

（1）材料

普通可调式钢管支顶的构造，由外管、插入管、螺纹管、销子、滑盘等组成。

1）在插入管、处管上分别焊接上支承板、底板。在插入管上开有插销孔，使用时在孔中插入销，并使其支承在滑盘上。

2）高度调节，大调节时换插销孔，小调节时旋转滑盘。

3）当可调支顶长度不足时，可加辅助支顶。辅助支顶尺寸要与可调支顶相吻合，强度要与可调支顶相等。辅助支顶在钢管的上端焊有支承板，下端有插销式或底板式的构造。

（2）作业条件

1）可调钢支顶地基应平整夯实，并满足承载力要求，应有可靠的排水措施，防止积水浸泡地基。

2）在使用可调式钢支顶时，除检查产品试验报告、合格证、容许承载力之外，必要时做抽样试验，应特别注意插销材质强度。通常使用容许支承力计算，应取安全系数不小于2.5。

3）计算传递到钢支顶上的荷载，除按有关规范考虑钢筋混凝土、模板与配件的重量，以及施工活荷载等以外，还应考虑混凝土输送泵脉冲水平推力，按照钢支顶上的荷载以及钢支顶容许承载力，计算出钢支顶的间距和位置。

2. 操作工艺

（1）可调式钢管支顶安装

1）一般情况，采用直边板做楼板模板的钢支顶间距应≤1.8m，次梁下钢支顶间距可在0.5～0.7m之间，大梁下的钢支顶间距不大于500mm。

2）梁板钢支顶安装

①在先安装的梁底板（直边板）下安装钢支顶，则要先安装两端支顶。支顶应垂直支承板和底板。

②如先设置钢支顶、后架梁底板或大面积的楼面横板龙骨时，则应在下层楼板上弹出墨线定向，要注意钢支顶垂直，装好安装用部件和水平撑，底板和支承板的方向都要一致。

③在表面不平整的混凝土板上立钢支顶，应铺设垫板（或木方），垫板下如有空隙应予垫平垫实。高度调节、大调节时换插销孔，小调节时旋转滑盘，所有安设的钢支顶，上下两端都要加以固定，可用两条65～75mm钉子固定在垫板和支架上。

3）要同一支承面上，应在两端及每3跨设置水平撑和剪刀撑，剪刀撑的两头应靠近钢支顶的顶部和底部，并应连接牢固。当端头为坚固的混凝土墙时，水平撑的杆端能顶在墙面上，就可不设剪刀撑。

4）当钢支顶接长，以及钢支顶上接1.2m以下的专用辅助支顶时，除注意有关规定外，还应注意连接部位的支承板的底板都要非常平整并与支顶呈直角接触，不平整的不能使用螺栓连接。此种紧固螺栓，直径应不少于ϕ9mm，并须用4根螺栓固定牢固。水平撑的设置部位应在下面一根支顶的上端及靠近各支顶的中点，并要呈直角方向双向连接。

（2）可调钢支顶拆除：

1）拆除支顶时，先拆除辅助支顶的水平撑和相连的剪刀撑，然后拆松可调支顶上部插入管水平撑及剪刀撑，旋转螺栓管，降下可调支顶上部插入管及辅助支顶。

2）用钢管纵横连接可调支顶作为拆模工作平台，拆除辅助支顶，拆除模板后拆水平撑及剪刀撑，拆可调负支顶。

3. 质量标准

（1）主控项目

1）可调支顶应有产品说明及出厂合格证。

2）有弯曲、凹膛、裂缝和锈蚀严重的钢支顶不得使用。

（2）一般项目

1）检查支顶地基面是否坚实。

2）检查可调钢支顶螺丝部位的性能、支顶和调节杆之间的间隙的大小，支承板和底板的板面上有否弯曲或歪斜等。

3）可调钢支顶的插销，要采用专用销子，因插销材质、尺寸对可调支顶的强度有重要影响，不能用钢筋等代用。

4）检查可调钢支顶的间距和水平撑，剪刀撑位置与紧固程度。可调支顶的螺栓有无移动，特别是与周围支顶的松紧程度是否均衡。

（3）允许偏差

1）检查垂直钢支顶最大使用长度时，内、外管和重叠长度应不少于280mm。

2）支顶杆承板中心偏离轴的距离允许偏差小于1/55L，且≤60mm。

4. 施工注意项

（1）避免工程质量通病

1）支撑根部滑动的措施：要保证可调钢支顶固定，必须安装水平拉结杆。用手推车料斗投料时，要减少混凝土急剧地落在局部的面积上，给模板支撑造成过载、冲击和振动等，防止支撑根部滑动。

2）楼梯、梁的梁托部分支顶位移：有必要斜向设置可调钢支顶时，除在顶部或底部使用楔块外，可用65~75mm钉两枚作固定，并且安装水平拉结杆使其稳定，加荷载作用时不致使其在上梁托发生位移。斜向设置可调钢支顶的倾斜程度应不致使插销脱落，并尽量使支顶不致承受偏心荷载。

（2）成品保护

1）使用后拆卸下来的钢支顶，要将有损伤的挑出，重新维修，严重损伤的要剔除更换。

2）所有支顶螺栓、内（外）管件粘有混凝土以及锈斑等应清除干净，用后上油保养。

3）保管时，原则上分类竖放，平放时要整齐迭置，不可过高。

4）搬运时，钢支顶应缩到最短尺寸，运输中支顶不得堆重物，搬运时不能投掷。

二、钢筋工程施工

(一)钢筋制作

本工艺标准适用钢筋加工厂(场)的钢筋制作。

1. 施工准备

(1)机械设备

钢筋冷拉机、调直机、切断机、弯曲成型机、弯箍机、点焊机、对焊机、电弧焊机及相应吊装设备。

(2)材料

各种规格、各种级别的钢筋,必须有出厂质量证明书(合格证)。进厂(场)后须经物理性能检定。对于进口钢材须增加化学检验,经检验合格后方能使用。

(3)作业条件

1)各种设备在操作前检修完好,保证正常运转,并符合安全要求规定。

2)钢筋抽料。钢筋抽料人员要熟识图纸、会审记录及现行施工规范,按图纸要求的钢筋规格、形状、尺寸、数量正确合理的填写钢筋抽料表,计算出钢筋的用量。

2. 操作工艺

钢筋表面要洁净,粘着的油污、泥土、浮锈使用前必须清理干净,可用冷拉工艺除锈,或用机械方法、手工除锈等。

钢筋调直,可用机械或人工调直。经调直后的钢筋不得有局部弯曲、死弯、小波浪形,其表面伤痕不应使钢筋截面减少5%。

采用冷拉方法调直的钢筋的冷拉率:Ⅰ级钢筋冷拉率不宜大于4%,Ⅱ、Ⅲ级钢筋冷拉率不宜大于1%,预制构件的吊环不得冷拉,只能用Ⅰ级热轧钢筋制作。对不准采用冷拉钢筋的结构,钢筋调直冷拉率不得大于1%。

钢筋切断应根据钢筋号、直径、长度和数量,长短搭配,先断长料后断短料,尽量减少和缩短钢筋短头,以节约钢材。

钢筋弯钩或弯曲:

1)钢筋弯钩。形式有三种,分别为半圆弯钩、直弯钩及斜弯钩。

钢筋弯曲后,弯曲处内皮收缩、外皮延伸、轴线长度不变,弯曲处形成圆弧,弯起后尺寸大于下料尺寸,弯曲调整值见表。

钢筋弯心直径为2.5d,平直部分为3d。钢筋弯钩增加长度的理论计算值:对装半圆弯钩为6.25d,对直弯钩为3.5d,对斜弯钩为4.9d,Ⅱ、Ⅲ级钢筋末端需作90°或135°弯折时,应按规范规定增大弯芯直径。由于弯芯直径理论计算与实际与一致。实际配料计算时,对半圆弯钩增加长度参考表。

2）弯起钢筋。中间部位弯折处的弯曲直径D，不少于钢筋直径的5倍。

弯起钢筋弯起直径及斜长计算简图见图，系数见表。

3）箍筋。箍筋的末端应作弯钩，弯钩形式应符合设计要求。当设计无具体要求时，用Ⅰ级钢筋或冷拔低碳钢丝制作的箍筋，其弯钩的弯曲直径应大于受力钢筋直径，且不小于箍筋直径的2.5倍；弯钩平直部分的长度对一般结构不宜小于箍筋直径5倍，对有抗震要求的不应小于箍筋的10倍。箍筋的调整值见表。

箍筋调整值，即为弯钩增加长度和弯曲调整值两项之差或和，根据箍筋量外包尺寸或内皮尺寸而定。

4）钢筋下料长度应根据构件尺寸、混凝土保护层厚度，钢筋弯曲调整值和弯钩增加长度等规定综合考虑。

直钢筋下料长度 = 构件长度 - 保护层厚度 + 弯钩增加长度

弯起钢筋下料长度 = 直段长度 + 斜弯长度 - 弯曲调整值 + 弯钩增加长度

箍筋下料长度 = 箍筋内周长 + 箍筋高速值 + 弯钩增加长度

5）钢筋焊接参照本节焊接工程内容有关规定。

3. 质量标准

（1）主控项目

1）钢筋的品种和质量，焊条、焊剂的牌号、性能以及接头中使用的钢板和型钢均必须符合设计要求和有关标准的规定。

检查方法：检查出厂质量证明书和试验报告。

2）冷拉、冷拔钢筋的机械性能必须符合设计要求和施工规模的规定。

检查方法：检查出厂质量证明书、试验报告的冷拉记录。

3）钢筋的表面应保持清洁。带有颗粒状或片状老锈经除锈后仍有麻点的钢筋严禁按原规格使用。

检查方法：观察检查。

4）钢筋的规格、形状、尺寸、数量、锚固长度、接头位置必须符合设计要求和施工规范规定。

检查方法：观察和尺量检查。

5）钢筋对焊和焊接接头焊接制品的机械性能必须符合钢筋焊接及验收的专门规定。

检查方法：检查焊接试件试验报告。

6）钢筋进场时，应按现行国家标准《钢筋混凝土用热扎带肋钢筋》GB1499等的规定抽取试件作力学性能检验，其质量必须符合有关标准的规定。

检查方法：检查出厂质量证明书（合格证）、出厂检验报告和进场复验报告

7）对有抗震设防要求的框架结构，其纵向受力钢筋的强度应满足设计要求；当设计无具体要求时，对一、二级抗震等级，检验所得的强度测值应符合下列规定：

①钢筋得抗拉强度实测值与屈服强度实测值得比值不应小于1.25;

②钢筋的屈服强度实测值与强度标准值的比值不应大于1.3。

检查方法:检查进场复验报告

8)当钢筋的品种、级别或规格需作变更时,应办理设计变更文件。

9)钢筋安装时,受力钢筋的品种、级别、规格和数量必须符合设计要求。

检查方法:观察和尺量检查

(2)一般项目

钢筋应平直、无损伤,表面不得有裂纹、油污、颗粒状或片状老锈。钢筋的调直采用机械方法,也可采用冷拉方法;钢筋的接头设置在受力较小处,同一构件内的接头宜相互错开;同一构件内相邻纵向受力钢筋的绑扎搭接接头宜相互错开,在梁、柱类构件的纵向受力钢筋搭接长度内,应按设计要求配置箍筋。

检查方法:观察,尺量检查

4. 施工注意事项

(1)避免质量通病

1)钢筋开料切断尺寸不准,根据结构钢筋的所在部位和钢筋切断后的误差情况,确定调整或返工。

2)钢筋成型尺寸不准确,箍筋歪斜,外形误差超过质量标准允许值,对于Ⅰ级钢筋只能进行一次重新调直和弯曲,其他级别钢筋不宜重新调直和反复弯曲。

(2)成品保护

1)各种类型钢筋半成品,应按规格、型号、品种堆放整齐,挂好标志牌,堆放场所应有遮盖,防止雨淋日晒。

2)转运时钢筋半成品应小心装卸,不应随意抛掷,避免钢筋变形。

(二)钢筋绑扎与安装

本工艺标准适用于现浇或预制混凝土结构工程钢筋骨架的绑扎与安装。

1. 施工准备

(1)材料

钢筋半成品的质量要符合设计图纸要求。钢筋绑扎用的铁丝,采用20~22号铁丝(镀锌铁丝),水泥砂浆垫块:要有一定足够强度。

工具:常用的铅丝钩、小扳手、撬杠、绑扎架、折尺或卷尺、白粉笔、专用运输机具等。

(2)作业条件

1)熟识图纸,核对半成品钢筋的级别、直径、尺寸和数量是否与料牌相符,如有错漏应纠正增补。

2)准备好铁丝、水泥垫块以及常用绑扎工具和机具。

3)钢筋定位:划出钢筋安装位置线,如钢筋品种较多时,应在已安装好的模板上标明各种型号构件的钢筋规格、形状和数量。

4）绑扎形式复杂的结构部件时，应事先考虑支模和绑扎的先后次序，宜制定安装方案。

5）绑扎部位的位置上所有杂物应在安装前清理好。

2. 操作工艺

（1）基础

1）钢筋网（筛底）的绑扎，四周两行钢筋交叉点应每点扎牢，中间部分每隔一根相互成梅花式扎牢，双向主筋的钢筋，必须将全部钢筋相互交点扎牢，注意相邻绑扎点的铁线扣要成八字形绑扎（左右扣绑扎）。

2）基础底板采用双层钢筋网时，在上层钢筋网下面设置钢筋撑脚（凳仔）或混凝土撑脚，以保证上、下层钢筋位置的正确和两层之间距离。

3）有180°弯钩的钢筋弯钩应向上，不要倒向一边；但双层钢筋网的上层钢筋弯钩应朝向下。

4）独立柱基础的钢筋网双向弯曲受力，如图纸没有规定绑扎方法时，其短向钢筋应放在长向钢筋的上边。

5）现浇柱与基础连接的其箍筋应比柱的箍筋缩小一个柱筋的直径，以便连接。

（2）柱

1）竖向钢筋的弯钩应朝向柱心，角部钢筋的弯钩平面与模板面夹角，对矩形柱应为45°角，截面小的柱，用插入振动器时，弯钩和模板所成的角度不应小于15°。

2）箍筋的接头应交错排列垂直放置；箍筋转角与竖向钢筋交叉点均应扎牢（箍筋平直部分与竖向钢筋交叉点可每隔一根互成梅花式扎牢）。绑扎箍筋时，铁线扣要相互成八字形绑扎。

3）下层柱的竖向钢筋露出楼面部分，宜用工具或柱箍将其收进一个柱筋直径，以利上层柱的钢筋搭接，当上下层柱截面有变化时，其下层柱钢筋的露出部分，必须在绑扎梁钢筋之前，先行收分准确。

（3）墙

1）墙的钢筋网绑扎同基础。钢筋有180°弯钩时，弯钩应朝向混凝土内。

2）采用双层钢筋网时，在两层钢筋之间，应设置撑铁（钩）以固定钢筋的间距。

（4）梁与板

1）纵向受力钢筋出现双层或多层排列时，两排钢筋之间应垫以直径25mm的短钢筋，如纵向钢筋直径大于25mm时，短钢筋直径规格与纵向钢筋相同规格。

2）箍筋的接头应交错设置，并与两根架立筋绑扎，悬臂飘梁则箍筋接头在下，其余做法与柱相同。

3）板的钢筋网绑扎与基础相同，但应注意板上部的负钢筋（面加筋）要防止被踩下；特别是雨篷、挑檐、阳台等悬臂板，要严格控制负筋位置。

4）板、次梁与主梁交叉处，板的钢筋在上，次梁的钢筋在中层，主梁的钢筋在下，当有圈梁或垫梁时，主梁钢筋在上。

5）楼板钢筋的弯起点，如加工厂（场）在加工没有起弯时，设计图纸又无特殊注明的，可按以下规定弯起钢筋，板的边跨支座按跨度 1/10L 为弯起点。板的中跨及连续多跨可按支座中线 1/6L 为弯起点。（L- 板的中 - 中跨度）。

6）框架梁节点处钢筋穿插十分稠密时，应注意梁顶面主筋间的净间距要留有 30mm，以利灌筑混凝土之需要。

7）钢筋的绑扎接头应符合下列规定：

①搭接长度的末端距钢筋弯折处，不得小于钢筋直径的 10 倍，接头不宜位于构件最大弯矩处；

②受拉区域内，Ⅰ级钢筋绑扎接头的末端应做弯钩，Ⅱ、Ⅲ级钢筋可不做弯钩；

③直径不大于 12mm 的受压Ⅰ级钢筋的末端以及轴心受压构件中任意直径的受力钢筋的末端，可不做弯钩，但搭接长度不应小于钢筋直径的 35 倍；钢筋搭接处，应在中心和两端用铁丝扎牢。

④受拉钢筋绑扎接头的搭接长度，应符合表5-8的规定，受力钢筋绑扎接头的搭接长度，应取受拉钢筋绑扎接头搭接长度 0.7 倍。

⑤受拉焊接骨架和焊接网绑扎接头的搭接长度应符合规定。

⑥受力钢筋的混凝土保护层厚度，应符合设计要求。当设计无要求时，不应小于受力钢筋直径并应符合要求。

3. 质量标准

（1）主控项目

1）钢筋的品种性能和质量必须符合设计要求和施工规范的规定。钢筋必须有出厂合格证明和试验报告。

2）钢筋的规格、形状、尺寸、数量、间距、锚固长度、接头位置、保护层厚度必须符合设计要求和施工规范的规定。

（2）一般项目

1）钢筋、骨架绑扎，缺扣、松扣不超过应绑扎数的 10%，且不应集中。

2）钢筋弯钩的朝向正确，绑扎接头符合施工规范的规定，搭接长度不小于规定值。

（3）允许偏差

钢筋安装及预埋件位置的允许偏差和检验方法应符合规定。

4. 施工注意事项

（1）避免工程质量通病

1）钢筋骨架外形尺寸不准，绑扎时宜将多根钢筋端部对齐，防止绑扎时，某号钢筋偏离规定位置及骨架扭曲变形。

2)保护层砂浆垫块厚度应准确,垫块间距应适宜,否则导致平板悬臂板面出现裂缝,梁底柱侧露筋。

3)钢筋骨架吊将入模时,应力求平稳,钢筋骨架用"扁担"起吊,吊点应根据骨架外形预先确定,骨架各钢筋交点要绑扎牢固,必要时焊接牢固。

4)钢筋骨架绑所完成后,会出现斜向一方,绑扎时铁线应绑成八字形。左右口绑扎发现箍筋遗漏、间距不对要及时调整好。

5)柱子箍筋接头无错开放置,绑扎前要先检查;绑扎完成后再检查,若有错误应即纠正。

6)浇筑混凝土时,受到侧压钢筋位置出现位移时,应及时调整。

7)同截面钢筋接头数量超过规范规定:骨架未绑扎前要检查钢筋对焊接头数量,如超出规范要求,要作调整才可绑扎成型。

(2)成品保护

1)成型钢筋、钢筋网片应按指定地点堆放,用垫木垫放整齐,防止压弯变形。

2)成型钢筋不准踩踏,特别注意负筋部位。

3)运输过程注意轻装轻卸,不能随意抛掷。

4)成型钢筋长期放置未使用,宜室内堆放垫好,防止锈蚀。

(三)钢筋闪光焊

本工艺标准适用于工业与民用建(构)筑物中的钢筋混凝土工程的Ⅰ、Ⅱ、Ⅲ、Ⅳ级钢筋纵向水平连接的闪光对焊。

1. 施工准备

常用的对焊机有 UN1-25、UN1-75、UN1-100、UN1-150、UN17-、150-1。

(1)材料

各种规格钢筋级别必须有出厂合格证,进场后经物理性能检验,对于进口钢筋须增加化学性能检验,符合要求后方能使用。

(2)作业条件

1)设备在操作前检修完好,保证正常运转,并符合安全规定,操作人员必须要持证上岗。

2)钢筋焊口要平口、清洁、无油污杂质等。对焊机容量、电压要符合要求。

2. 操作工艺

(1)对焊工艺

根据钢筋品种、直径和所用焊机功率大小选用连续闪光焊、预热闪光焊、闪光—预热—闪光焊。对于可焊性差的钢筋,对焊后宜采用通电热处理措施,以改善接头塑性。

各种钢筋焊接工艺选用见表。

1)连续闪光焊:工艺过程包括连续闪光和顶锻过程。施焊时,先闭合一次电路,使两钢筋端面轻微接触,此时端面的间隙中即喷射出火花般熔化的金属微粒一闪光,接着徐徐移动钢筋使两端面仍保持轻微接触。形成连续闪光。当闪光到预定的长度，使钢筋端头加热到将近熔点时，就以一定的压力迅速进行顶锻，再灭电顶锻到一定长度，焊接接头即告完成。

2）预热闪光焊：工艺过程包括一次闪光、预热、二次闪光及顶段等过程。一次闪光是将钢筋端面闪平。

预法方法有连接闪光预热和电阻预热两种。

连续闪光预热是使两钢筋面交替地轻微接触和分开，发出断续闪光来实现预热。

电阻预热是在两钢筋端面一直紧密接触用脉交战电流或交替紧密接触与分开，产生电阻热（不闪光）来实现预热，此法所需功率较大。二次闪与预锻过程同连续闪光焊。

3）闪光—预热—闪光焊：是在预热闪光焊前加一次闪光过程。

工艺过程包括一次闪光、预热、二次闪光及顶锻等过程，施焊时首先连续闪光，使钢筋端部闪平，然后同预热闪光焊。焊接钢筋直径较粗时，宜用此法。

4）焊后通电热处理：方法是焊毕松开夹具，放大钳口距，再夹紧钢筋；接头降温至暗黑后，即采取低频脉冲式通电加热；当加热至钢筋表面呈暗红色或桔红色时，通电结束；松开夹具，待钢筋冷后取下钢筋。

5）钢筋闪光对焊工艺过程见图。

A 对焊参数，根据焊接电流和时间不同，分为强参数（即大电流和短时间）和弱参数（即电流较小和时间较长）两种。

B 采用强参数可减少接头过热并提高焊接效率，但易产生淬硬。

为了获得良好的对焊接头，应合理选择对焊参数。

焊接参数包括：调伸长度、闪光留量、闪光速度、顶锻留量、顶锻速度、顶锻压力及变压级次。采用预热闪光焊时，还要有预热留量与预热频率等参数。

（2）对焊操作要求

1）Ⅱ、Ⅲ级钢筋对焊

Ⅱ、Ⅲ级钢筋的可焊性较好，焊接参数的适应性较宽，只要保证焊缝质量，拉弯时断裂在热影响区就较小。因而，其操作关键是掌握合适的顶锻。

采用预热闪光焊时，其操作要点为：

一次闪光，闪平为准；预热充分，频率要高；二次闪光，短、稳、强烈；顶锻过程，快速有力。

2）Ⅳ级钢筋对焊

在Ⅳ级钢筋中，由于碳、锰、硅等含量高，焊接性能较差，焊后容易产生淬硬、脆裂、降低接头塑性性能。关键在于掌握适当的温度，焊接参数应根据温度适当调整。

Ⅳ级钢筋采用预热闪光时温度应控制为：预热温度约为1450℃，顶锻前温度为1350℃，焊后温度约1050~1100℃，预热频率宜用中低2~4次/s。

预热是控制温度的关键，故需要注意预热频率，接触轻重和接触长短之间的配合，二次闪光留量应增大。顶锻应视温度高低操作适当,快且用力。

其操作要点如下:

一次闪光,闪去压伤;预热适中,频率中低;

二次闪光,稳而灵活;顶锻过程,快而用力得当。

对焊注意事项:

1)对焊前应清除钢筋端头约150mm范围的铁锈污泥等,防止夹具和钢筋间接触不良而引起"打火"。钢筋端头有弯曲应予调直及切除。

2)当调换焊工或更换焊接钢筋的规格和品种时,应先制作对焊试件(不小于2个)进行冷弯试验,合格后,方能成批焊接。

3)焊接参数应根据钢种特性、气温高低、电压、焊机性能等情况由操作焊工自行修正。

4)焊接完成,应保持接头红色变为黑色才能松开夹具,平稳地取出钢筋,以免引起接头弯曲。当焊接后张预应力钢筋时,焊后趁热将焊缝毛刺打掉,利于钢筋穿入孔道。

5)不同直径钢筋对焊,其两截面之比不宜大于1.5倍。

6)焊接扬地应有防风防雨措施。

3. 质量标准

钢筋对焊完毕,应对全部接头进行外观检查,以及机械性能试验。其检验项目、程序、方法按规范进行。

(1)主控项目

1)对焊所用钢筋的材质性能和工艺方法必须符合质量检验评定标准规定。

2)对焊钢筋应具有出厂合格证和试验报告。

3)钢筋焊接时所选用对焊机性能要符合焊接工艺要求。

(2)一般项目

1)钢筋对焊完毕,应对全部焊接进行外观检查,其要求是:对焊接头,接头处弯折环大于4°;接头具有适当的镦粗和均匀的金属毛刺。钢筋横向没有裂缝和烧伤;接头轴线位移不大于0.1d,且不大于2mm。

2)机械性能试验、检查方法

①按同类型(钢种直径相同)分批,每100个为一批,每批取6个试件,3个作抗拉试件、3个作冷弯试验。三个试件抗拉强度值不得低于该级别钢筋的抗拉强度。冷弯试验(包括正弯和反弯试验)弯曲时接头位置应处于弯曲中心处,冷弯按规定角度进行,接头处或热影响区外侧横向裂缝宽度不应大于0.15mm才算合格。钢筋冷弯试验工作可在万能试验机或钢筋弯曲机上进行,钢筋对接接头,冷弯试验指标见表。

②使用同批材料焊接参数相同,在焊接质量稳定情况下,每批数量扩大至三倍。

4. 施工注意事项

(1)避免工程质量通病

对焊焊接时出现表面烧伤、接头轴线偏移和弯折，接头结合不良、接头氧化缺陷、接头过烧缺陷、热影响区淬火脆裂以及接头区域有裂纹等现象，防止方法见表。

（2）成品保护

1）钢筋焊接半成品按规格型号分类堆放整齐，堆放场所应有遮盖，防止日晒雨淋。

2）转运钢筋对焊半成品不能随意抛掷，以免钢筋变形。

（四）钢筋电弧焊

本工艺标准适用于工业与民用建（构）筑物的钢筋混凝土中的焊接 φ10～40 和Ⅰ、Ⅱ、Ⅲ级钢筋。

电弧焊是利用弧焊机使焊条与焊件之间产生高温，熔化焊条与焊件的金属凝固后形成一条焊缝。

1. 施工准备

需电弧焊Ⅰ、Ⅱ、Ⅲ级钢筋、弧焊机。

（1）机械设备

电弧焊的主要设备是弧焊机。弧焊机可分为交流和直流两类。交流弧焊机常用型号有：BX-120-1.BX-300-2.BX-500-2 和 BX-1000 等。

直流弧焊机常用型号有：AX-165.AX-300-1.AX-320、AX-300、AX-500 等。

（2）材料

钢筋：各种规格、级别的钢筋，必须有出厂合格证，进场后经物理性能检验，对于进口钢材须增加化学性能检验，经检验合格后，方能使用。

焊条：按钢结构工程有关规定执行，焊条应分类、分牌号放在通风良好、干燥的仓库保管好，重要工程焊条，要保持一定温度和湿度（一般温度10～15℃，相对湿度小于5%为宜），焊条焊接前一般在 20～25℃烘箱内烘干。

（3）作业条件

1）焊工应经培训考核，持证上岗。

2）弧焊机等机具设备完好，焊机要按规定正确接通电源，要求电源符合施焊要求。

2. 操作工艺

钢筋电弧焊分帮条焊、搭接焊、坡口焊和熔槽四种接头形式。

（1）帮条焊工艺

1）钢筋帮条焊接头形式见图。

2）当不能进行双面焊时，可采用单面焊接，但帮条长度要比双面焊加大一倍。

3）帮条焊适用于Ⅰ、Ⅱ、Ⅲ级钢筋的接驳，帮条宜采用与主筋同级别、同直径的钢筋制作，其操作要点如下：

①先将主筋和帮条间用四点定位焊固定，离端部约20mm，主筋间隙留 2～5mm。

②施焊应在帮条内侧开始打弧,收弧时弧坑应填满,并向帮条一侧拉出灭弧。

③尽量施水平焊,需多层焊时,第一层焊的电流可以稍大,以增加熔化深度,焊完一层之后,应将焊渣清除干净。当需要立焊时,焊接电流应比平焊减少10%～15%。

(2)搭接焊工艺

1)当不能采用双面焊时,可采用单面焊接,此时搭接长度应比双面焊时加大一倍。

2)搭接焊只适用于Ⅰ、Ⅱ、Ⅲ级钢筋的焊接,其制作要点除注意对钢筋搭接部位的预弯和安装,应确保两钢筋轴线相重合之外,其余则与帮条焊工艺基本相同。

3)无论帮条接头或搭接接头,其焊缝厚度h应不小于0.3钢筋直径,焊缝宽度b小于0.7钢筋直径。

(3)钢筋坡口对接分坡口平焊和坡口立焊对接

1)钢筋坡口平焊宜采用V型坡口,口角度为55°～65°。

2)坡口面加工要平顺,污物、氧化铁锈要清除干净,并利用垫板进行定位焊,垫板长度取为40～60mm,宽度为钢筋直径加10mm,坡口根部间隙平焊取4～6mm,操作工艺应注意如下几点:

①首先由坡口根据根部引弧,横向施焊数层,接着焊条作之字形运弧,将坡口逐层堆焊填满,焊接时适当控制速度以避免接头产生过热,亦可将几个接头轮流施焊。

②每填满一层焊缝,都要把焊渣清除干净,再焊下一层,直至焊缝金属略高于钢筋直径0.1d为止,焊缝加强宽度比坡口边缘加宽2～3mm为宜。

3)钢筋坡口立焊对焊:

①钢筋V型坡口立焊时,坡口角度约为35°～55°,其中下筋为0°～10°,上筋为35°～45°。

②立焊对接垫板的装配和定位焊与坡口平焊基本相同,但根部间隙取3～5mm。

③坡口立焊首先在下部钢筋端面上引弧,并在该端面上堆焊一层,使下部钢筋逐渐加热,然后用快速短小的横向焊缝把上下钢筋端面焊接起来,当焊缝超过钢筋直径的一半时,焊条摆宜采用立焊的运弧方式,一层一层地把坡口填满,其加强高和加强宽与坡口平焊相同。

(4)钢筋熔槽帮条焊

熔槽帮条焊适用于直径大于或等于25mm的钢筋现场安装焊接。操作时把两钢筋水平放置,将一角钢作垫模。

其工艺要点如下:

1)垫模角钢的边长约40～60mm,长度为80mm～100mm。

2)对接的两钢筋端面需用无齿锯切割平整,间隙取10～16mm范围,并在熔槽角钢峡两侧点焊定位。

3)熔槽焊接电流宜稍大,以接缝根部引弧后连续施焊,形成熔池,使钢筋端部熔合良好。

4）每焊完一支焊条后，应将焊渣清除干净，然后再焊，对焊缝加强高和加强宽的要求与坡口对接焊相同。

5）钢筋与角钢垫模的贴合两侧应焊一至三道填角焊缝，长度与角钢同，使角钢起到帮条作用。

（5）预埋件接头

1）预埋件T型接头电弧焊分贴角焊和穿孔塞焊两种。

2）预埋件应采用Ⅰ、Ⅱ级钢筋焊接，锚固钢筋直径在18mm以下时，可选择贴角焊，其焊脚K Ⅰ级钢不小于0.5d，Ⅱ级钢不小于0.6d，锚固钢筋直径为18～22mm时，应选择穿孔塞焊，预埋件钢板&不小于0.6钢筋直径，并不小于6mm，施焊时电流不宜过大，操作要保持焊脚宽度与焊脚高度相一致，避免电弧咬伤钢筋。

（6）钢筋与钢板搭接焊

Ⅰ级钢筋的搭接长度l不小于4d，Ⅱ级钢筋的搭接长度l不小于5d，焊缝宽度b不小于0.5d，焊缝厚度h不小于0.35d。

钢筋电弧焊对焊条：

1）焊接参数的选择，钢筋电弧焊工艺既可用交流焊机，亦可用直流焊机，交流焊机结构简单，成本低，保养维修方便，应用广泛，常用的有BX-300、BX-330、BX-500等规格。

2）钢筋电弧焊对焊条、钢筋规格的选择见《建筑施工手册》中的表。

3）钢筋电弧焊对焊条直径与焊接电流的选择见《建筑施工手册》中的表。

3. 钢筋电弧焊质量标准

（1）主控项目

1）焊接前必须首先核对钢筋的材质、规格及焊条类型符合钢筋工程的设计施工规范，有材质及产品合格证书和物理性能检验，对于进口钢材需增加化学性能检定，检验合格后方能使用。

2）焊工必须持相应等级焊工证才允许上岗操作。

3）在焊接前应预先用相同的材料、焊接条件及参数，制作二个抗拉试件，其试验结果大于该类别钢筋的抗拉强度时，才允许正式施焊，此时可不再从成品抽样取试件。

（2）一般项目

所有焊接接头必须进行外观检验，其要求是：焊缝表面平顺，没有较明显的咬边，凹陷、焊瘤、夹渣及气孔，严禁有裂纹出现。

4. 施工注意事项

（1）避免工程质量通病

1）焊接过程中要及时清渣，焊缝表面光滑平整，加强焊缝平缓过渡，弧坑应填满。

2）根据钢筋级别、直径、接头形式和焊接位置，选择适宜焊条直径和焊接电流，保证焊缝与钢筋熔合良好。

3）帮条尺寸、坡口角度、钢筋端头间隙以及钢筋轴线等应符合有关规定，保证焊缝尺寸符合要求。

4）焊接地线应与钢筋接触良好，防止因起弧而烧伤钢筋。

5）钢筋电弧焊时不能忽视因焊接而引起的结构变形，应采取下列措施：a.对称施焊；b.分层轮流施焊；c.选择合理的焊接顺序。

（2）成品保护

焊接半成品不能浇水冷却，待冷却后方能移动，并不能随意抛掷。

（五）竖向钢筋电渣压力焊

电渣压力焊是利用电流通过渣池产生的电阻热将钢筋端部熔化，然后施加压力使钢筋焊合。

本工艺标准适用于工业与民用建（构）筑物的钢筋混凝土结构中的大直径竖向连续接头的焊接。

1. 施工准备

（1）材料

1）钢筋：应有出厂合格证，试验报告性能指标应符合有关标准或规范的规定。钢筋的验收和加工，应按有关的规定进行。

2）电渣压力焊焊接使用的钢筋端头应平直、干净，不得有马蹄形、压扁、凹凸不平、弯曲歪扭等严惩变形。如有严重变形时应用手提切割机切割或用气焊切割、矫正、以保证钢筋端面垂直于轴线。钢筋端部200mm范围不应有锈蚀、油污、混凝土浆等污染，受污染的钢筋应清理干净后才能进行电渣压力焊焊接。处理钢筋时应在当天进行，防止处理后再生锈。

3）电渣压力焊焊剂：须有出厂合格证，化学性能指标应符合有关规定。在使用前，须经恒湿250℃烘焙1~2小时，焊剂回收重复使用时，应除去熔渣和杂物并经干燥，一般采用431焊药。

（2）机具设备

1）电渣焊机。

2）焊接夹具：应具有一定刚度，使用灵巧，坚固耐用，上、下错口同心。焊接电缆的断面面积应与焊接钢筋大小相适应。焊接电缆以及控制电缆的连接处必须保持良好接触。

3）焊剂盒：应与所焊钢筋的直径大小相适应。

4）石棉绳：用于填塞焊剂盒安装后的缝隙，防止焊剂盒焊剂泄漏。

5）铁丝球：用于引燃电弧。用22号或20号镀锌铁丝绕成直径约为10mm的圆球，每焊一个接头用一颗。

6）秒表：用于准确掌握焊接通电时间。

7）切割机或圆片锯：用于切割钢筋。

(3)作业条件

1)焊工应经过有关部门的培训、考核,持证上岗。焊工上岗时,应穿戴好焊工鞋、焊工手套等劳动防护用品。

2)电渣压力焊的机具设备以及辅助设备等应齐全、完好。施焊前必须认真检查机具设备是否处于正常状态。焊机要按规定的方法正确接通电源,并检查其电压、电流是否符合施焊的要求。

3)施焊前应搭好操作脚手架。

4)钢筋端头已处理好,并清理干净,焊剂干燥。

5)在焊接施工前,应根据焊接钢筋直径的大小,接电渣焊机说明书选定焊接电流、造渣工作电压、电渣工作电压、通电时间等工作参数。有条件的现场,在焊前,先做焊接试验,以确认工艺参数,制三个拉伸试件,试验合格后才可正式施焊。

2.操作工艺

(1)电渣压力焊接工艺

电渣压力焊接工艺分为"造渣过程"和"电渣过程",这两个过程是不间断的连续操作过程。

1)"造渣过程"是接通电源后,上、下钢筋端面之间产生电弧,焊剂在电弧周围熔化,在电弧热能的作用下,焊剂熔化逐渐增多,形成一定深度渣池,在形成渣池的同时电弧的作用把钢筋端面逐渐烧平。

2)"电渣过程",把上钢筋端头浸入渣池中,利用电阻热能使钢筋端面溶化,在钢筋端面形成有利于焊接的形状和溶化层、待钢筋溶化量达到规定后,立即断电顶压,排出全部溶渣和溶化金属,完成焊接过程。

(2)电渣压力焊施焊接工艺程序:

安装焊接钢筋→安放引弧铁丝球→缠绕石棉绳装上焊剂盒→装放焊剂→接通电源,"造渣"工作电压40~50v,"电渣"工作电压20~25V→造渣过程形成渣池→电渣过程钢筋端面溶化→切断电源顶压钢筋完成焊接→卸出焊剂拆卸焊盒→拆除夹具。

1)焊接钢筋时,用焊接夹具分别钳固上下的待焊接的钢筋,上下钢筋安装时,中心线要一致。

2)安放引弧铁丝球:抬起上钢筋,将预先准备好的铁丝球安放在上、下钢筋焊接端面的中间位置,放下上钢筋、轻压铁丝球,使之接触良好。

放下上钢筋时,要防止铁丝球被压扁变形。

3)装上焊剂盒:先在安装焊剂盒底部的位置缠上石棉绳然后再装上焊剂盒,并往焊剂盒满装焊剂。

安装焊剂盒时,焊接口宜位于焊剂盒的中部,石棉绳缠绕应严密,防止焊剂泄漏。

4)接通电源,引弧造渣:按下开关,接通电源,在接通电源的同时将上钢筋微微向上提，引燃电弧，同时进行"造渣延时读数"计算造渣通电时间。

"造渣过程"：工作电压控制在40～50V之间，造渣通电时间约占整个焊接过程所需通电时间的3/4。

5)"电渣过程"：随着造渣过程结束，即时转入"电渣过程"的同时进行"电渣延时读数"，计算电渣通电时间，并降低上钢筋，把上钢筋的端部插入渣池中，徐徐下送上钢筋，直至"电渣过程"结束。"电渣过程"工作电压控制在20～25V之间，电渣通电时间约占整个焊接过程所需时间的1/4。

6) 顶压钢筋，完成焊接："电渣过程"延时完成，电渣过程结束，即切断电源，同时迅速顶压钢筋，形成焊接接头。

7) 卸出焊剂，拆除焊剂盒、石棉绳及夹具。卸出焊剂时，应将接料斗卡在剂盒下方，回收的焊剂应除去溶渣及杂物，受潮的焊剂应烘、焙干燥后，可重复使用。

8) 钢筋焊接完成后，应及时进行焊接接头外观检查，外观检查不合格的接头，应切除重焊。

3. 质量标准

（1）主控项目

1) 钢筋品种和质量、焊剂的牌号、性能均必须符合设计要求和有关标准的规定。

2) 钢筋焊接接头的机械性能必须符合《钢筋焊接及验收规范》规定。

3) 在进行钢筋焊接接头的强度检验时，从每批成品中切取三个试件进行拉伸试验。在一般构筑物中，每300个同类型接头（同钢筋级别、同钢筋直径）作为一批。在现浇钢筋混凝土框架结构中，每一楼层以200个同类接头作为一批；不足200个时，仍作为一批。焊接头的位伸试验结果，三个试件均不得低于该级别钢筋规定的抗拉强度值。若有一个试件的抗拉强度低于规定数值，应取双倍数量的试件进行复验；复验结果，若仍有一个试件的强度达不到上述要求，该批接头即为不合格品。

（2）一般项目

1) 用小锤、放大镜、钢板尺和焊缝量规检查，逐个检查焊接接头。

2) 接头焊包均匀，不得有裂纹，钢筋表面无明显烧伤等缺陷。

3) 对外观检查不合格的接头，应将其切除重焊。

对允许偏差有如下要求：

1) 接头处钢筋轴线的偏移不得超过0.1倍直径，同时不得大于2mm。

2) 接头处弯折不得大于4°。

4. 施工注意事项

（1）避免工程质量通病

1) 在整个焊接过程中，要准确掌握好焊接通电时间，密切监视造渣工作电压和电渣工作电压的变化，并根据焊接工作电压的变化情况提升或降低上钢筋，使焊接工作电压稳定在参数范围内。在顶压钢筋时，要保持压力数秒钟后方可松开操纵杆，以免接头偏斜或接合不良。在焊接过程中，应采取措施扶正钢筋上端，以防止上、下钢筋错位和夹具变形。钢筋焊接结束时，应立即并检查钢筋是否顺直。如不顺直，要立即趁钢筋还在热塑状态时将其板直，然后稍延滞1～2分钟后卸下夹具。

2）电渣压力焊焊接工艺适用于直径16～40mm的Ⅰ级、Ⅱ级钢筋的焊接，当采用其他品种、规格的钢筋进行焊接时，其焊接工艺的参数应经试验、鉴定后方可彩。

3）焊剂要妥善存放，以免受潮弯质。

4）焊接工作电压和焊接时间是两个重要的参数，在施工时不得随意变更参数，否则会严重影响焊接质量。

5）接头偏心和倾斜：主要原因是钢筋端部歪扭不直，在夹具中夹持不正或倾斜；焊后夹具过早放松，接头未冷却使上钢筋倾斜；夹具长期使用使用磨损，造成上下不同心。

6）咬边：主要发生于上钢筋。主要原因是焊接时电流太大，钢筋熔化过快；上钢筋端头没有压入溶池中，或压入深度不够；停机太晚，通电时间过长。

7）未熔合：主要原因是在焊接过程中上钢筋提升过大或下送速度过慢、钢筋端部熔化不良或形成断弧；焊接电流过小或通电时间不够，使钢筋端部未能得到适宜的熔化量；焊接过程中设备发生故障，上钢筋卡住，未能及时压下。

8）焊包不匀：焊包有两种情况，一种是被挤出的熔化金属形成的焊包很不均匀，一边大一边小，小的一面其高不足2mm；另一种是钢筋端面形成的焊缝厚薄不均。主要原因是钢筋端头倾斜过大而熔化量又不足，顶压时熔化金属在接头四周分布不匀或采用铁丝球引弧时，铁丝球安放不正，偏正一边。

9）气孔：主要原因是焊剂受潮，焊接过程中产生大量气体渗入溶池，钢筋锈蚀严重或表面不清洁。

10）钢筋表面烧伤：主要原因是钢筋端部锈蚀严重，焊前未除锈；夹具电极不干净；钢筋未夹紧，顶压时发生滑移。

11）夹渣：主要原因是通电时间短，上钢筋在熔化过程中还未形成凸面即行顶压，熔渣无法排出；焊接电流过大或过小；焊剂熔化后形成的熔渣黏度大，不易流动；顶压力太小，上钢筋在深化过程气体渗入溶池，钢筋锈蚀严重表面不清洁。

12）成型不良：主要原因是焊接电流大，通电时间短，上钢筋熔化较多，如顶压时用力过大，上钢筋端头压入熔池较多，挤出的熔化金属容易上翻；焊接过程中焊剂泄漏，深化铁水推动约束，随焊剂泄漏下流。

（2）成品保护

1）不准过早拆卸卡具，防止接头弯曲变形。

2）焊后不得砸钢筋接头，不准往刚焊完的接头浇水。

3）焊接时应搭好架子，不准踩踏其他已绑好的钢筋。

（六）钢筋气压焊

钢筋气压焊是采用氧——乙炔火焰对两钢筋连接处加热，使之达到塑性状态后，施加适当轴向压力，从而形成牢固对焊接头的施工方法。

本工艺标准适用于现浇钢筋混凝土中直径为 φ20～40mm 的Ⅰ，Ⅱ级和部分Ⅲ级钢筋任意方向和任意位置的闭合式气压焊施工。

1. 施工准备

（1）材料

1）钢筋：用于气压焊的钢筋一般为Ⅰ级钢或Ⅱ级钢。所有钢筋须有出厂质量证明书，进场时须按规定抽样复试，其性能和质量应符合 GB1499-91《钢筋混凝土用热轧带肋钢筋》和 GB13013-91《钢筋混凝土用热轧光面钢筋》的规定。若采用Ⅲ级钢或其他品种钢筋及进口钢材，要经过钢材化学性能检验其可焊性合格后方可使用。当需压接的两钢筋直径不同时，其两直径之差不得大于 7mm。

2）氧气：瓶装氧气（O_2）的质量应符合工业用气态氧一级的技术要求，纯度在 99.5% 以上。其质量应符合 GB3863《工业用气态氧》中技术要求。

3）乙炔气：所使用的乙炔（C_2H_2）宜为瓶装溶解乙炔，纯度要求大于 98%。其质量应符合 GB6819《溶解乙炔》中的规定。

（2）焊接设备

1）供气装置：包括氧气瓶、溶解乙炔气瓶、干式回火防止减压器及胶管。

溶解乙炔气瓶的供气能力必须满足现场最大直径钢筋焊接时的供气量要求，可根据需要采用两瓶或多瓶并联使用。

2）加热器（多嘴环管焊炬）：应具有火焰燃烧稳定、均匀、不易回火等性能，并应根据所焊钢筋的粗细、配备合理选用各种规格的加势圈。

3）加压器（包括油缸、油泵及油管等）：其加压能力应达到现场最粗钢筋焊接时所需要的轴向压力。

4）焊接夹具：应确保能夹紧钢筋，且当钢筋承受最大轴向压力时，钢筋与夹头之间不产生相对滑移。

5）辅助设备：包括无齿锯（砂轮锯）角向磨光机等。

作业条件：

1）钢筋气压焊接班组的负责人必须是气压焊工，加热作业必须由经培训合格的持证气压焊工进行。

钢筋气压焊工的操作技能现分为乙、丙、丁三级，其允许焊接的钢筋直径分别为：乙级Ⅰ—d≤地 40mm；丙级Ⅰ—d≤32mm；丁级Ⅰ—d≤25mm。

2）正式施焊前，必须进行现场焊接工艺试验，所用钢筋从实际进场的各批钢筋中截取，试件经外观检查及拉伸、弯曲试验合格后，按确定的有关参数及工艺施焊。

3）施焊现场风力超过3级（风速大于5.4m/S）时，必须采取有效挡风措施才能施焊。雨天不宜进行气压焊施工，必须施焊时，应采取有效遮蔽措施。

2. 操作工艺

（1）钢筋下料

宜用无齿锯，不宜使用切断机，以免钢筋端头弯折或呈马蹄形而影响焊接质量，下料时并应考虑钢筋焊接后的压缩量，每个接头的压缩量约为所焊钢筋直径的1~1.5倍。

钢筋焊接接头位置、同一截面内接头数量等尚应符合设计要求或混凝土结构工程施工与验收规范的要求。

（2）钢筋端头处理

施焊前应用角向磨光机对钢筋端部稍微倒角，并将钢筋端面打磨平整（钢筋端面与钢筋轴线要基本垂直），清除氧化膜，露出光泽。离端面两倍钢筋直径长度范围内钢筋表面上的铁锈、油污、泥浆等附着物应清刷干净。

（2）钢筋安装就位

将所需焊接的两根钢筋用焊接夹具分别夹紧并调整对正，两钢筋的轴线要在同一直线上。

钢筋夹紧对正后，须施加初始轴向压力顶紧，两钢筋间局部位置的缝隙不得大于3mm。

（3）焊炬火焰调校

在每个接头开始施焊时，应先将焊炬的火焰调校为碳化焰（即还原焰，$O_2/C_2H_2=0.85~0.95$），火焰的形状要充实。

（5）钢筋加热加压

1）焊接的开始阶段，采用碳化焰，对准两根钢筋接缝处集中加热。此时须使内焰包围着钢筋缝隙，防钢筋端面氧化。同时，须增大对钢筋的轴向压力至30~40Mpa。

2）当两根钢筋端面的缝隙完全闭合后，须将火焰调整为中性焰（$O2/C2H2=1~1.1$）以加快加热速度。此时操作焊炬，使火焰在以压焊面为中心两侧各一倍钢筋直径范围内均匀往复加热。钢筋端面的合适加热温度为1150~1250℃左右。

在加热过程中，火焰因各种原因发生变化时，要注意及时调整，使之始终保持中性焰，同时如果在压接面缝隙完全密合之前发生焊炬回火中断现象，应停止施焊，拆除夹具，将两钢筋端面重新打磨、安装，然后再次点燃火焰进行焊接。如果焊炬回火中断发生在接缝完全密合之后，则可再次点燃火焰继续加热、加压完成焊接作业。

3）当钢筋加热到所需的温度时，操作加压器使夹具对钢筋再次施加至30~40Mpa的轴向压力，使钢筋接头墩粗区形成合适的形状，然后可停止加热。

4）当钢筋接头处温度降低，即接头处红色大致消失后，可卸除压力，然后拆下夹具。

3. 质量标准

（1）主控项目

1）气压焊所用钢筋的材质性能和工艺方法必须符合国标质量检验评定标准规定。

2）气压焊所用钢筋应具有出厂合格证和材质试验报告。

3）气压焊接时所选用焊接参数，要符合焊接工艺要求。

（2）一般项目：

1）质量检查项目及数量

A 全部接头均需进行外观检查。

B 在同一楼层中以 200 个接头为一批（几种不同直径的焊接接头，可组成一批），随机切取 3 个接头作拉伸试验。根据工程需要以及操作情况，也可另切除 3 个接头作弯曲试验。

2）外观检查要求

①外观检查的方法主要是目视检查，必要时可采用游标卡尺或其他专用工具。

②外观检查项目包括以下内容：

a. 压焊区钢筋偏心量。两钢筋轴线相对偏心量不得大于钢筋直径的 0.15 倍，同时不得大于 4mm。当不同直径钢筋相焊时，按小钢筋直径计算。当超过限量时，应切除重焊。

b. 弯折角焊接部位两钢筋轴线弯折角不得大于 4°。当超过限量时，可重新加热矫正。

c. 墩粗直径和长度。墩粗区的最大直径应不小于钢筋直径的 1.4 倍。墩粗区的长度应不少于钢筋直径的 1.2 倍，且凸起部分应平缓圆滑。当小于限量时，可重新加热加压墩粗、墩长。

d. 压焊面偏移。墩粗区最大直径处应与压焊面重合，若有偏移，其最大的偏移量不得大于钢筋直径的 0.2 倍。

e. 裂纹及烧伤。两钢筋接头处不得有环向裂纹。墩粗区表面不得有严重烧伤（即表面呈现粗糙裂缝和蜂窝状）。若发现接头有环向裂纹时，应切除重焊。

3）拉伸试验：

每批三个试件的抗拉强度均不得低于该级别钢筋规定的抗拉强度值，三个试件均断于压焊面之外并呈塑性断裂。若有一个试件不符合要求时，应再切除 6 个接头进行复验，复验结果若还有一个接头不符合要求，则该批接头判定为不合格品。

4）弯曲试验：

弯曲试验时，试件受压面的凸起部分应除去，将钢筋压焊面置于弯曲中心点。弯至 90 度时，试件不得在压焊面发生破断。若有一个试件不符合要求，应再取 6 个接头进行复验，复验结果若仍有一个接头不符合要求，则该批接头判定为不合格品。

4. 施工注意事项

（1）避免工程质量通病

1）在施焊过程中，应注意控制好加热温度，温度过高时，会发生金属过烧现象；温度过低时，压焊面难以良好熔合及墩粗区不能形成合适的形状。

2）为了保证两钢筋焊接的同心度，应注意在安装接长钢筋时，须将两钢筋对齐夹紧，经检查符合要求后才能施焊。

（2）成品保护

1）每个接头焊接完成后，不能过早拆除夹具，以免造成钢筋弯曲变形。

2）每个接头焊接完成后，应待其自然冷却，不得采用浇水冷却的方法降温。

（七）锥螺纹连接

锥螺纹钢筋接头是按设计及要求并大于等于原有钢筋规格来制锥螺纹，并能承受轴向力和水平力及具有较好密封性能，靠机械力把钢筋连接在一起的。

本工艺标准适用于一、二级抗震设防一般工业与民用建（构）筑物的现浇钢筋混凝土结构的基础、柱、梁、墙的钢筋连接施工，能在施工现场连接Ⅱ～Ⅲ级别的 $\phi 16 \sim 40$ 同径或异径的竖向和水平钢筋。

1. 施工准备

（1）材料

钢筋：钢筋材质应符合钢筋混凝土用钢筋 GB1499-9 标准。

锥螺纹连接套：材质为Ⅱ级钢筋用 30 号～45 号；Ⅲ级钢筋用 45 号钢。

（2）机具设备

钢筋锥螺纹套丝机：有 SZ-50A 型，能套制 $\phi 16 \sim 50$ 钢筋（Ⅱ～Ⅲ级）。

量规（牙形规、卡规、锥螺纹塞规）等。

力矩扳手：有 PW360（管钳型）力矩值为 $100 \sim 360 Nm$。

辅助机具：有砂轮锯、角向磨光机、台式砂轮各一台。

（3）作业条件

1）接头连接套规格必须与钢筋规格一致。

2）锥螺纹连接接头不能用于预应力钢筋，经常承受反复动荷载及承受高压应力疲劳荷载的结构构件。

2. 操作工艺

锥螺纹钢筋接头是先在施工现场或钢筋加工厂，用锥螺纹钢筋接头用套丝机，把钢筋的连接端头加工成锥螺纹，然后通过锥螺纹连接套，用力矩扳手按规定的力矩值把钢筋和连接套拧紧在一起。

3. 质量标准

（1）主控项目

1）钢材材质必须符合国家钢筋标准

2）接头连接套有出厂质量检验单和合格证。

3）连接钢筋接头强度必须达到钢材强度值，按每种规格接头，以 300 个为一批（不足300个仍为一批）每批三根接头，超过8%为合格，试件长度不小于600mm作拉伸试验。

（2）一般项目：

1）钢筋套丝质量必须符合要求，要求逐个用月牙形规和卡规检查。要求牙形与牙形规的牙形吻合，小端直径不得超过允许值。

2）钢筋螺纹的完整牙数不小于规定牙数。

3）接完的钢筋接头必须用油漆作标记，其外露丝扣不得超过一个完整丝扣。

4. 施工注意事项

（1）避免工程质量通病

1）连接套规格必须与钢筋一致。

2）接连钢筋时必须将力矩扳手调到规定钢筋接头拧紧值，不要超过扭紧力矩值。

（2）成品保护

被连接的钢筋套丝质量经检验合格后，成品用塑料保护盖保护。

（八）钢筋冷挤压连接

钢筋冷挤压连接法是在待连接的两根钢筋端部套上钢管，然后用便携式液压机挤压，使套管变形，将两根钢筋连接成一体的一种机械连接方法。

此法适用于工业与民用建（构）筑物、高层建筑、地基工程等。各类钢筋混凝土结构的 $\phi 20\sim40$ Ⅰ、Ⅱ级钢筋接头和异径钢筋接头，带肋钢筋连接能连接竖向、水平和任何倾角的钢筋、其接头强度、刚度、韧性均匀与母材相当。

1. 施工准备

（1）材料：

1）带肋钢筋符合钢筋混凝土标准。

2）套管材质符合国家行业质量标准。

（2）机械设备：

钢筋挤压连接的成套设备是由挤压连接钳、超高压电动油泵、超高压油管、悬挂器（手动葫芦）等组成。

钢筋挤压连接钳有YJ~40型挤压钳，用于 $\phi 40\sim36$ 的带肋钢筋的对接，YJ~32型挤压钳，用于 $\phi 32\sim20$ 的带肋钢筋对接，YJ~23型挤压钳，用于 $\phi 25\sim18$ 的带肋钢筋的对接。

（3）作业条件：

1）压接前要清除钢套和钢筋压接部位的铁锈、油污、泥沙等，钢筋端部要平直，如有弯折，必须予以矫直。

2）液压系统中严禁混入杂质，在连接拆卸超过软管时，其端部要保管好，不能粘有灰尘砂土。

2. 操作工艺

（1）挤压工序及顺序

钢筋挤压连接分为二道工序。

第一道工序是先在地面上把每根待连接的钢筋一端按要求与套管的一半压好。

第二道工序是压好一半接头的钢筋插到已待接的钢筋端部，然后用挤压钳压好，这样就完成了整个接头的挤压工作。挤压接头必须从套筒的中部按标记向端部顺序挤压。

（2）钢筋半接头连接工艺

即上述第一道工艺，其具体步骤如下：

1）装好高压油管和钢筋配用限位器、套管压模，并且在压模内也涂上润滑油；

2）按手控上开关，使套管对正压模内孔，再按手控Off开关；

3）插入钢筋顶到限位器上扶正；

4）按手控上开关，进行挤压；

5）当听到液压油发出溢流声，再按手控下开关，退回柱塞，取下压模；

6）取出半套管接头，结束半接头挤压作业。

（3）接连钢筋挤压工艺

即上述第二道工序，其具体步骤如下：

1）将半套管插入结构待连接的钢筋上，使挤压机就位；

2）放置与钢筋配用的压模和垫块；

3）按下手控上开关，进行挤压，当听到液压油发出溢流声，按下手控下开关；

4）退回柱塞及导向板，装上垫块；

5）按下手控上开关，进行挤压；

6）按下手控上开关，退回柱塞再加垫块；

7）按手控上开关，进行挤压，再按手控下开关退回柱塞；

8）取下垫块、压模、卸下挤压机，钢筋连接完毕。

3. 质量标准

（1）主控项目

1）钢材材料符合国家钢筋标准。

2）套管材质应有质量检验单和合格证，几何尺寸要符合要求。

3）接连钢筋接头强度必须达到同类型钢材强度值，按每种规格接头，以每500个为一批（不足500个仍为一批）作拉力试验，连续三个不合格，验收批数量要加倍。

（2）一般项目：

1）套管接头的套管挤压后的长度，没达到油漆标记线，误差超过5mm的，将未达到油漆标记线的这端套管与钢筋焊在一起，焊缝高不得小于5mm。

2）用量规检查挤压套管接头外径，通过即为合格，否则为不合格，需重新压模，重新挤压一次。

4. 施工注意事项

（1）避免工程质量通病

1）套管的几何尺寸及钢筋接头位置要符合设计要求。

2）钢筋的连接端和套管内壁不准有油污、铁锈、泥沙；套管接头外边的油脂必须擦干净。

3）柱子钢筋接头要高出混凝土面1m，以利于钢筋挤压连接作业。

4）不准砸平带肋钢筋花纹。

5）钢筋端部要平直，如有弯折，必须予以矫直。

（5）成品保护：连接成品不得随意抛砸。

三、混凝土工程施工

（一）现场混凝土制备与浇筑

本工艺标准适用于现场制备的普通混凝土和轻骨料混凝土工程。

1. 施工准备

（1）材料

1）水泥

①水泥宜选用425号以上的普通硅酸盐水泥，硅酸盐水泥、矿渣硅酸盐水泥、火山灰质硅酸盐水泥和粉煤灰硅酸盐水泥。

②水泥的各项指标应分别符合《硅酸盐水泥、普通硅酸盐水泥》标准和《矿渣硅酸盐水泥、火山灰质硅酸盐水泥和粉煤灰硅酸盐水泥》标准要求。

③常用水泥的使用范围见表。

④水泥进场时，应有出厂合格证或试验报告，并要核对其品种、标号、包装重量和出厂日期。使用前若发现受潮或过期，应重新取样试验。包装重量不足的另行堆放，做出处理。

⑤水泥质量证明书各项品质指标应符合标准中的规定。品质指标包括氧化镁含量、三氧化硫含量、烧失量、细度、凝结时间、安定性、抗压和抗折强度。

⑥混凝土的最大水泥用量不宜大于550kg/m3。

2）砂

①砂宜优先选用坚硬不含杂质有棱的硅质砂粒。

②砂按其细度模数分为粗、中、细。混凝土工程应优先选用粗中砂。

③砂的含泥量（按重量计），当混凝土强度等级高于或等于C30时，不大于3%；低于C30时，不大于5%。对有抗渗、抗冻或其他特殊要求的混凝土用砂，其含泥量不应大于3%，对C10或C10以下的混凝土用砂，其含泥量可酌情放宽。

3）石子（碎石或卵石）

①石子宜选用花岗岩为好。其余石灰岩、砂岩、页岩或其他水成岩必须取样做石材强度检定。同时应根据混凝土建筑物或构物的使用情况和强度要求，决定能否使用或有限制性使用。

②石子最大粒径不得大于结构截面尺寸的1/4，同时不得大于钢筋间最小净距的3/4。混凝土实心板骨料的最大粒径不宜超过板厚的1/2。且不得超过50mm。

③石子中的含泥量（按重量计）对等于或高于C30混凝土时，不大于1%；低于C30时，不大于2%；对有抗冻、抗渗或其他特殊要求的混凝土，石子的含泥量不大于1%；对C10和C10以下的混凝土，石子的含泥量可酌情放宽。

④石子中针、片状颗粒的含量（按重量计），当混凝土强度等于或高于C30混凝土时，不大于15%；低于C30时不大于25%；对C10和C10以下，可放宽到40%。

4）水

①符合国家标准的生活饮用水可拌制各种混凝土，不需再进行检验。

②若采用非饮用的天然水、受污染的湖泊水、地下水等，应先经检验符合《混凝土拌合用水标准》的规定才能使用。

5）轻骨料

①轻骨料混凝土用轻粗骨料、轻砂（或普通砂）与水泥和水配制而成，其干密度（原称干容量）不大于1950kg/m3。

②轻骨料主要有粉煤灰陶粒和陶砂、黏土陶粒和陶砂、页岩陶粒和陶砂，以及天然轻骨料中的浮石、火山渣等。

③采用轻骨料应分别符合《粉煤灰陶粒和陶砂》标准，《黏土陶粒和陶砂》标准。《页岩陶粒和陶砂》标准，《天然轻骨料》标准的规定。其试验方法应按《轻骨料试验方法》标准执行。

（2）机具

1）移动式混凝土搅拌机按进料额定容量有250L和400L两种，按搅拌方式有自落式和强制式两种。自落式的型号应采用JZ、JD、JS型系列产品。

2）振动器分插入式振动器、平板式振动器、附着式振动器和振动台。

3）台秤，能称量200kg以上材料，且有CMC标志。

4）斗车（手推车）。

（3）作业条件

1）基础工程应先将基坑内积水抽干或排除，坑内浮土、淤泥和杂物要清理干净。

2）墙、柱、梁等模板内的木碎、杂物要清除干净，模板缝隙应严密不漏浆。

3）复核模板、支顶、预埋件、管线钢筋等符合施工方案和设计图纸并办理隐蔽验收手续。

4）脚手架架设要符合安全规定：楼板浇捣时尚应架设运输桥道，桥道下面要有遮盖，浇筑口应有专用槽口板。

5）水泥、砂、石子及外加剂、掺合料等经检查符合有关标准要求，试验室已下达混凝土配合比通知单。

6）台秤经计量检查准确，振动器经试运转符合使用要求。

7）根据施工方案对班组进行全面施工技术交底，包括作业内容、特点、数量、工期、施工方法、配合比、安全措施、质量要求和施工缝设置等。

2. 操作工艺

（1）浇筑前应对模板浇水湿润，墙、柱模板的清扫口应在清除杂物及积水后再封闭。

（2）根据配合比确定的每盘（槽）各种材料用量要过称。

（3）装料顺序：一般先装石子，再装水泥，最后装砂子，如需加掺合料时，应与水泥一并加入。

（4）混凝土搅拌的最短时间：自全部材料装入搅拌筒中起至开始卸料时止。

1）掺有外加剂时，搅拌时间应适应延长。

2）粉煤灰混凝土的搅拌时间宜比基准混凝土延长 10～30s。

3）轻骨料混凝土加料顺序：当轻骨料在搅拌前预湿时，先加粗、细骨料和水泥搅拌 30s，再加水继续搅匀。未经预湿的轻骨料先加 1/2 用水量，然后加粗细骨料搅拌 60s，再加水泥和剩余水量继续搅拌均匀。

（5）混凝土运输

1）混凝土在现场运输工具有手推车、吊斗、滑槽、泵送等。

2）混凝土自搅拌机中卸出后，应及时运到浇筑地点。在运输过程中，要防止混凝土离析、水泥浆流失、坍落度变化以及产生初凝等现象。如混凝土运到浇筑地点有离析现象时必须在浇灌前进行二次拌合。

3）混凝土从搅拌机中卸出后到浇筑完毕的延续时间，不宜超过规定。

①掺用外加剂的混凝土，其运输延续时间应由试验确定。

②轻骨料混凝土运输延续时间应适当缩短，以不超过 45min 为宜。若产生拌合物稠度损失或离析较重者，浇筑前宜采用人工二次拌合。

4）混凝土运输道路应平整顺畅，若有凹凸不平，应铺垫桥枋。在楼板施工时，更应铺设专用桥道，严禁手推车和人员踩踏钢筋。

（6）混凝土浇筑的一般要求

1）混凝土自吊斗口下落的自由倾落高度不得超过 2m，如超过 2m 时必须采取措施。

2）浇筑竖向结构混凝土时，如浇筑高度超过 3m 时，应采用串筒、导管、溜槽或在模板侧面开门子洞（生口）。

3）浇筑混凝土时应分段分层进行，每层浇筑高度应根据结构特点、钢筋疏密决定。一般分层高度为插入式振动器作用部分长度的 1.25 倍，最大不超过 500mm。平板振动器的分导厚度为 200mm。

4）使用插入式振动器应快插慢拔。插点要均匀排列，逐点移动，按顺序进行，不得遗漏，做到均匀振实。移动间距不大于振动棒作用半径的1.5倍（一般为300～400mm）。振捣上一层时应插入下层混凝土面50mm，以消除两层间的接缝。平板振动器的移动间距应能保证振动器的平板覆盖已振实部分边缘。

5）浇筑混凝土应连续进行。如必须间歇其间歇时间应尽量缩短，并应在前层混凝土初凝之前，将次层混凝土浇筑完毕。间歇的最长时间应按所用水泥品种及混凝土初凝条件确定一般超过2小时应按施工缝处理。

6）浇筑混凝土时应派专人经常观察模板钢筋、预留孔洞、预埋件、插筋等有无位移变形或堵塞情况，发现问题应立即停止浇灌并应在已浇筑的混凝土初凝前修整完毕。

（7）桩基承台、梁、混凝土浇筑：

1）承台梁浇筑混凝土时，应按顺序直接将混凝土倒入模板中。如留缝超初凝时间应按施工缝处理。右使用吊斗直接卸料入模时其吊斗出料口距操作面高度，以300～400mm为宜，并不得集中一处倾倒。

2）振捣时应沿承台梁浇筑的顺序方向采用斜向振捣法，振动棒与水平倾角约60°左右，棒头朝前进方向，棒间距以500mm为宜，要防止漏振，振捣时间以混凝土表面翻浆冒出气泡为宜。混凝土表面应随振捣按标高线进行抹平。

3）梁的施工缝宜留置于相邻两承台中间的1/3范围内，并用模板挡好，留成直槎（企口）。继续施工时，接缝处混凝土应先凿去浮浆，用水湿润并浇一层水泥浆或与混凝土万分相同的水泥砂浆，使新旧混凝土接合良好，然后才继续浇筑混凝土。

（8）柱、墙混凝土浇筑：

1）柱、墙浇筑前，或新浇混凝土与下层混凝土结合处，应在底面上均匀浇筑50mm厚与混凝土配比相同的水泥砂浆。砂浆应用铁铲入模，不应用料斗直接倒入模内。

2）柱墙混凝土应分层浇筑振捣，每层浇筑厚度控制在500mm左右。混凝土下料点应分散布置循环推进，连续进行，并按表6-24控制好混凝土浇筑的延续时间。

3）浇筑墙体洞口时，要使洞口两侧混凝土高度大体一致。振捣时，振动棒应距洞边300mm以上，并从两侧同时振捣，以防止洞口变形。大洞口下部模板应开口并补充振捣。

4）构造柱混凝土应分层浇筑，每层厚度不得超过300mm。

5）施工缝设置：墙体宜设在门窗洞口过梁跨度1/3范围内。墙体其它部位垂直缝留设应由施工方案确定。柱子水平缝留置于主梁下面、吊车梁牛腿下面、吊车梁上面、无梁楼板的柱帽下面。

（9）梁、板混凝土浇筑：

1）肋形楼板的梁板应同时浇筑，浇筑方法应由一端开始用"赶浆法"推进，先将梁分层浇筑成阶梯形，当达到楼板位置时再与板的混凝土一起浇筑。

2）和板连成整体的大断面梁允许单独浇筑，其施工缝应留设在板底下20～30mm处。第一层下料慢些，使梁底充分振实后再下第二层料。用"赶浆法"使水泥浆沿梁底包裹石子向前推进，振捣时要避免触动钢筋及埋件。

3）楼板浇筑的虚铺厚度应略大于板厚，用平板振动器垂直浇筑方向来回振捣。注意不断用移动标志以控制混凝土板厚度。振捣完毕，用刮尺或拖板抹平表面。

4）在浇筑与柱、墙连成整体的梁和板时，应在柱和墙浇筑完毕后停歇 1～1.5 小时，使其获得初步沉实，再继续浇筑。

5）施工缝设置：宜沿着次梁方向浇筑楼板，施工缝应留置在次梁跨度 1/3 范围内，施工缝表面应与次梁轴线或板面垂直。单向板的施工缝留置在平行于板的短边的任何位置。双向受力板、厚大结构、拱、薄壳、水池、多层钢架等结构复杂的工程，施工缝位置应按设计要求留置。

6）施工缝宜用木板、钢丝网挡牢。

7）施工缝处须待已浇混凝土的抗压强度不少于 1.2Mpa 时，才允许继续浇筑。混凝土达到 1.2Mpa 的时间，可通过试验决定。

8）在施工缝处继续浇筑混凝土前，混凝土施工缝表面应凿毛，清除水泥薄膜和松动石子，并用水冲洗干净。排除积水后，先浇一层水泥浆或与混凝土成分相同的水泥砂浆然后继续浇筑混凝土。

9）浇筑梁柱接头前应按柱子的施工缝处理。

（10）楼梯混凝土浇筑：

1）楼梯段混凝土自下而上浇筑。先振实底板混凝土，达到踏步位置与踏步混凝土一起浇筑，不断连续向上推进，并随时用木抹子（木磨板）将踏步上表面抹平。

2）楼梯混凝土宜连续浇筑完成。

3）施工缝位置：根据结构情况可留设于楼梯平台板跨中或楼梯段 1/3 范围内。

（11）大模板轻骨料混凝土浇筑：

1）应连续施工，不留或少留施工缝。

2）应分层浇筑，每层厚度不大于 300mm。

3）由于轻骨料容重轻，容易造成砂浆下沉，轻骨料上浮。使用插入式振动器时要快插慢拔，震点要适当加密，分布均匀。其振捣间距不应大于振荡棒作用半径的一倍，振动时间不宜过长，防止分层离析。

4）施工缝设在内外墙交接处，用钢丝网或木板档牢。

（12）混凝土的养护：

1）混凝土浇筑完毕后，应在 12 小时以内加以覆盖，并浇水养护。

2）混凝土浇水养护日期一般不少于 7 天，掺用缓凝型外加剂或有抗渗要求的混凝土不得少于 14 天。

3）每日浇水次数应能保持混凝土处于足够的润湿状态。常温下每日浇水两次。

4）大面积结构如地坪、楼板、屋面等可蓄水养护，贮水池一类工程，可在拆除内模板后，待混凝土达到一定强度后注水养护。

5）可喷洒养护剂，在混凝土表面形成保护膜，防止水分蒸发，达到养护的目的。

6）采用塑料薄膜覆盖时，其四周应压至严密，并应保持薄膜内有凝结水。

7）养护用水与拌制混凝土用水相同。

3. 质量标准

（1）主控项目

1）混凝土所用的水泥、水、骨料、加外剂等必须符合施工规范及有关规定，使用前要检查出厂合格证或者检验报告是否符合质量要求。

2）混凝土配合比、原材料计量、搅拌、养护和施工缝处理必须符合施工规范规定，并检查《混凝土搅拌质量记录表》和施工日志。

3）评定混凝土强度的试块必须符合《混凝土强度检验评定标准》（GBJ107-87）的标准和规定。

4）对设计不允许有裂缝的结构，严禁出现裂缝；设计允许出现裂缝的结构，其裂缝宽度必须符合设计要求。如设计没有说明者，普通钢筋混凝土一般允许裂缝宽度露天≤0.2mm，室内≤0.3mm。

（2）一般项目

1）混凝土应振捣密实，并根据外观检查出现蜂窝、孔洞、露筋、缝隙、夹渣等缺陷程度评定质量等级。

2）基础上表面有坡度时，坡度应符合设计要求，无倒坡现象。

4. 施工注意事项

（1）避免工程质量通病

1）蜂窝。产生原因：振捣不实或漏振；模板缝隙过大导致水泥浆流失，钢筋较密或石子相应过大。预防措施：按规定使用和移动振动器。中途停歇后再浇捣时，新旧接缝范围要小心振捣。模板安装前应清理模板表面及模板拼缝处的黏浆，才能使接缝严密。若接缝宽度超过 2.5mm，应序填封，梁筋过密时应选择相应的石子粒径。

2）露筋。产生原因：主筋保护层垫块不足，导致钢筋紧贴模板；振捣不实。预防措施：钢筋垫块厚度要符合设计规定的保护层厚度；垫块放置间距适当，钢筋直径较小时，垫块间距宜密些，使钢筋下垂挠度减少；使用振动器必须待混凝土中气泡完全排除后才移动。

3）麻面。产生原因：模板表面不光滑；模板湿润不够；漏涂隔离剂。预防措施：模板应平整光滑，安装前要把粘浆清除干净，并满涂隔离剂，浇捣前对模板要浇水湿润。

4）孔洞。产生原因：在钢筋较密的部位，混凝土被卡住或漏振。预防措施：对钢筋较密的部位（如梁柱接头）应分次下料，缩小分层振捣的厚度；按照规程使用振动器。

5）缝隙及夹渣。产生原因：施工缝没有按规定进行清理和浇浆，特别是柱头和梯板脚。预防措施：浇注前对柱头、施工缝、梯板脚等部位重新检查，清理杂物、泥沙、木屑。

6）墙柱底部缺陷（烂脚）。产生原因：模板下口缝隙不精密，导致漏水泥浆；或浇筑前没有先浇灌足够 50mm 厚以上水泥砂浆。预防措施：模板缝隙宽度超过 2.5mm 应予以填塞严密，特别防止侧板吊脚；浇注混凝土前先浇足 50～100mm 厚的水泥砂浆。

7）梁柱结点处（接头）断面尺寸偏差过大。产生原因：柱头模板刚度差，或把安装柱头模板放在楼层模板安装的最后阶段，缺乏质量控制和监督。预防措施：安装梁板模板前，先安装梁柱接头模板，并检查其断面尺寸、垂直度、刚度，符合要求才允许接驳梁模板。

8）楼板表面平整度差。产生原因：振捣后没有用拖板、刮尺抹平；跌级和斜水部位没有符合尺寸的模具定位；混凝土未达终凝就在上面行人和操作。预防措施：浇捣楼面应提倡使用拖板或刮尺抹平，跌级要使用平直、厚度符合要求和模具定位；混凝土达到1.2MPa后才允许在混凝土面上操作。

9）基础轴线位移，螺孔、埋件位移。产生原因：模板支撑不牢，埋件固定措施不当，浇筑时受到碰撞引起。预防措施：基础混凝土是属厚大构件，模板支撑系统要予以充分考虑；当混凝土捣至螺孔底时，要进行复线检查，及时纠正。浇注混凝土时应在螺孔周边均匀下料，对重要的预埋螺栓尚应采用钢架固定。必要时二次浇筑。

10）混凝土表面不规则裂缝。产生原因：一般是淋水保养不及时，湿润不足，水分蒸发过快或厚大构件温差收缩，没有执行有关规定。预防措施：混凝土终凝后立即进行淋水保养；高温或干燥天气要加麻袋草袋等覆盖，保持构件有较久的湿润时间。厚大构件参照大体积混凝土施工的有关规定。

11）缺棱掉角。产生原因：投料不准确，搅拌不均匀，出现局部强度低；或拆模板过早，拆模板方法不当。预防措施：指定专人监控投料，投料计量准确；搅拌时间要足够；拆模板应在混凝土强度能保证其表面及棱角不应在拆除模板而受损坏时方能拆除。拆除时对构件棱角应予以保护。

12）钢筋保护层垫块脆裂。产生原因：垫块强度低于构件强度；沉置钢筋笼时冲力过大。预防措施：垫块的强度不得低于构件强度，并能抵御钢筋放置时的冲击力；当承托较大的梁钢筋时，垫块中应加钢筋或铁丝增强；垫块制作完毕应浇水养护。

13）柱混凝土强度高于梁板混凝土强度时，应按图在梁柱接头周边用钢网或木板定位，并先浇梁柱接头，随后浇梁板混凝土。

14）计量不准确。砂、石、水泥（包括散装水泥和水）未经计量或计量不准；外加剂没有按程序操作，而导致混凝土质量下降。

15）有台阶的构件，应先待下层台阶浇筑层沉实后再继续浇筑上层混凝土，防止砂浆从吊板下冒出导致烂根。

16）浇筑悬臂板应使用垫块，保证钢筋位置正确。

17）混凝土缺陷的处理

①麻面：先用清水对表面冲刷干净后用 1∶2 或 1∶2.5 水泥砂浆抹平。

②蜂窝、露筋：先凿除孔洞周围疏松软弱的混凝土，然后用压力水或钢丝刷洗刷干净，对小的蜂窝孔洞用 1∶2 或 1∶2.5 水泥砂浆抹平压实，对大的蜂窝露筋按孔洞处理。

③孔洞：凿去疏松软弱的混凝土，用压力水或钢丝刷洗刷干净，支模后，先涂纯水泥

浆,再用比原混凝土高一级的细石混凝土填捣。如孔洞较深,可用压力灌浆法。

④裂缝:视裂缝宽度、深度不同,一般将表面凿成V型缝,用水泥浆、水泥砂浆或环氧水泥浆进行封闭处理;裂缝较严重时,可用埋管压力灌浆。

18)严禁踩踏钢筋,确保钢筋配置符合设计要求。

(2)成品保护:

1)混凝土浇筑期间,及时校对预留伸出钢筋或埋件位置。

2)已浇的楼板混凝土强度达到1.2MPa后才准在楼面上乾地操作。

3)侧面模板应在混凝土强度能保证其棱角不因拆模而受损坏时,方可拆模。

4)不能用重物冲击模板,不准在梁侧板或吊板上蹬踩。

5)使用振动棒时,注意不要触碰钢筋与埋件、预埋螺栓、暗管等,如发现变异应及时校正。

6)雨期施工应备有足够的防御措施,及时对已浇筑的部位进行遮盖。下雨期间,应避免露天作业。

7)日平均气温低于5℃时,不得浇水养护,宜用塑料薄膜或麻袋、草袋覆盖保温。

(二)预拌混凝土生产与运输

本工艺标准适用于集中搅拌站(厂)生产供应的预拌混凝土。

1. 施工准备

(1)材料:

预拌混凝土所用的水泥、砂、碎石、外加剂和掺合料的品质要求与本节"现场混凝土制备与浇筑"相同。

(2)机具:

1)干式配料站按设计配合比把水泥、掺合料、粗细骨料装于搅拌车,由搅拌车完成搅拌、加水及掺外加剂的工作。

2)湿式搅拌站把全部拌合料拌匀后,装入混凝土专用运输车送到现场。

3)给水装置和外加剂配制装置要有经计量检定合格的自动供给系统。

4)皮带运输机:负责输送细骨料。

5)水泥罐:储存散装水泥。

6)拆包机:拆除包装水泥或包装掺合料的缝线口。

7)运送混凝土的专业用车:广州地区常用公称容量为 $4 \sim 6m^3$ 的中型混凝土搅拌运输车。

(3)作业条件:

1)下达任务单时,必须包括工程名称、地点、部位、数量,对混凝土的各项技术要求(强度等级、抗渗等级、缓凝及特种要求)、现场施工方法、生产效率(或工期)、交接班搭接要求,以及供需双方协调内容,连同施工配合比通知单下起下达。

2）设备试运转正常，混凝土运输车辆数量满足要求。

3）材料供应充足，特别是指定的水泥品种有足够的储备量或后续供应有保证。

4）全部材料应经检验合格，符合使用要求。

5）搅拌站、浇捣现场和运输车辆之间有可靠的通讯联系手段。

2. 操作工艺

（1）混凝土配合比由试验室经试配确定，任何人不得随意调整配合比。配合比的设计必须符合国家现行标准《普通混凝土配合比设计技术规程》JGJ/T55-96和用户的特殊要求。

（2）混凝土的配料：

1）配料室设立生产工作日志，记录当班混凝土生产情况、天气变化及设备运行情况。

2）配料室必须按混凝土配合比通知单配料，因故需调整施工配合比（如发现材料有异，砂、石含水量有变化等），必须由试验室签发变更通知单。

3）配料员按照配合比通知单内容调整各项计量器具，并经复核无误。

4）配料顺序：砂、石→水泥、掺合料→水、外加剂。

（3）混凝土搅拌：

1）干式配料站先把砂、石和水泥、掺合料投入搅拌车时，拌筒转速为6～10r/min，装齐料后继续以8～12r/min。搅拌抖min，经质检员检查符合要求后方可出场，到达现场前加入拌合水并以8～12r/min。在路途中完成全过程，加水后搅拌不少于50r。

2）湿式配料站把材料按配料顺序全部装入搅拌机的搅拌筒内搅拌均匀后，装入混凝土搅拌运输车的料筒内。

（4）混凝土运输：

1）混凝土搅拌运输车装料前应把筒内积水排清。

2）运输途中，拌筒以1～3r/min速度进行搅动、防止离析。

3）搅拌车到达施工现场卸料前，应使拌筒以8～12r/min转1～2min，然后再进行反转卸料。

3. 质量标准

（1）主控项目：

1）混凝土所用水泥、水、骨料、外加剂等必须有出厂合格证或试验报告，符合施工规范要求。

2）全部配合比均需经试配确定。

3）混凝土搅拌车出站前，每部车都必须经质量检查员检查和易性合格才能签证放行。

4）现场取样时，应以搅拌车卸料1/4后至3/4前的混凝土为代表。

5）混凝土取样、试件制作、养护，均应由供需双方共同签证认可。

6）搅拌车卸料前不得出现离析和初凝现象。

（2）一般项目：

1）混凝土搅拌车出站前和到达现场的坍落度抽检每天不少于2次。

2）混凝土整车容重检查每一配合比每天不少于一次。

3）水、外加剂计量系统每周自检不少于2次；砂、石、水泥的计量系统每月自检不少于1次。

4）每月作一次混凝土强度数量统计分析。

5）泵送混凝土、水下混凝土，每工作班供应超过100的工程，应派出质量检查员驻场。

6）混凝土装料、搅拌、运输、卸料时，水泥或水泥浆不得有明显流失。

（3）允许偏差：

1）原材料每盘（槽）按重量计，投料允许偏差不得超过下列规定：水泥、掺合料、水、外加剂2%；粗细骨料3%。

2）混凝土在交货地点测定的坍落度与出站前测定的坍落度允许偏差不大于20mm。

3）混凝土整车容量与计算容量允许偏差值为3%。

4. 施工注意事项

（1）避免质量通病：

1）遇有雨水影响砂、石含水率，应及时通知试验员进行测检，并调整配合比。

2）经常检查掺合料、外加剂的自动计量系统的工作状态是否正常。

3）混凝土搅拌车卸料前应检查拌筒内拌合物是否搅拌均匀。

4）混凝土搅拌车在现场交货地点抽检的坍落度超过允许偏差值时应及时处理。

5）混凝土搅拌车卸车前已超过配比中规定的缓凝时间，应及时处理。

6）搅拌车的转速应按搅拌站对装料、搅拌、卸料等不同要求或搅拌车产品说明书要求进行运转，以保证产品质量。

7）搅拌车开工前要用水浇湿拌筒，并在装料前排清积水。

（2）成品保护：

1）搅拌车应按额定量装载，不准超载，防止水泥浆流失。

2）搅拌车卸混凝土前要检查拌合物不得出现离析，不得超过初凝时间。

（三）泵送混凝土

本工艺标准适用于施工现场输送和浇筑混凝土，一次完成水平运输和垂直运输作业。

1. 施工准备

（1）材料：

1）水泥宜选用普通硅酸盐水泥、火山灰质硅酸水泥和粉煤灰水泥，有相应的技术措施时也可以使用矿渣水泥。水泥的各项指标应分别符合《硅酸盐水泥、普通硅酸盐水泥》、《矿渣硅酸盐水泥、火山灰质硅酸盐水泥及粉煤灰硅酸盐水泥》的要求。混凝土中未加掺合料时最小水泥用量宜为300kg/m^2，混凝土最大水泥用量不宜大于550kg/m^2。

2）掺合料、外加剂。

3）砂子宜用中砂，砂率宜控制在40%～50%。

4）碎石最大粒径与输送管内径之比，宜小于或等于1∶3，卵石宜小于或等于1∶2.5。

（2）机具：

1）混凝土泵：按其移动方式划分为固定式、拖式和汽车式泵；按驱动方式分为活塞式和挤压式；按动力不同分有机械活塞式和液压活塞式；汽车式泵又划分为带布料杆和不带布料杆两种。

2）混凝土泵站应备有足够功率和稳定电压的电源。有可能停电时，还应配备发电设备。

3）混凝土输送管：应选用志压力管，规格有$\phi100$、$\phi125$和$\phi150mm$等，并配有各种拐弯角度的短管。

4）宜优先选用液压布料器，其次才考虑简易布料系统；如用软胶管或可拆驳输送管。

5）振动器与普通混凝土所用振动器相同。

6）空气压缩机：泵送完毕，清理输送管道时，用于推动清洗球。

7）通讯：泵站与浇筑现场之间必须配备可靠的通讯联络设施，以保证混凝土输送顺畅。

（3）作业条件：

1）泵送作业，模板及其支撑设计除按正常计算外，还应考虑脉冲水平推力和输送混凝土速度快所引起过载及侧压力及布料器重量的支承以确保模板支撑系统有足够强度刚度和稳定性。

2）施工前应根据浇筑的混凝土量、工期、构件的特点、泵送能力等确定混凝土的初凝时间、布料方法，并编制浇筑作业方案。

3）泵送前应办理好隐蔽工程验收手续，模板已清理干净，并淋水湿润。

4）不论是现场配备混凝土或使用场外预拌站供应的混凝土，其生产能力和运输能力必须等于或大于泵送能力。

5）混凝土泵的操作人员须经培训考核合格，才能上岗操作。

6）浇捣混凝土楼面时，应搭设操作平桥或交通走桥，防止踩踏钢筋。

7）液压油箱、水箱的油位、水量适宜，各油管接头紧固。

8）检查冷却润滑水箱中是否加足干净的乳化液、液面不能低于活塞杆。

9）准备好清洗泵机和管道的机具，如空气压缩机棉球、清洁管接头等。为保证空气压缩机正常工作，应储备一定压力，以备随时使用。

10）空载起动泵机前，应在料斗内加一半的水量，使活塞在缸筒内移动时，不至于摩擦力过大，损坏活塞。

11）检查液压油是否干净，查看真空表上指针，若指到"红色"范围内，应拆除更换清洗滤清器。

12）准备好润滑道的水泥砂浆，一般是用1∶2水泥砂浆，坍落度为12～16cm。

13）接通电源后，检测电压表及各种指示灯是否正常、泵机适用电压为350～410V。

14）泵面空载应运行一段时间，观察工作状态是否正常，正常后才能泵送混凝土。

2. 操作工艺

（1）泵送工艺：

1）泵送混凝土前，先把储料斗内清水从管道泵出，达到湿润和清洁管道的目的，然后向料斗内加入与混凝土配比相同的水泥砂浆（或1：2水泥砂浆），润滑管道后即可开始泵送混凝土。

2）开始泵送时，泵送速度宜放慢，油压变化应在允许值范围内，待泵送顺利时，才用正常速度进行泵送。

3）泵送期间，料斗内的混凝土量应保持不低于在缸筒口上100mm到料斗口下150m宜将混凝土从泵和输送管中清除。

6）泵送先远后近，在浇筑中逐渐拆管。

7）在高温季节泵送，宜用湿草袋覆盖管道进行降温，以降低入模温度。

8）泵送管道的水平换算距离总和应小于设备的最大泵送距离，水平距离换算见表。

（2）泵送结束：

1）泵送将结束时，应估算混凝土管道内和料斗内储存的混凝土量及浇捣现场所欠混凝土量（φ150mm径管每100m有1.75），以便决定拌制混凝土量。

2）泵送完毕清理管道时，采用空气压缩机推动清洗球。先安好专用清洗管，再启动空压机，渐进加压，清洗过程中，应随时敲击输送管，了解混凝土是否接近排空。当输送管内尚有10m左右混凝土时，应将压缩机缓慢减压，防止出现大喷爆和伤人。

3）泵送完毕、应立即清洗混凝土泵、布料器和管道、管道拆卸后按不同规格分类堆放。

3. 质量标准

（1）泵送的混凝土必须用机械搅拌，搅拌时间要满足有关规定要求。掺有外加剂时，一般不宜少于120s，掺引气减少剂不宜大于300s，也不宜少于180s。

（2）混凝土的坍落宜为8~18cm，各盘（槽）拌合物的坍落度应均匀。

（3）其他质量要求按本节"现场混凝土制备与浇筑"相应条目执行。

4. 施工注意事项

（1）避免工程质量通病：

1）混凝土输送管道的直管布置应顺直，管道接头应密实不漏浆，转弯位置的错固应牢固可靠。

2）混凝土泵与垂直向上管的距离宜不大于10m，以抵消反堕冲力和保证泵的振动不直接传到垂直管，并在垂直管的根部装设一个截流阀，防止停泵时上面管内混凝土倒流产生负压。

3）向下泵送时，混凝土的坍落度应适当减小，混凝土泵前应有一段水平管道和弯上管道才折向下方。并应避免垂直向下装置方式以防止离析和混入空气，对压送不利。

4）凡管道经过的位置要平整，管道应用支架或木垫枋等垫固，不得直接与模板、钢筋接触，若放在脚手架上，应采取加固措施。

5）垂直管穿越每一层楼板时，应用木枋或预埋螺栓加以锚固。

6）对施工中途新接驳的输送管应先清除管内杂物，并用水或水泥砂浆润滑管壁。

7）尽量减少布料器的转移次数，每次移位前应先清出管内混凝土拌合物。

8）用布料器浇注混凝土时，要避免对侧面模板的直接冲射。

9）垂直向上管和靠近混凝土泵和起始混凝土输送管宜用新管或磨损较少的管。

10）使用预拌混凝土时，如发现坍落度损失过大（超过2cm），经过现场试验员同意，可以向搅拌车内加入混凝土水灰比相同的水泥浆，或与混凝土酾比相同的水泥砂浆，经充分搅拌后才能卸入泵机内。严禁向储料斗或搅拌车内加水。

11）泵送中途停歇时间一般不应大于60min，否则要予以清管或添加自拌混凝土。以保证泵机连续工作。

12）搅拌车卸料前，必须以搅拌速度搅拌一段时间方卸可入料斗。若发现初出的混凝土拌合物石子多，水泥浆少、应适当加入备用砂浆拌匀方可泵送。

13）最初泵出的砂浆应均匀分布到较大的工作面上，不能集中一处浇筑。

14）若采用场外供应预拌混凝土时，现场必须适当储备与混凝土配比相同的水泥，以便制砂浆或自拌少量混凝土。

15）泵送过程，要做好开泵记录、机械运行记录、压力表压力记录、塞管及处理记录、泵送混凝土量记录、清洗记录、检测时做检修记录，使用预拌混凝土时要做好坍落度抽查记录。

（2）成品保护：

1）泵送混凝土一般掺有缓凝剂，其养护方法与不掺外加剂的混凝土相同。应在混凝土终凝后才浇水养护，并且要加强早期养护。

2）为了减少收缩裂，待混凝土表面无水渍时，宜进行第二次研压抹光。

3）由于泵送混凝土的水泥用量大，宜进行蓄水养护，或覆盖湿草袋、麻袋等物，以减少收缩裂缝。

（四）混凝土外加剂

1. 施工准备

在混凝土拌合过程中掺入能按要求改善和调节混凝土性能的材料称为混凝土外加剂。外加剂的产品质量应符合现行国家标准的要求，其掺量应通过试验确定。

（1）材料：

1）外加料按其使用效果分类如下：

①减少剂：在不影响混凝土和易性条件下具有减少及增强作用的外加剂。

②引气剂：在混凝土搅拌过程中，能引起大量分布均匀的微小气泡，以减少拌合物泌

水离析，改善和易性并能显著提高硬化混凝土抗冻融耐久性的外加剂。

③调凝剂：能调节混凝土凝结时间和硬化性能的外加剂。

（2）工具：

1）预拌混凝土搅拌站，应采用外加剂自动计量系统装置。

2）施工现场采用粉剂时应配备下列工具

①能盛大 100kg 以上的大水桶两个，并有活动铁盖。

②能盛 5kg 水的小水桶两个。

③竹篓 1 只，竹手扫 1 把。

④100kg 台秤 1 台，10kg 杆秤 1 把。

3）施工现场采用溶剂时应配备下列工具

①能盛水 100kg 以上的大水桶两个、并有活动铁盖。

②能盛 5kg 水的小水桶 1 个。

③100kg 台秤 1 台。

（3）作业条件：

1）按混凝土性能要求选定外加剂类型

2）外加剂用量必须经试配确定。

3）开工前对工人进行技术操作交底。

4）指定专人对计量工作进行监督。

5）备足本次作业的外加剂用料量。

2. 操作工艺

（1）掺外加剂：外加剂有固体、液体之分。混凝土外加剂的掺入量百分比是以固体为准。

1）水剂，市场供应的液体外加剂浓度较高，不宜直接掺入混凝土拌合物中，需要先稀释成浓度为 20%～30% 的水溶液。

①按施工要求掺入的浓度与原有浓度的差异决定兑水倍数。

②秤出定量外加剂。

③在大水桶中储放应兑水量。

④把外加剂倒入大水桶中搅拌均匀。

2）粉剂：先把粉剂制备浓度 20%～30% 水溶液才予使用。

①根据配合比，将每一盘（槽）混凝土需用的外加剂粉剂的用量，先配制成一小桶（重为 5kg）外加剂溶液。

②推算出一大水桶（重为 100kg）外加剂水溶液应掺用外加剂粉剂的数量。（即 20 倍小桶量）。

③把外加剂放在竹斗上，浸在大水桶水面。

④用竹手扫在竹斗上来回刷动，直至把粉剂全部滤入大水桶里。

⑤第一桶未用完前,就要开始配制第二桶溶液。

(2) 操作方法:

1) 每一盘(槽)混凝土用一小桶外加剂水溶液。

2) 减少剂水溶液宜在卸料前 30s 加入搅拌机内,再搅拌 30~60s 后出料,混凝土用水量应扣除减水剂溶液的含水量。

3) 减水剂掺量为水泥重的 0.15%~0.35%,缓凝剂掺量为水泥量的 0.1%~0.5%。

4) 溶液使用要求:每天用剩的溶液,可以留到第二天使用,但要遮盖严密,防止雨水或其他液体渗入。第二天使用前要用水棒搅拌均匀,若无法保证遮盖严密的溶液不得再使用。

5) 掺用缓凝剂、膨胀剂的混凝土养护期不应少于 14 天。

6) 掺外加剂的混凝土运输、浇筑和养护与不掺加外加剂的混凝土基本相同。

7) 在蒸气养护的混凝土和预应力混凝土中,不宜掺用引气剂和引气减水剂。

8) 掺用膨胀剂的混凝土只允许从一方向浇筑,不得从两个以上方向浇筑。

3. 施工注意事项

(1) 外加剂必须有出厂合格证。

(2) 掺用量必须经试配确定。

(3) 配比投料准确,允许误差值 2%,不允许漏放。

(4) 配备溶液时,最小配量为 50kg,严禁配制非整数溶液,以防误配。

(5) 经常搅动大桶内溶液,以防沉淀结块。

(6) 混凝土用水量要扣除溶液量。

(7) 固体外加剂根据每一大桶溶液需用量预先称出并用塑料袋包装备用。

(8) 外加剂的保管按产品说明书执行。要与其它容易混淆的材料严格区分,并做出标记。

(9) 每次配制溶液,必须作过秤记录,以便查核。

(10) 所有计量器具,必须经过计量检定合格。

(五) 混凝土掺合料 (粉煤灰)

1. 施工准备

(1) 材料:

1) 从煤粉炉烟道气体中收集的粉末称为粉煤灰,其质量指标见表。

2) 粉煤灰用于混凝土工程可根据等级,按下列规定应用:

①Ⅰ级粉煤灰适用于钢筋混凝土和跨度小于 6m 的预应力钢筋混凝土。

②Ⅱ级粉煤灰适用于钢筋混凝土和无筋混凝土。

③Ⅲ级煤灰主要用于无筋混凝土。对设计强度等级 C30 及以上的无筋粉煤灰混凝土,宜采用Ⅰ、Ⅱ级粉煤灰。

④用于预应力钢筋混凝土，钢筋混凝土及设计强度等级 C30 及以上的无筋混凝土的粉煤灰等级，如经试验论证，可采用比上列三款规定低一级的粉煤灰。

3）配制泵送混凝土，大体积、抗渗、地下工程，水下工程等混凝土，宜掺用粉煤灰。

4）根据各类工程和各种施工条件的不同要求，粉煤灰可与各类外加剂同时使用。外加剂的适应性及合理掺量应由试验确定。

5）超量取代法：混凝土中掺用粉煤灰采用等量取代法（大体积混凝土），外加法（主要为改善混凝土和易性），和超量取代法（配制普通混凝土、节约水泥）。

①超量取代法是因为粉煤灰的活性低于水泥的活性，而粉煤灰的活性又必须靠水泥来激发，同时粉煤灰的比重小于水泥的比重，因此用超量的粉煤灰取代水泥，也同时代替一部分砂子。

②粉煤灰取代水泥的最大限量按要求掺加。

（2）作业条件：

1）按工程特点和进场的水泥品种确定掺入粉煤灰等级。

2）必须经过试配确定粉煤灰用量。

3）施工前对班组进行技术操作交底。

4）指定专人计量工作进行监督。

2. 操作工艺

（1）散装粉煤灰的存放与散装水泥相同。包装粉煤灰的储存与包装水泥相同。

（2）按照配合比每盘（槽）的粉煤灰用量，由专人提前称量存放，或用专用量具计量投料。

（3）粉煤灰掺入混凝土中的方式，可采用干掺或湿掺。但均以干态重量计量，称量误差不得超过2%，粉煤灰中的含水量应在拌合水中扣除。

（4）投料时，与水泥、砂、石、水等材料一起加入搅拌机中进行搅拌。

（5）粉煤灰混凝土拌合物搅拌均匀，其搅拌时间应比基准混凝土（不掺粉煤灰的同一强度等级的混凝土）延长 10 ~ 30s。

（6）粉煤灰混凝土浇筑时，不得漏振或过振，振捣后的粉煤灰混凝土表面不得出现明显的粉煤灰浮浆层。

3. 施工注意事项

（1）进场的粉煤灰要有出厂合格证或检验报告，其质量指标必须符合《粉煤灰混凝土应用技术规范》。

（2）粉煤灰色泽和细度与水泥相似，所以现场储存应挂牌标记，并尽量与水泥分仓，以防用错。

（3）粉煤灰宜与各类外加剂同时使用，这样既可提高混凝土的早期强度，又能进一步发挥节约水泥效能。

（4）粉煤灰比重约 2∶1 比水泥小 1/3，不易拌和均匀，因此宜用强制式混凝土搅拌机搅拌。

（5）粉煤灰混凝土表面宜加遮盖养护，暴露面的潮湿养护时间不得少于 14 天，干燥或炎热气候条件下的潮湿养护时间不得少于 21 天。

（6）粉煤灰混凝土在低温条件下施工时，应加强表面保温，表面的最低温度不得低于 5℃。寒潮冲击情况下，日降温幅度大于 8℃时。应加强混凝土表面保护、防止产生裂缝。广州地区一般可覆盖黑色塑料薄膜，利用混凝土自身热量予以保温。

（7）粉煤灰混凝土设计强度等级的龄期：地上工程宜为 28 天，地面工程宜为 28 天或 60 天，地下工程宜为 60 天或 90 天，大体积混凝土工程宜为 90 天或 180 天。在满足设计要求的条件下，以上各种工程采用的粉煤灰混凝土，其强度等级龄期也可采用相应的较长龄期。

（8）粉煤灰混凝土抗压强度试样随机抽样：

非大体积粉煤灰混凝土 100m^3 不少于一次；大体积粉煤灰混凝土每 500m^3 不少于一次；每一工作班不少于一次。

第三节 砌体工程施工

一、砌体材料

砌体是由块体和砂浆砌筑而成的整体材料。块体和砂浆的强度等级是根据其抗压强度而划分的，是确定砌体在各种受力状态下强度的基础数据。块体强度等级以符号"MU"（MasonryUnit）表示，砂浆强度等级以符合"M"（Mortar）表示，对于混凝土小型空心砌块砌体，砌筑砂浆的强度等级以符合"Mb"表示，灌孔混凝土的强度等级以符号"Cb"表示（其中的符号"b"指的是 block）。

（一）块体

块体分为砖、砌块和石材三大类。砖和砌块通常是按块体的高度尺寸划分的，块体高度小于 180mm 的称为砖，大于 180mm 的称为砌块。

1. 砖

我国目前用作承重砌体结构的砖有烧结普通砖、烧结多孔砖和非烧结硅酸盐砖等。

（1）烧结普通砖

烧结普通砖又称黏土砖，是由黏土、煤矸石、页岩或粉煤灰为主要原料，经过焙烧而成的实心或空洞率不大于 15% 且外形尺寸符合规定的砖。目前，我国生产的烧结普通砖统一规格为 240mm×115mm×53mm（长×宽×高），实心黏土砖的重力密度为

16～18kN/m³，实心硅酸盐砖的重力密度为14～15kN/m³。

烧结普通砖的强度可以满足一般结构的要求，且耐久性、保温隔热性好，生产工艺简单，砌筑方便，故在建筑工程中被广泛应用。多用作砌筑单层及多层房屋的承重墙、基础、隔墙和过梁，以及构筑物中的挡土墙、水池和烟囱等，同时还适用于作为潮湿环境及承受较高温度的砌体。但是，由于生产黏土砖毁坏农田土地，浪费资源，我国许多省、市已禁止使用烧结普通黏土砖。

（2）烧结多孔砖

烧结多孔砖的外形尺寸，按《烧结多孔砖和多孔砌块》（GB13544—2011）规定，长度（L）可分为290mm、240mm、190mm，宽度（B）可分为240mm、190mm、180mm、175mm、140mm、115mm，高度（H）一般为90mm。产品还可以有1/2长度或1/2宽度的配砖配套使用，有的多孔砖可与烧结普通砖搭配使用。

（3）非烧结硅酸盐砖

以硅质材料和石灰为主要原料压制成坯并经高压蒸汽养护而成的实心砖统称为硅酸盐砖。常用的有蒸压灰砂砖、蒸压粉煤灰砖、炉渣砖、矿渣砖等，其规格尺寸同烧结普通砖。

蒸压灰砂砖是以石灰和砂为主要原料，经坯料制备、压制成型、蒸压养护而成的实心砖，简称灰砂砖。用料中石英砂约占80%～90%，石灰约占10%～20%，色泽一般为灰白色。这种砖不能用于温度长期超过200℃，受急冷、急热或有酸性介质侵蚀的建筑部位。

蒸压粉煤灰砖是以粉煤灰、石灰为主要原料，掺加适量石膏和集料，经坯料制备、压制成型、高压蒸汽养护而成的实心砖，简称粉煤灰砖。这种砖的抗冻性、长期强度稳定性以及防水性能等均不及普通砖，可用于一般建筑结构的砌筑。

炉渣砖又称煤渣砖，是以炉渣为主要原料，掺配适量的石灰、石膏或其他碱性激发剂，经加水搅拌、消化、轮碾和蒸压养护而成。这种砖的耐热温度可达300℃，能基本满足一般建筑的使用要求。

矿渣砖是以未经水淬处理的高炉矿渣为主要原料，掺配一定比例的石灰、粉煤灰或煤渣，经过原料制备、搅拌、消化、轮碾、半干压成型以及蒸汽养护等工序制成。这种砖不能用于温度超过200℃，受急热、急冷或有酸性介质侵蚀的建筑部位，也不宜用于砌筑炉壁、烟囱之类承受高温的砌体。

2. 砌块

砌块一般指混凝土空心砌块、加气混凝土砌块以及硅酸盐实心砌块，此外还有用黏土、煤矸石等为原料，经焙烧而制成的烧结空心砌块。

砌块按尺寸大小可分为小型、中型和大型三种，我国通常把砌块高度为180～350mm的称为小型砌块，高度为360～900mm的称为中型砌块，高度大于900mm的称为大型砌块，混凝土空心砌块的重力密度一般在在12～18kN/m³之间。

我国目前在承重墙体材料中使用最为普遍的是混凝土小型空心砌块，它是由普通混凝土或轻集料混凝土制成，主要规格尺寸为390mm×190mm×190mm，空心率一般在25%~50%之间，一般简称为混凝土砌块或砌块。小型砌块使用灵活，采用不同的砌筑方法可以在立面和平面上排列出不同的组合，使墙体符合使用要求，并能满足砌块的搭接要求。但小型砌块比普通砖重，手工劳动强度大，中型和大型砌块则需要吊装机械。采用较大尺寸的砌块代替小块砖砌筑砌体，可减轻劳动量并可加快施工进度，是墙体材料改革的一个重要方向。由于砌块的尺寸比砖大，砌筑时能节约砂浆，但空心砌块孔洞率较大，使砂浆和块体的结合较差，因而砌块砌体的整体性和抗剪性能不如普通砖砌体。当砌块使用不当时，也会因砌块干缩而产生干缩裂缝。

3. 石材

石材一般采用重质天然石，如花岗岩、砂岩、石灰岩等，具有强度高、抗冻性好、耐久性好等优点。可作为承重墙体、基础、挡墙等。石材导热系数大，在寒冷及炎热地区不宜作为建筑物外墙。

石材按其加工的外形规则程度分为料石和毛石两大类。

（1）料石

料石按照其加工的外形规则程度不同又可以划分为以下几种：

细料石：通过细加工，外形规则，叠砌面凹入深度不大于10mm，截面的宽度、高度不小于200mm，且不小于长度的1/4。

半细料石：规格尺寸同细料石，叠砌面凹入深度不大于15mm。

粗料石：规格尺寸同上，叠砌面凹入深度不大于20mm。

毛料石：外形大致方正，一般不需加工或稍加工修正，高度不小于200mm，叠砌面凹入深度不大于25mm的石材。

（2）毛石

毛石是形状不规则、中部厚度不小于200mm的块石。

4. 混凝土小型空心砌块灌孔混凝土

混凝土小型空心砌块灌孔混凝土是砌块建筑灌注芯柱、孔洞的专用混凝土，是保证砌块建筑整体工作性能、抗震性能、承受局部荷载的施工配套材料。它是由水泥、集料、水以及根据需要掺入的掺和料和外加剂等组分，按一定比例采用机械搅拌后，用于浇筑混凝土小型空心砌块砌体芯柱或其他需要填实孔洞部位的混凝土。其掺和料主要采用粉煤灰，外加剂包括减水剂、早强剂、促凝剂、缓凝剂、膨胀剂等。混凝土小型空心砌块灌孔混凝土的强度划分为Cb40、Cb35、Cb30、Cb25和Cb20五个等级，相应于C40、C35、C30、C25和C20混凝土的抗压强度指标。这种混凝土的拌和物应均匀、颜色一致，且不离析、不泌水，其坍落度不宜小于180mm。

5. 块体材料的强度等级

根据标准试验方法得到的以"Mpa"表示的块体极限抗压强度按规定的评定方法确定

的强度值称为该块体的强度等级，用符号"MU"表示。

（1）砖的强度等级

砖的强度等级按试验实测值来进行划分。烧结普通砖、烧结多孔砖的强度等级有 MU30、MU25.MU20、MU15 和 MU10，硅酸盐砖强度等级分为 MU25.MU20、MU15 和 MU10，其中 MU 表示砌体中的块体（MasonryUnit），其后数字表示块体的抗压强度值，单位为 MPa。表 5-1-1 为烧结普通砖、烧结多孔砖强度等级指标。

表 5-1-1 烧结普通砖、烧结多孔砖强度等级指标（Mpa）

等级强度	抗压强度平均值	变异系数	
		抗压强度标准值 k	单块最小抗压强度值
MU30	30.0	30.0	25.0
MU25	25.0	18.0	22.0
MU20	20.0	14.0	16.0
MU15	15.0	10.0	12.0
MU10	10.0	6.5	7.5

（2）砌块的强度等级

混凝土空心砌块的强度等级是根据标准试验方法，按毛截面面积计算的极限抗压强度值来划分的。混凝土小型空心砌块的强度等级为 MU20、MU15.MU10、MU7.5 和 MU5 五个等级。

（3）石材的强度等级

由于石材的大小和规格不一，石材的强度等级通常用 3 个边长为 70mm 的立方体试块进行抗压试验，按其破坏强度的平均值而确定。石材的强度划分为 MU100、MU80、MU60、MU50、MU40、MU30 和 MU20 七个等级。试件也可采用表 5-1-2 所列边长尺寸的立方体，但考虑尺寸效应的影响，应将破坏强度的平均值乘以表内相应的换算系数，以此确定石材的强度等级。

表 5-1-2 石材强度等级的换算系数

立方体边长（mm）	200	150	100	70	50
换算系数	1.43	1.28	1.14	1	0.86

（二）砂浆

将砖、石、砌块等块体材料黏结成砌体的砂浆即砌筑砂浆，它由胶结料、细集料和水配制而成，为改善其性能，常在其中添加掺入料和外加剂。砂浆的作用是将砌体中的单个块体连成整体，并抹平块体表面，从而促使其表面均匀受力，同时填满块体间的缝隙，减少砌体的透气性，提高砌体的保温性能和抗冻性能。

1. 砂浆的种类

砌体中常用的砂浆可分为水泥砂浆、混合砂浆和石灰砂浆三种。水泥砂浆是由水泥、砂和水按一定配合比拌制而成，混合砂浆是在水泥砂浆中加入一定量的熟化石灰膏拌制成的砂浆，而石灰砂浆是用石灰与砂和水按一定配合比拌制而成的砂浆。工程上常用的砂浆为水泥砂浆和混合砂浆，临时性砌体结构砌筑时多采用石灰砂浆。对于混凝土小型空心砌块砌体，应采用由胶结料、细集料、水及根据需要掺入的掺合料及外加剂等组分，按照一定比例，采用机械搅拌的专门用于砌筑混凝土砌块的砌筑砂浆。砂浆稠度、分层度和强度均需达到规定的要求。砂浆稠度是评判砂浆施工时和易性（流动性）的主要指标，砂浆的分层度是评判砂浆施工时保水性的主要指标。为改善砂浆的和易性，可加入石灰膏、电石膏、粉煤灰及黏土膏等无机材料作为掺和料，为提高和改善砂浆的力学性能或物理性能，还可以掺入外加剂。

2. 砂浆的强度等级

砂浆的强度等级用边长为 70.7mm 的立方体试块进行抗压试验，每组为 6 块，按其破坏强度的平均值而确定。砌筑砂浆的强度等级为 M15.M10、M7.M5 和 M2.5。其中 M 表示砂浆（Mortar），其后数字表示砂浆的强度大小（单位为 Mpa）。混凝土小型空心砌块砌筑砂浆的强度等级用 Mb 标记，以区别于其他砌筑砂浆，其强度等级有 Mb30、Mb25.Mb20、Mb15.Mb10、Mb7.5 和 Mb5，其后数字同样表示砂浆的强度大小（单位为 Mpa）。当验算施工阶段砂浆尚未硬化的新砌体强度时，可按砂浆强度为零来确定其砌体强度。

3. 对砂浆的质量要求

总体而言，对砌体所用砂浆的基本要求为：

（1）在强度及抵抗风雨侵蚀方面，砂浆应符合砌体强度及建筑物耐久性要求；

（2）砂浆的可塑性应保证砂浆在砌筑时能很容易且较均匀地铺开，以提高砌体强度和施工劳动效率；

（3）砂浆应具有足够的保水性。

二、砖砌工程施工

（一）施工准备

1. 材料

（1）砖：砖的品种、强度等级必须符合设计要求，并应规格一致，用于清水墙、柱表面的砖，尚应边角整齐、色泽均匀；有出厂合格证明及试验单；中小型砌块尚应说明制造日期和强度等级。

（2）水泥：品种与标号应根据砌体部位及所处环境选择，一般宜采用425#普通硅酸盐水泥或矿渣硅酸盐水泥；应有出厂合格证明和试验报告方可使用；不同品种的水泥不得混合使用。

（3）砂：宜采用中砂，不得含有草根、细砂泥块等杂物。配制水泥砂浆或水泥混合砂浆的强度等级等于或大于M5时，砂的含泥量不应超过5%。强度等级小于M5时，砂的含泥量不应超过10%。

（4）水：应采用不含有害物质的洁净水。

（5）掺合料：石灰膏：熟化时间不少于7d，严禁使用脱水硬化的石灰膏。其他掺合料：粉煤灰等掺量应经试验室试验决定。

（6）其他材料：拉结钢筋、预埋件、木砖、防水剂（粉）等均应符合设计要求。

2. 作业条件

（1）基础砌砖前基槽或基础垫层施工均已完成，并办理好工程隐蔽验收手续；

（2）首层砖墙、柱，砌筑前，地基、基础工程均已完成并办理好工程隐蔽验收手续；

（3）砖砌烟囱砌筑前基础工程已完成，并办理好工程隐蔽验收手续；

（4）首层砖墙、柱砌筑前应完成室外回填土及室内地面垫层，安装好所有沟、井盖板，并按设计要求及标高完成水泥砂浆防潮层；

（5）砖烟囱砌筑前应完成基础外围四周的回填土施工；

（6）砌体砌筑前应做好砂浆配合比技术交底及配料的计量准备；

（7）普通砖、空心砖、灰砂砖、粉煤灰砖等在砌筑前一天应浇水湿润，湿润后普通砖、空心砖含水率宜为10%～15%；灰砂砖、粉煤灰砖含水率宜为5%～8%。不宜采用即时浇水淋砖，即时使用。各种砌体，严禁干砖砌筑。

（8）砌体施工应弹好建筑物的主要轴线及砌体的砌筑控制边线，经有关技术部门进行技术复线，检查合格，方可施工。基础砌砖应弹出基础轴线和边线、水平标高；首层砖墙、柱砌筑应弹出墙、柱边线、轴线、门窗洞口平面位置线；砖烟囱砌筑应根据烟囱的底部尺寸，以烟囱中心为圆心，在基础顶面划出筒身外圆及内衬内圆和烟囱的中心线。

（9）楼层砖墙、柱砌筑前，外脚手架已按施工要求搭设完成，并经检查验收符合安全及使用要求；

（10）砌体施工：应设置皮数杆，并根据设计要求，砖块规格和灰缝厚度在皮数杆上标明皮数及竖向构造的变化部位；

（11）根据皮数杆最下面一层砖的标高，可用拉线或水准仪进行抄平检查，如砌筑第一皮砖的水平灰缝厚度超过20mm时，应先用细石混凝土找平，严禁在砌筑砂浆中掺填砖碎或用砂浆找平，更不允许采用两侧砌砖、中间填心找平的方法。

（12）中小型砌块砌筑前一天，应将预砌中小型砌块墙与原结构相接处浇水湿润，确保砌体黏结。

（二）工艺流程

弹线→找平→立皮数杆→排砖→盘角→挂线→砌筑及放预埋件→勾缝

（三）操作工艺

1. 拌制砂浆

（1）根据试验室提供的砂浆配合比进行配料称量，水泥配料精确度控制在 ±2% 以内；砂、石灰膏和细磨生石灰粉等配料精确度控制在 ±5% 以内。

（2）砂浆应采用机械拌合，投料顺序应先投砂、水泥、掺合料后加水。拌和时间自投料完毕算起，不得少于 1.5min。

（3）砂浆应随拌随用，水泥砂浆和水泥混合砂浆必须分别在拌成后 3h 和 4h 内使用完毕。

2. 组砌方法

（1）砖墙厚度在一砖或一砖以上，可采用一顺一丁、梅花丁或三顺一丁的砌法。砖墙厚度 3/4 砖时，采用两平一侧的砌法。砖墙厚度 1/2 砖或 1/4 砖时，采用全顺砌法。弧形砖墙可采用全丁的砌法。

（2）砖墙（砖砌体）砌筑应上下错缝，内外搭砌，灰缝平直，砂浆饱满，水平灰缝厚度和竖向灰缝宽度一般为 10mm，但不应小于 8mm，也不应大于 12mm。

（3）砖墙的转角处和交接处应同时砌筑，对不能同时砌筑而又必须留置的临时间断处应砌成斜槎，实心砖墙的斜槎长度不应小于高度的 2/3。如临时间断处留斜槎确有困难时，除转角处外，也可留直槎，但必须做成阳槎，并加设拉结筋，拉结筋的数量按每 12cm 墙厚放置一条直径 6mm 的钢筋，间距沿墙高不得超过 50cm，埋入长度从墙的留槎处算起，每边均不应小于 50cm，末端应有 90° 弯钩。

注：抗震设防地区建筑物的临时间断处不得留直槎。

（4）隔墙和填充墙的顶面与上部结构接触处宜用侧砖或立砖斜砌挤紧。

（5）每层承重墙的最上一皮砖，应用丁砌层砌筑。

梁及梁垫的下面，砖砌体的阶台水平面上以及砖砌体的挑出层（挑檐，腰线等），应用丁砌层砌筑。

3. 基础砌砖

（1）排砖摺底

砌体大放脚的摺底尺寸及收退方法，必须符合设计图纸规定。如是一皮一收，里外均应砌丁砖；如是两皮一收，第一皮砌顺砖，第二皮砌丁砖。砌体大放脚的转角处，应按常规放 3/4 砖，其数量为一砖厚墙放两块，一砖半厚墙放三块，按此类推。

（2）砌筑

基础墙砌筑前，基层表面应清扫干净，洒水湿润。砌筑时如遇基础标高不一致，应从低处砌起，高度差不准超过 1.2m，基础墙砌筑应依皮数杆先砌转角及内外墙交接处的部分砖，每次砌筑高度不应超过五皮砖，然后才在其间拉线砌中间部分。砌基础墙转角及内外墙交接处砖时应随砌随靠平吊直，并应拉通线；240mm 以上墙则双面挂线，以确保墙身横平竖直。

基础大放脚砌至墙身时，要拉线检查轴线及边线，确保基础墙身位置正确；同时要对照皮数杆的砖层及标高，如出现高低差时，应以水平灰缝逐层调整，使墙体的层数与皮数杆应一致。

基础墙上承托各种穿墙管沟盖板的挑砖及其上一层压砖，均应用于砖砌筑；立缝砂浆要严密饱满、挑檐砖层面标高必须符合设计图纸要求。

基础墙上的各种预留洞及埋件以及接槎的拉结筋，应按设计、标高、位置或会审变更要求留置，避免事后凿墙打洞，影响墙体结构性能。

变形缝两边的墙角应按直角要求砌筑，先砌一边，溢出墙面的砂浆要随砌随刮除；后砌的另一边采用铺缩口灰的方法进行操作，掉入缝内的砂浆及杂物，应及时清除干净。

管沟和预留洞口的过梁，其标高、尺寸必须安装准确、底灰饱满；如坐浆超 20mm 厚时，要用细石混凝土铺垫，过梁两端的搁置长度应一致。

（3）抹防潮层：抹前应将基础墙顶面清扫干净，浇水湿润随即批抹防水砂浆，厚度一般 20mm。防水砂浆掺入防水剂分量按砌筑砂浆配合比规定和设计要求确定。

4. 砖墙砌筑

（1）排砖撂底（干摆砖样）：一般外墙第一皮砖撂底时，横墙应排丁砖，前后纵墙应排顺砖。根据已弹出的窗门洞口位置墨线，核对门窗间墙、附墙柱（垛）的长度尺寸是否符合排砖模，如若不合模数时，则要考虑好砍砖及排放的计划。所砍的砖或丁砖应排在窗口中间、附墙柱（垛）旁或其他不明显的部位。

（2）选砖：砌清水墙应选择棱角整齐、无弯曲裂纹、颜色均匀、规格基本一致的砖。对于那些焙烧过火变色，轻微变形及棱角碰损不大的砖，则应用于基础及不影响外观的内墙或混水墙上。

（3）盘角：砌墙前应先盘角，每次盘角砌筑的砖墙角度不要超过五皮，并应及时进行吊靠，如发现偏差及时修整。盘角时要仔细对照皮数杆的砖层和标高，控制好灰缝大小使水平灰缝均匀一致。每次盘角砌筑后应检查，平整和垂直完全符合要求后才可以挂线砌墙。

（4）挂线：砌筑一砖厚及以下者，采用单面挂线；砌筑一砖半厚及以上者，必须双面挂线。如果长墙几个人同时砌筑共用一条通线，中间应设几个支线点；小线要拉紧平直，每皮砖都要拉线看平，使水平缝均匀一致，平直通顺。

（5）砌砖：砌砖宜采用挤浆法，或者采用三一砌砖法。原形一砌砖法的操作要领是一铲灰、一块砖、一挤揉，并随手将挤出的砂浆刮去。操作时砖块要放平、跟线，清水墙面砌筑操作过程中，以分段控制游丁走缝和乱缝。经常进行自检，如发现有偏差，应随时纠正，严禁事后采用撞砖纠正。清水墙砌筑应随砌随划缝，划缝深度按图纸尺寸要求进行；如图纸没有明确规定时，一般深度为 6~8mm 为宜，缝深浅应一致，清扫干净。砌混水墙应随砌随将溢出砖墙面的灰迹块刮除。

（6）木砖预埋：木砖应经防腐处理，预埋时小头在外，大头在内，数量按洞口高度确定；洞口高度在 1.2m 以内者，每边放 2 块，高度在 2~3m 者每边放 4 块。预埋木砖的部位一般在洞口上下四皮砖处开始，中间均匀分布。

（7）构造柱做法：凡设有钢筋混凝土构造柱的混合结构，在预放墙身轴线及边线时同时按设计图纸施放好柱的平面尺寸，到砌筑时把构造柱的竖钢筋处理顺直，砖墙与构造柱联结处砌成马牙槎；每一马槎沿高度方向的尺寸不宜超过 300mm（即五皮砖）。砖墙与构造柱之间应沿墙高每 500mm 设置 2φ6 水平拉接钢筋联结，每边伸入墙内不应少于 1000mm。

（8）砖过梁砌筑

1）平拱式砖过梁：过梁净空跨度范围内排砖砌结时砖块排列数一定要成奇数，并两边对称，砌筑从两端起砌到拱中间合拢，正中一块挤紧；拱脚应伸入墙内不少于 3cm，并应有 1% 的起拱。灰缝应砌成楔形缝。灰缝厚度（如无楔形砖时）上部应不大于 15mm，下部应不少于 5mm。

2）弧拱式砖过梁：砌筑方法基本与平拱相同。不同之处是模板要做成弧形，灰缝砌成放射状。如用普通黏土砖砌结时，灰缝厚度上部不宜大于 25mm，下部不宜小于 5mm；如用楔形砖砌筑时，灰缝厚度以 8~10mm 为宜。

3）钢筋砖过梁：砌筑时所配置的钢筋数量、直径应按设计图纸规定，每端伸入支座的长度不得少于 240mm，端部并有 90° 弯钩埋入墙的竖缝内。过梁的第一皮砖应砌成丁砖，并在过梁截面计算高度内（不少于四皮砖或 1/4 跨度高的范围内），如设计无具体要求时应用水泥砂浆砌结密实，灰缝饱满。

（9）安装过梁、梁垫：安装过梁、梁垫时其标高、位置及型号必须符合设计图纸要求，坐浆饱满；如坐浆厚度超过 20mm 时，要用细石混凝土铺垫，过梁伸入两端处支承长度应一致。

（10）钢筋混凝土框架围护墙砌筑：对于装配式或现浇式钢筋混凝土框架围护墙砌筑时，可以不另立皮数杆，通常是选择几条有代表性的竖柱在砌墙的一面画好皮数及标高，作为砌筑操作时控制砌体皮数及砌筑高程的统一依据。砌筑过程应将混凝土预留伸出的拉结钢筋埋设在水平缝内。

（11）砖挑檐砌筑：砖挑檐要选用边角整齐、颜色均匀、规格一致的整砖砌筑。砌筑时应先从挑檐的两头靠挑檐外边每一挑层底角处拉线，依线砌结中间部分。挑层的下面一皮砖应为丁砌，挑出宽度每次应不大于 60mm，总的挑出宽度应小于墙厚。

5. 砖柱和砖垛（附墙砖柱）

（1）砖柱、砖垛组砌方法

砖柱一般砌成矩形断面，个别也有砌成圆形、多角形断面。依其断面大小不同的砌法中，应使柱面上下皮砖的竖缝相互错开 1/2 砖或 1/4 砖长，柱心无通缝，少砍砖并尽量利用 1/4 砖，严禁采用先砌四周后填心的包心砌法。砖垛的砌筑，应使垛与墙身逐皮搭接。不得分离砌筑，搭接长度至少为 1/2 砖长。根据错缝需要可加砌 3/4 砖或 1/2 砖。

（2）排砖摆底

砖柱和砖垛在砌筑之前都要进行排砖摆底。根据施工平面放线定排砖的方法及砍砖的规格，对整个砌筑过程的安排直到一个预选规划的作用。

（3）砌筑

单独的砖柱砌筑，可立固定的皮数杆，或用流动的皮数杆进行操作及检查高低的情况。当几个或多个砖柱均在一条直线上时，可先砌两头的砖柱，然后拉通线，依线砌中间部分的砖柱。砌筑时可采用三一砌砖法或满口灰法进行操作。最下面几皮砖一定要吊直（垂直），防止砖柱发生扭曲或砖缝不水平等现象。每天的砌筑高度应控制不大于 1.8m，每砌完一步架高要刮缝、清扫柱面。有网状配筋的砖柱，砌入的钢筋在柱的一侧要露出 1～2mm，以便检查，砖垛砌筑时，墙和垛要同时进行，不能先砌墙后砌垛，也不能先砌垛后砌墙，其操作要求与墙体相同。

6. 中小型砌块墙的砌筑

（1）组砌方法

采用主规格砌块为主，镶砖为次，砌块应错缝搭接。搭砌长度不得小于块高的 1/3，也不应小于 15cm。

（2）排砖摆底

根据墙体施工平面放线和设计图纸上的门、窗位置大小、层高、砌块错缝、砌块错缝、搭接的构造要求和灰缝大小，在每片砌块墙砌筑前应按预先绘制好的墙面砌块排列图把各种规格的砌块和需要镶砖的规格尺寸进行排列摆放、调整，把每片墙需要修改部分记录在立面排列图上，以供实砌使用。

（3）砌筑

中小型砌块墙体的砌筑，应从外墙的四角和内外墙的交接处砌起，然后通线全墙面铺开。砌筑时应采用满铺满坐的砌法，满铺砂浆层每边宜缩进砖边 10～15mm（避免砌块坐压砂浆流溢出墙面），用摩擦式夹具吊砌块依照立面排列图就位。待砌块就位平衡并松开夹具后好用垂球或托线板调整其垂直度，用拉线的方法检查其水平度。校正时可用人力轻微推动或用撬杠轻轻撬动砌块，重量在 150kg 以下的砌块可用木锤敲击偏高处，镶砖补缺工作与安装坐砌紧密配合进行。竖向灰缝可用上浆法或加浆法填塞饱满，随后即通线砌筑墙体的中间部分。

（4）砌块与实心墙柱相接

砌块与实心墙柱相接位置，应按设计图纸规定处理。如设计没规定时，可预留 2φ6 钢筋作拉结筋，拉结筋沿墙高的间距为 500mm，两端伸入墙（柱）内各不少于 700mm。铺浆时将钢筋理直铺平。

（5）砌块墙的加固措施

墙体的加固措施，应按设计图说明进行处理，若设计无明确规定时，当墙体高度大于 3m 时，应沿每 1.5m 高度范围通长加设 2φ8 或 3φ6 钢筋水平带。当墙体水平长度大于 8m 时，应设钢筋混凝土构造柱。构造柱间距不大于 8m，柱截面不小于 180mm×240mm，配置纵向钢筋不小于 4φ12，水平箍筋直径 φ6，间距不宜大于 250mm，柱与墙之间应沿每 500mm 高度设置 2φ8 拉结钢筋，钢筋两端伸入墙内应不小于 1000mm。构造柱和圈梁应在砌墙后才进行浇注，以加强墙体的整体稳定性。

（6）砌块与门口联结

当采用预留洞口时，将预制好埋有木砖或铁件的砌块按洞口高度在 2m 以内每边砌筑三块，洞口高度大于 2m 时砌四块，用作安装固定门框用。

当采用先立框时，门框外侧面应作防腐处理，每侧钉设三个（门高超过 2m 时四个）磨耳码，砌筑时在校正门框的位置及垂直度后用砂浆固结。

门洞上方两边过梁支座范围应用黏土砖砌筑不少于四皮的实心砖墙，以防应力集中导致出现裂纹。

（7）砌块与窗口联结：砌块与窗口的联贯方法，基本上与门口的联结方法相同。

（8）砌块墙顶支承预制构件的处理

砌块墙顶需承托预制构件梁、檩条、楼板等时，其上砌筑的黏土实心砖墙皮数高度除按设计规定外，顶上的一皮砖应用丁砖砌筑。

（9）砌块墙与梁底（或板底）的联结

当砌块墙与梁底（或板底）的联结设计图纸没有明确规定时，可分别采用如下的两种方法：

沿梁底（或板底）要浇注混凝土时，每 1.5m 水平长度预留 2φ6 拉结筋伸入墙一皮砌块高度的竖向灰缝内，与砌筑砂浆固结成整体。

当梁底（或板底）没有预留拉结筋时，在墙顶与梁底（或板底）之间，用黏结砂浆斜砌一层（60°）黏土砖上下顶紧、灌浆堵实。

7. 砖烟囱的砌筑

（1）浇砖、拌制砂浆

砖烟囱砌筑前的浇砖、拌制砂浆的方法和要求均与实心砖墙砌筑前的做法相同。

（2）组砌方法

筒壁应采用丁砖砌筑，当筒壁外径大于 5m 时，亦可采用顺砖和丁砖交替砌筑。当筒壁厚度不少于砖时，内外层可使用半截砖，但小于1/2砖的碎砖块不得使用。衬壁厚度等于或大于一砖以上者，采用顺砖和丁砖交替砌筑。等于半砖厚者，采用顺砖砌筑。

（3）排砖摆底

根据已弹出的筒身墙边线，进行试摆干砖用以调节垂直灰缝的宽度以及烟囱坡度随着高度的变化、半径收缩的情况而对使用加工砖的比例上加以调整。

（4）选砖和砖加工

砌砖的砖挑选方法及要求均与砌实心清水砖墙前的做法相同。另为了保证烟囱的砌筑质量，应按筒身高度分成若干段，计算出加工成丁砌的异型砖种类与数量，然后将标准砖按需要的尺寸对砖的一个侧面进行加工（如无预先订制异型砖才采用此法）。

（5）砌砖

1）筒壁。砌筑时先将基础杯口顶面砌体接触位置清扫干净，洒水湿润、然后均匀铺上一层砂浆，按排砖摆底确定的方案采用挤浆法进行砌筑。如垂直灰缝仍不饱满，即用加浆法进行补浆，严禁用水冲浆灌缝。砖层要求水平或稍向烟囱中心倾斜，墙体厚度应符合设计要求，每砌完一皮砖层后应检查校核一次，无误后才继续下皮砖层的砌筑。砌体上下层的环向缝应交错1/2砖，辐射缝交错1/4砖（异型砖应交错其宽度的1/2）。砌体的垂直灰缝宽度和水平灰缝厚度平均应为10mm，灰浆应饱满。对烟囱的中心线垂直度和半径，应每砌筑1.25m高度检查一次。检查的方法是用大线锤对准中心桩的中点，根据囱身所在高度用引尺检验圆周长及断面半径，用坡度托线板找斜并用水平尺找平。如圆周及断面半径稍有偏差，但未超过允许范围时，须在以后砌筑中逐皮纠正。当砌至烟道洞口拱时，要再作全面一次检查，如有偏差应在砌筑拱旋前校正。当烟囱压顶砖砌完后，即以规定配合比的水泥砂浆抹平压光。烟囱外墙面的勾缝按具体情况确定，如用外脚手架施工，应每砌三、四皮砖随砌随勾。通常外墙应勾成斜缝，以避免雨水掺入砖缝。内墙面灰缝均应随砌随刮平。

2）内衬的砌筑

多采用主体分段作业法。若内衬与筒身属同类型砖时，一般与筒身同时进行砌筑。若属不同类型砖或高大砖烟囱采用内竖井架施工时，也可在筒身完成后再砌筑内衬。顺砖砌筑时交错搭接1/2砖，丁砌砌筑时交错搭接1/4砖。灰缝厚度用黏土砖者不超过8mm，用耐火砖不超过4mm。操作时囱身与内衬的空气隔热层内不允许落入砂浆或砖屑。内衬砌筑应按设计图纸规定尺寸，与筒壁内挑出的内挑檐接合处留有适当缝隙。如设计规定须填充隔热材料的，应在内衬每砌4～5皮砖即填充一次，并轻轻捣实。对于从内衬挑出伸入隔热层内的减荷带及在水平方向按圆周一定弧长上下交错设置的与筒壁相顶接处应留1cm宽的温度缝，以保持内衬稳定的砖块，应按设计规定进行留设。砌筑耐火砖的内衬时，要用小木锤敲打砖块，水平和垂直灰缝要保证密实，以微烟不进缝为准。内衬砌筑完毕后，通常刷一度黄黏土浆。如有头缝、长缝不密之处，应加嵌密。烟囱底部铺砖砌筑，应在内衬砌筑完毕并拆除脚手架后进行。底砖铺设时，应使每皮砖的灰缝上下错开。

3）烟道口

内衬砌到烟道口时，应与烟道两侧的耳墙同时交叉砌筑。当砌至拱脚标高时，根据中心线及标高把预先做好的拱胎模板安上支顶固定。砌筑时从两侧向中心砌筑至砖拱顶合拢，拱顶通常用楔形耐火砖砌。一砖厚的拱顶，按砖长立砌，砖与砖之间均匀交错搭接1/4砖，灰缝控制在2～3mm内。以不大于4mm为宜。当拱顶厚为二砖时，则应在砌完第一层拱砖后，用M5强度等级的水泥砂浆找平，再砌上层拱砖。烟道与锅炉房及筒壁接合处按设计图纸要求留沉降缝，缝隙用石棉绳或石棉板堵塞，最后进行烟道底面的铺砖。

4）附设铁件安置

砖烟囱的铁爬梯、铁围栏及其他埋件，应先涂刷红丹或氧化铁红防锈漆等防锈处理后在筒身砌筑过程中安装，其埋设深度应不小于一砖。烟囱壁上的环向钢箍安装应成水平并紧箍，钢箍的接头应沿烟囱圆周均匀分布，接口螺栓要旋紧。避雷针安装完成后，应用电阻测定器检查电阻、其数值应符合设计要求。

（四）质量标准

1. 主控项目

（1）砖的品种、强度等级必须符合设计要求。

（2）砂浆品种符合设计要求，强度必须符合下列规定：

1）同品种、同强度等级砂浆各组试块的平均强度不小于 $1.0 f m \cdot k$；

2）任意一组试块的强度不小于 $0.75 f m \cdot k$。

（3）砌体砂浆必须密实饱满，实心砖砌体水平灰缝的砂浆饱满度不少于80%。

（4）外墙的转角处严禁留直槎，其他临时间断处，留槎的做法必须符合施工规范的规定。

2. 一般项目

（1）砖砌体上下错缝应符合以下规定：

合格：砖柱、垛无包心砌法；窗间墙及清水墙面无通缝；混水墙每间（处）无4皮砖的通缝。

（2）砖砌体接槎应符合以下规定：

合格：接槎处灰浆密实，缝、砖平直，每处接槎部位水平缝厚度小于5mm，或透亮的缺陷不超过5个。

（3）预埋拉结筋应符合以下规定：

合格：数量、长度均符合设计要求和施工规范规定，留置间距偏差不超过1皮砖。

（4）留置构造柱应符合以下规定：

合格：留置位置正确，大马牙槎先退后进，上下顺直，残留砂浆清理干净。

允许偏差：砖砌体尺寸和位置的允许偏差见表。

（五）施工注意事项

1. 基础砌砖

（1）砌筑砂浆不符合要求，造成原因：

1）砂浆配合比不准确，水泥、砂和掺合料没有过秤，计量不准确。

2）砂浆搅拌不均匀，搅拌时间没有达到规定的要求。

（2）基础墙身位移过大。造成原因：大放脚两边收退不均匀，砌至基础墙身时没拉准线校正墙的轴线和边线，或砌筑时没有保持墙身的垂直度。

（3）墙面不平，造成原因：砌筑墙体时，没按有关规定通准线，或通准线挂线不准确。溢出墙面的灰浆没有随砌随刮平。

（4）水平灰缝高低不一致。造成原因：盘角（执角）时灰缝厚度不一致、每皮砖没有与皮数杆对平。通准线时张拉不紧不平直。砌筑时没有左右理顺，留槎处衔接高低不平。

（5）皮数杆不平。造成原因：抄平（引测）放线时没认真细致，承托皮数杆的木桩不牢固或被碰撞松动；皮数杆竖立完成后，应进行水平标高的复检。

（6）埋入砌体中的拉结钢筋不符合要求。造成原因：埋入位置不正确，不平直；其外露部分在施工过程中受过碰撞或弯折而没有检查修直。

（7）留槎不符合要求。造成原因：砌体转角和交接处不能同时砌筑而留槎时没按有关规定砌成梯级斜槎。

（8）高低台基础砖搭接不合理。造成原因：砌筑高低台基础时，没有从低处向高处砌筑，高低台相接处没有砌成踏步式相接，操作时应从低处砌起，由高台向低台搭接，搭接长度不应小于基础扩大部分的高度。

（9）砌体临时间断处的高度差过大。造成原因：砌体临时间断处的高度差，砌筑时没按照有关规定控制在一步脚手架的高度范围之内。

2. 砖墙砌筑

（1）墙身轴线位移。造成原因：在砌筑操作过程中，没有检查校核砌体的轴线与边线的关系，以及挂准线过长而未能达到平直通光一致的要求。

（2）水平灰缝厚薄不均。造成原因：在立皮数杆（或框架柱上画水平线）标高不一致，砌砖盘角的时候每道灰缝控制不均匀，砌砖准线没拉紧。

（3）同一砖层的标高差一皮砖的厚度。造成原因：砌筑前由于基础顶面或楼板面标高偏差过大而没有找平理顺，皮数杆不能与砖层吻合；在砌筑时，没有按皮数杆控制砖的皮数。

（4）混水墙面粗糙。造成原因：砌筑时半头砖集中使用造成通缝，一砖厚墙背面平直度偏差较大；溢出墙面的灰渍（舌头灰）未刮平顺。

（5）清水墙面勾缝污染。造成原因：勾缝砂浆不平，深浅不一致，开裂脱落；堵脚手架眼用砖与原墙面砖色泽不一致，补缝砂浆不饱满；采用砂浆勾缝时，被水泥砂浆弄脏墙面或墙面过湿，扫缝时墙面被砂浆粘污。

（6）构造柱未按规范砌筑。造成原因：构造柱两侧砖墙没砌成马牙槎，没设置好拉结筋及从柱脚开始先退后进；当齿深120mm时上口一皮没按进60mm后再上一皮才进120mm；落入构造柱内的地灰、砖渣杂物没清理干净。

（7）拱式过梁立砖不对称。造成原因：砌筑平拱前没有在底板侧面划出砖的块数及灰缝的宽度，砌筑操作时没有从拱两边同时往中间砌筑。

（8）墙体顶部与梁、板底连接处出现裂缝。造成原因：砌筑时墙体顶部与梁板底连接处没有用侧砖或立砖斜砌（60°）顶贴挤紧。

3. 砖烟囱砌筑

（1）囱身竖向开裂。造成原因：由于砖和水泥的材料质量不符合要求、施工过程中砖未浸水或砂浆饱满度不好、内衬与筒身之间隔气层被残渣填塞等引起，但主要的还是烘烤温度控制不严造成材料温度膨胀差异所致。

（2）竖向砖缝过大。造成原因：没有按规定对砖进行楔形加工，或采用不符合质量标准的砖砌筑烟囱或采用人工加工楔形砖规格不符合使用要求而造成竖向砖缝过大。

4. 中小型砌块墙砌筑

（1）墙体强度降低出现裂纹。造成原因：砌筑时将已断裂或零星碎砌块夹杂混砌在墙中或镶砖组砌不合理。

（2）砂浆黏结不牢。造成原因：砌筑砂浆没有按照配合比拌制，强度达不到设计要求，或砌块过于干燥，砌筑前没有洒水湿润。

（3）灰缝厚度、宽度不均。造成原因：砌筑时没挂准线或挂线过长而没收紧，造成水平灰缝厚度不均。砌前没进行排砖试摆，或试摆后在砌筑过程没有经常检查上下皮砖层错缝一致，导致竖向灰缝宽度相差较大。

（4）门窗洞口构造不合理。造成原因：过梁两端压接部位没按规定砌四皮实心黏土砖或放混凝土垫块；门洞顶没加设钢筋混凝土过梁。

（5）砌体不稳定。造成原因：砌筑时排块及局部做法没按规定排列，构造不合理。拉结钢筋规格、长度没按设计规定位置埋设，墙顶与天花及梁、板底连接不好。

（六）成品保护

1. 基础砌砖

（1）基础墙砌结完成后，应加强对轴线桩、水平桩的保护。未经有关人员复查，不得碰撞。

（2）外露或预埋在基础里的各种管线及其他预埋件，应注意保护，不得碰撞损坏。

（3）应加强对抗震构造柱预留钢筋和拉结钢筋的保护，不得随意碰撞或弯折。

（4）基础墙体两侧回填土方时，应同时进行；否则未能回填土方的一侧应加支撑加固。所有预留管沟墙内应加垫板支撑牢固，防止回填土将墙挤歪挤裂。回填土应分层夯实，严禁向坑槽内采用大量灌水的"水夯法"。

（5）回填土方运输时，应先将墙顶铺盖保护好，不得在墙上推车，以免损坏墙顶或碰撞墙体。

2. 砖墙砌筑

（1）墙体的拉结钢筋、抗震构造柱钢筋（框架结构柱预留锚固筋）。大模板混凝土墙体与砌砖墙体交接处拉结钢筋及各种预埋件、各种预埋管线等，均应注意保护，严禁任意拆改或损坏。

（2）砂浆稠度应适宜，砌砖操作时应防止砂浆流淌弄脏墙面。

（3）在吊放操作平台脚手架或安装模板时，应防止碰撞已砌结完成后墙体。

（4）砖过梁底部的模板，应在灰缝砂浆强度达到设计规定的50%以上时，方可拆除。

（5）砖筒拱在养护期内应防止冲击和振动；砖筒拱模板应在保证横向推力不产生有害影响的条件下，方可拆除。

（6）预留有脚手眼的墙面，应用与原墙相同规格和色泽的砖嵌砌严密，不留痕迹。

（7）在垂直运输上落井架进料口周围，应用塑料编织布或木板等遮盖，保持墙面洁净。

（8）尚未安装楼板或屋面的墙和柱，当可能遇大风时，应采取临时支撑加固措施。以确保墙和柱的稳定性。雨季施工收工时，应覆盖砌体，以防雨水冲刷。

3. 砖烟囱砌筑

（1）筒壁砌砖操作时，应防止砂浆流溢弄污外壁墙面，并防止砂浆掉入隔热层中造成堵塞。外壁上按设计图纸要求所留的散热通风小孔应保持畅通，防止砂浆阻塞。

（2）筒壁每天砌筑高度不能超过1.8m，以免因砂浆未硬化而造成烟囱发生变形产生偏差。

（3）当筒壁配置钢筋时，其数量、规格、位置、接头和锚固方法等应按图施工加以妥善保护。

（4）砌筑过程中经检查发现筒壁出现偏差时，返工不能采用碰撞或撬松砖砌体的调整方法，以免影响砌体的整体性；安装操作平台或脚手架时应防止碰撞砌体。

（5）雨期施工收工时，应覆盖砌体，以防雨水冲刷；当可能遇台风时，应采取临时支撑加固措施，以确保筒体的稳定性。

（6）因安装临时施工设备预留的脚手眼应用与原墙体相同规格和色泽的砖块嵌砌严密，与原砌体一致。

（7）筒体的附属设施如外爬梯及围栏、信号灯平台、环向钢箍及避雷针等埋件安装后应做好保护措施确保完好。

4. 中小型砌块墙的砌筑

（1）砌块在装运过程中，应轻装轻放，计算好各房间及各层间数量按规格分别堆放整齐。

（2）搭拆脚手架时应防止碰坏已砌筑完成的墙体和门窗洞口棱角。

（3）墙体砌筑完成后，如需增加留孔洞或槽坑时，开凿后墙体有松动或砌块不完整时，必须立即进行处理补强。

（4）落地砂浆及镶砖砍落砖碎应及时清除，保持施工场地清净，以免影响下道工序施工。

（5）门框安装后应将门口框两侧从地（楼）面起300～600mm高度范围钉临时铁皮保护，防止推车子时撞损。

三、毛石砌体施工

（一）施工准备

1. 技术准备及要求

（1）施工前应认真熟悉施工图纸、设计变更情况，了解设计意图，掌握砌体的长度、宽度、高度等几何尺寸，以及砌体的轴线位置、标高、构造形式等内容情况。

（2）组织施工作业班组人员进行技术、质量、安全、环境交底。

2. 材料准备及要求

（1）石料：其品种、规格、颜色必须符合设计要求和有关施工规范的规定，应有出厂合格证。

（2）砂：宜用粗、中砂。用5mm孔径筛过筛，配制小于M5的砂浆，砂的含泥量不得超过10%；等于或大于M5的砂浆，砂的含泥量不得超过5%，不得含有草根等杂物。

（3）水泥：一般采用32.5级矿渣硅酸盐水泥和普通硅酸盐水泥。有出厂证明及复试单。如出厂日期超过三个月，应按复验结果使用。

（4）水：应用自来水或不含有害物质的洁净水。

（5）其它材料：拉结筋，预埋件应做好防腐处理。

3. 主要机具

应备有搅拌机、筛子、铁锹、小手锤、大铲、托线板、线坠、水平尺、钢卷尺、小白线、半截大桶、扫帚、工具袋、手推车、皮数杆等。

4. 作业条件

（1）基础、垫层已施工完毕，并已办完隐检手续。

（2）基础、垫层表面已弹好轴线及墙身线，立好皮数杆，其间距约15mm为宜。转角处应设皮数杆，皮数杆上应注明砌筑皮数及砌筑高度等。

（3）砌筑前拉线检查基础、垫层表面，标高尺寸是否符合设计要求，如第一皮水平灰缝厚度超过20mm时，应用细石混凝土找平，不得用砂浆掺石子代替。

（4）砂浆配合比由试验室确定，计量设备经检验，砂浆试模已经备好。

（二）施工工艺

1. 砌筑前

应对弹好的线进行复查，位置、尺寸应符合设计要求，根据进场石料的规格、尺寸、颜色进行试排、撂底，确定组砌方法。

2. 砂浆拌制

（1）砂浆配合比应用重量比，水泥计量精度在 ±2% 以内。

（2）宜采用机械搅拌，投料顺序为砂子→水泥→掺合料→水。搅拌时间不少于90s。

（3）应随拌随用，拌制后应在3h内使用完毕，如气温超过30℃，应在2h内用完，严禁用过夜砂浆。

（4）砂浆试块：基础按一个楼层或250m³砌体每台搅拌机做一组试块（每组6块），如材料配合比有变更时，还应做试块。

3. 毛石砌筑

（1）组砌方法应正确，毛石砌体应上、下错缝，内外搭砌，毛石基础第一皮应用丁砌。坐浆砌筑，踏步形基础，上级毛石应压下级毛石至少三分之一。

（2）毛石墙长度超过设计规定时，应按设计要求设置变形缝，毛石墙分段砌筑时，其砌筑高低差不得超过1.2m。

4. 冬雨期施工

（1）当预计连续10d内日平均气温低于5℃或当日最低气温低于-3℃时，即进入冬期施工。

（2）冬期施工宜采用普通硅酸盐水泥，按冬施方案并对水、砂进行加热，砂浆使用时的温度应在+5℃以上。

（3）雨季施工应防止雨水冲刷墙体、下班收工时应覆盖砌体上表面，每天砌筑高度不宜超过1.2m。

（三）质量标准

1. 主控项目

（1）石材及砂浆强度等级必须符合设计要求。

抽检数量：同一产地的石材至少应抽检一组。

检验方法：毛石检查产品质量证明书，石材、砂浆检查试块试验报告。

（2）砂浆饱满度不应小于80%。

抽检数量：每步架抽查不应少于1处。

检验方法：观察检查。

（3）砂浆的品种、强度必须符合设计要求，同强度等级砂浆必须符合下列规定：

1）各组试块的平均强度不小于设计强度值。

2）任意一组试块时强度不小于 0.75 设计强度值。当仅有一组试块时其强度不小于设计强度值。

转角处必须同时砌筑，交接处不能同时砌筑时必须留斜槎。

毛石砌体的轴线位置及垂直度允许偏差应符合表的规定。

毛石砌体的轴线位置及垂直度允许偏差

项次	项目		允许偏差（mm） 毛石砌体		检验方法
			基础	墙	
1	轴线位置		20	15	用经纬仪和尺检查，或用其他测量仪器检查
2	墙面垂直度	每层	—	20	用经纬仪、吊线和尺检查或用其他测量仪器检查
		全高	—	30	

抽检数量：外墙，按楼层（或 4m 高以内）每 20m 抽查 1 处，每处 3 延长米，但不应少于 3 处；内墙，按有代表性的自然间抽查 10%，但不应少于 3 间，每间不应少于 2 处，柱子不应少于 5 根。

2. 基本规定

（1）石砌体采用的石材应质地坚实，无风化剥落和裂纹。用于清水墙、柱表面的石材，尚应色泽均匀。

（2）石材表面的泥垢、水锈等杂质，砌筑前应清除干净。

（3）石砌体的灰缝厚度：毛石砌体不宜大于 20mm；

（4）砂浆初凝后，如移动已砌筑的石块，应将原砂浆清理干净，重新铺浆砌筑。

（5）砌筑毛石基础的第一皮石块应座浆，并将大面向下；

（6）毛石砌体的第一皮及转角处、交接处和洞口处，应用较大的平毛石砌筑。每个楼层（包括基础）砌体的最上一皮，宜选用较大的毛石砌筑。

3. 一般项目

（1）石砌体的一般尺寸允许偏差应符合表规定。

抽检数量：外墙，按楼层（4m 高以内）每 20m 抽查 1 处，每处 3 延长米，但不应少于 3 处；内墙，按有代表性的自然间抽查 10%，但不应少于 3 间，每间不应少于 2 处，柱子不应少于 5 根。

毛石砌体的一般尺寸允许偏差

允许偏差（mm）

项次	项目		毛石砌体	检验方法
1	基础和墙砌体顶面标高		±25 ±15	用水准仪和尺检查
2	砌体厚度		+30 / +20 -10	用尺检查
3	表面平整度	清水墙、柱	— 20	用两直尺垂直于灰缝拉2m线和尺检查
		混水墙、柱	— 20	
4	清水墙水平灰缝平直度		— —	拉10m线和尺检查

（2）石砌体的组砌形式应符合下列规定：

1）内外搭砌，上下错缝，拉结石、丁砌石交错设置，，毛石放置平稳，灰缝均匀一致，灰缝厚度符合施工规范的规定。

2）毛石墙拉结石每0.7m²墙面不应少于1块。

检查数量：外墙，按楼层（或4m高以内）每20m抽查1处，每处3延长米，但不应少于3处；内墙，按有代表性的自然间抽查10%，但不应少于3间。

检验方法：观察检查。

（四）成品保护

1. 毛石墙砌筑完后，未经有关人员检查验收，轴线桩、水准桩、皮数杆应加以保护，不得碰坏、拆除。

2. 砌体中埋没的构造筋应注意保护，不得随意踩倒弯折。

（五）安全、环境、职业健康保障措施

1. 安全措施

（1）操作人员应戴安全帽和帆布手套；搬运石块应检查搬运工具及绳索是否牢固，抬石应用双绳。

（2）墙身砌体高度超过地坪1.2m以上时，应搭脚手架。砌石用的脚手架和防护栏板要牢固可靠，需经检查验收方可使用，施工中严禁随意拆除或改动；砌筑时，脚手架上堆石不宜过多，应随砌随运。

(3)用锤敲打石料时,应先检查铁锤有无破裂、锤柄是否牢固;打锤或修改石材时要注意打凿方向,避免飞石伤人。严禁在墙顶或脚手架上修改石料,以免震动墙体影响质量或片石掉下伤人。

(4)不准徒手移动上墙的石块,以免压破手指或擦伤手指;不准免强在超过胸部以上的墙体上砌筑毛石,以免将墙体碰撞倒或上石时失手掉下造成安全事故。

(5)石块不得往下投掷,运石上下时,脚手板要钉装牢固,并打防滑条及扶手栏杆。

2.环保措施

石屑、石块及其它施工垃圾应在场内集中堆放,不准随地乱倒。

四、中小型砌块施工

中、小型砌块墙系采用中、小型砌块与水泥砂浆或水泥混合砂浆砌成。中型砌块墙种类有粉煤灰硅酸盐砌块墙、煤矸石空心砌块墙、混凝土空心砌块墙等。砌块墙具有大量利用工业废料,节约水泥;生产工艺简单,施工方便,工效高,施工速度快,适应性强,造价低等优点。本工艺标准适用于建造3~6层住宅楼、学校及工业厂房围护墙和仓库等工程,小型砌块墙多用小型空心混凝土砌块,具有规格小,重量轻;砌筑不用吊装机具,操作方便,劳动强度低,可提高劳动生产率,加快施工速度,降低工程和施工成本等优点。适用于建造一般七层以下民用房屋及工业建筑仓库、围护墙等工程。

(一)材料要求

1.中、小型砌块

中型砌块尺寸一般为 880mm×380mm、430mm×200mm、240mm;小型混凝土空心砌块主规格尺寸一般为 390mm×190mm×190mm。小砌块的产品龄期不应小于28d。规格、尺寸、质量、强度等级应符合设计和规范的要求。

2.水泥

采用强度等级为 32.5Mpa 的普通硅酸盐水泥或矿渣酸盐水泥,要求无受潮结块,且在有效期内,有产品出厂合格证,并检验合格。

3.砂

用中砂,对水泥砂浆和强度等级不小于 M5 的水泥混合砂浆,其砂子的含泥量不应超过 5%;对强度等级小于 M5 的水泥混合砂浆,其砂子的含泥量不应超过 10%。

4.其他材料

石灰膏、粉煤灰和磨细生石灰等。石灰膏的熟化时间不少于7d,不得采用脱水硬化的石灰膏。凡在砂浆中掺有外加剂的,应经检验和试配符合要求后方可使用。

5.砌筑砂浆强度等级

必须符合设计要求,砌筑砂浆配合比比例按照《砌体工程施工质量验收规范》规定为重量比。

（二）主要机具设备

1. 机械设备

砂浆搅拌机、筛砂机、淋灰机以及塔式起重机、门式提升架、卷扬机等。

2. 主要工具

铁铲、瓦刀、小撬棍、木锤、钢卷尺、吊线板、线坠、灰槽、灰桶、手推车以及砌块夹具等。

（三）作业条件

1. 对进场的砌块型号、规格、数量和堆放位置、次序等应进行检查、验收，并满足施工要求。砌块应按不同规格和强度等级整齐堆放。堆垛上应设标志。堆放场应平整，并做好排水。

2. 所需机具设备已准备就绪，并已安装就位。

3. 结合砌体和砌块的特点、设计图纸要求及现场具体条件，编制施工方案，绘好组砌排列图，选定砌块吊装路线、吊装次序和组砌方法。

4. 砌块砌筑施工前，必须做好上道工序的隐、预检工作，办好上、下道工序交接手续，并经验收合格。

5. 砌块基层已经清扫干净，并在基层上弹出纵横墙轴线、边线、门窗洞口位置线及其他尺寸线。如使用中型空心砌块时，在基层上画好第一层砌块分块线，并经验线符合设计图纸要求，预检合格。

6. 立好皮数杆，复核基层标高。根据砌块尺寸和灰缝厚度计算皮数和排数，以保证砌体尺寸符合设计要求。皮数杆的间距以 15～20m 为宜，并办好预检手续。

7. 砌块表面的污物、泥土及孔洞底部的毛边均清除干净。

8. 做好搭设操作脚手架的准备工作。

9. 用电设备必须采用三相五线制，同时达到三级保护。搅拌污水应设置沉淀池等措施，以防止废水污染。

10. 砂浆运输必须做好防遗洒措施，防止砂浆污染现场。

（四）操作工艺

1. 中型砌块

（1）砌体施工前，应将基层清理干净，按设计标高进行找平，并根据施工图及砌体排列组砌图放出墙体的轴线、外边线、洞口线以及第一皮砌块的分块线，放线结束后应及时组织验线工作，并经监理单位复核无误后，方可施工。

（2）先按平、立面图划分施工段，以一个或两个单元为一个施工段，进行分层流水施工。

砌筑顺序一般按立面图采取先头角后墙身，先远后近，先外后里，先下后上。

（3）砂浆稠度以5~7cm为宜；砌筑前铺灰长度不超过1500mm。

（4）砌筑就位应先远后近、先下后上、先外后内；每层开始时，应从转角处或定位处开始顺序堆进，内外墙应同时砌筑，纵横墙应交叉搭接。砌块应底面朝上砌筑（反砌）。墙体的水平灰缝厚度和竖向灰缝厚度宜为10mm，但不应大于12mm，也不应小于8mm。

（5）砌块吊放就位应缓慢垂直平稳下落，避免冲击已砌墙体，用人力推动或用小撬棍、瓦刀轻微撬动就位。每一砌块就位后应拉线，用靠尺板校正水平和垂直度，如有偏差，用木锤轻轻敲击纠正。

（6）相邻砌块安装校正后，应立即用工具或夹板夹住进行灌缝灌浆，缝宽应在30mm以内，用C20细石混凝土灌实。缝宽超过130mm时，用砖镶砌。

（7）砌块灌缝后，随即进行勾缝，勾缝深为3~5mm。砌块校正后如需移动位置，应将砌块吊起清除原有砂浆，重新铺灰和安装。

（8）砌筑时，相邻施工段及临时间断处的高差，不应超过一个楼层，并应留阶梯形斜槎。

（9）空心砌块孔内插筋应自基础伸出，插筋连接应保证搭接长度，并应随砌在孔内灌混凝土，灌孔高度比砌块顶面低10cm左右。

（10）墙上预留孔洞、管道、沟槽和预埋件，应在砌筑时预留或预埋，空心砌块砌体不得打凿通长沟槽。

（11）预制板、梁、圈梁安装时，应坐浆垫平。每天砌筑高度不应超过1.5m或上步脚手架高度。每砌完一层楼后，应校核墙体的轴线尺寸和标高，使误差在允许范围以内。

2. 小型砌块

（1）小型砌块的施工程序是：找平→放线→立皮数杆→排列砌块→拉线砌筑→勾缝。

（2）砌筑前应在基础面或楼面上定出各层的轴线位置和标高，并用1:2水泥砂浆或C15级细石混凝土找平。

（3）砌筑前应根据工程设计施工图，结合砌块的品种、规格、尺寸和灰缝厚度计算皮数和排数。砌块应逐块铺砌，一般采用满铺、满挤法，先用瓦刀在砌块底面的周肋上满披灰浆，铺灰不得超过800mm，再在待砌的砌块端头满披头灰，然后双手搬运砌块，进行挤浆砌筑。

（4）砌筑应尽量采用主规格砌块，用反砌法（底面朝上）砌，从转角或定位处开始向一侧进行。内外墙同时砌筑，纵横墙交错搭接。上下皮砌块要求对孔、错缝搭砌，个别不能对孔时，允许错孔砌筑，但搭接长度不应小于90mm。如无法保证搭接长度，应在灰缝中设置构造筋或加网片拉结。承重墙体严禁使用断裂小砌块。

（5）砌体灰缝应横平竖直，砂浆严实。水平灰缝砂浆饱满度不得低于90%，竖直灰缝不低于80%，不得用水冲浆灌缝。水平和垂直灰缝的宽度应为8～12mm。

（6）墙体转角处和纵横墙交接处应同时砌筑。墙体临时间断处应砌成斜槎，斜槎长度不应小于高度的2/3（一般按一步脚手架高度控制）。如必须留槎应设 φ4mm 钢筋网片拉结。

（7）预制梁、板安装应坐浆垫平。墙上预留孔洞、管道、沟槽和预埋件，应在砌筑时预留或预埋，不得在砌好的墙体上凿洞。

（8）如需移动已砌好的砌块，应清除原有砂浆，重铺新砂浆砌筑。

（9）在墙体下列部位，空心砌块应用混凝土填实：底层室内地面以下砌体；楼板支承处如无圈梁时，板下一皮砌块；次梁支承处（宽不小于400mm，高不小于190mm 门窗边的一个孔）等。

（10）对五、六层房屋承重墙，常在四大角及外墙转角处用混凝土填实三个孔洞以构成芯柱。在砌完一个楼层高度后连续分层浇灌，混凝土坍落度应不小于5cm，每浇灌40～50cm高度应捣实一次。

（11）砌块每日砌筑高度应控制在1.5m或一步脚手架高度；每砌完一楼层后，应校核墙体的轴线尺寸和标高。在允许范围内的轴线及标高的偏差，应在楼板面上予以纠正。

（12）圈梁浇筑应先在底一皮混凝土小砌块上用C10混凝土封底，然后再砌墙工作底模，并在砌块竖缝中预留孔洞穿入螺栓及夹具，固定圈梁模板，绑钢筋，浇筑混凝土，拆模后立即用混凝土嵌填孔洞。

（13）钢门、窗安装前，先将弯成Y或U形的钢筋埋入混凝土小型砌块墙体的灰缝中，每个门、窗洞的一侧设置二只，安装门窗时用电焊固定。木门窗安装，事先在混凝土小砌块190mm×190mm×190mm内预埋浸沥青的木砖，四周用C15细石混凝土填实，砌筑时将砌块侧砌在门窗洞的两侧，一般门洞用六块木砖，每个窗洞用四块木砖。

（14）在砌筑过程中，应采用"原浆随砌随收缝法"，先勾水平缝，后勾竖向缝。灰缝与砌块面要平整密实，不得再现丢缝、瞎缝、开裂和黏结不牢等现象，以避免墙面渗水和开裂，以利于墙面粉刷和装饰。

（五）质量标准

1. 主控项目

（1）砌块的型号、规格、强度等级必须符合设计要求和施工规范的规定。

（2）砂浆的品种必须符合设计要求，强度必须符合下列规定：

1）同强度等级砂浆各组试块的平均强度不小于 f_m, k；

2）任意一组试块的强度不小于 $0.75 f_m, k$。

（2）转角处砌块必须同时砌筑，交接处不能同时砌筑时必须留斜槎。

（3）砌块表面方正完整，无损坏开裂现象；灰缝饱满，灰缝厚度控制在8～12mm内，无松动脱落现象。

2. 一般项目

(1) 墙面应垂直平整,组砌方法应正确。

(2) 允许偏差项目

中型和小型砌块墙体尺寸、位置的允许偏差及检验方法分别见下表。

中型砌块砌体允许偏差和检验方法

项次	项目		允许偏差(mm)	检验方法
1	轴线位置		10	用经纬仪或拉线和尺量检查
2	基础或楼面标高		+15	用水准仪和尺量检查
3	垂直高	每层	5	用经纬仪或吊线和尺量检查
		全高 10m 以下	10	
		全高 10m 以上	20	
4	表面平整		10	用 2m 靠尺和楔形塞尺检查
5	水平灰缝平直度	清水墙	7	灰缝上口处用 10cm 长的线拉直并用尺检查
		混水墙	10	
6	水平灰缝厚度		+10、-5	与皮数杆比较,用尺量检查
7	垂直缝宽度		+10、-5 > 30mm(用细石混凝土)	用尺量检查
8	门窗洞口高、宽度(后塞框)		+5、-5	用尺量检查
9	清水墙面游丁走缝		20	用吊线和尺量检查

空心小型砌块砌体的允许偏差和检验方法

项次	项目		允许偏差(mm)	检验方法
1	轴线位移		10	尺量检查
2	基础顶面或楼面标高		+15	用水准仪和尺量检查
3	垂直高	每层	5	用经纬仪或吊线和尺量检查
		全高 10m 以下	10	
		全高 10m 以上	20	
4	表面平整	清水墙、柱	5	用 2m 靠尺和楔形塞尺检查
		混水墙、柱	8	

续表

项次	项目		允许偏差（mm）	检验方法
5	水平灰缝平直度	清水墙 10m 以内	7	用拉线和尺检查
		混水墙 10m 以内	10	
6	水平灰缝厚度（连续 5 皮砌块累计数）		+10	用尺量检查
7	垂直缝宽度（连续 5 皮砌块累计数），包括凹面深度		+15	用尺量检查
8	门窗洞口（后塞框）	宽度	+5	用尺量检查
		高度	+5	

（六）施工注意事项

1. 砌块墙砌筑前，应绘好砌块排列图，选好吊装机具和吊装路线，确定吊装程序，编制工艺卡，这是保证施工顺利进行，避免施工混乱的重要环节。

2. 砌块的堆放应按吊装或砌筑顺序，分型号、规格垂直整齐堆放，并布置在起重设备的回转半径范围内，堆入数量应保证在半个楼层以上配套使用，以减少二次搬运，提高工效，避免停工待料。砌体中的芯柱是用以加强砌块建筑的整体性和结构延性，增强砌体刚度，抵抗水平荷载和地震力的重要措施，必须按设计位置设置，在孔中插入钢筋并浇筑混凝土，不得遗漏，不能马虎，应严格保证芯柱的混凝土质量，同时做好隐蔽验收的检查记录。

3. 墙体内应尺量不设脚手眼，如必须设置时，可用 190mm×190mm×190mm 砌块侧砌，利用其孔洞作为脚手眼，砌全完工后，应用 C15 混凝土将脚手眼填实。

4. 对墙体表面的平整度和垂直度、灰缝的均匀程度等，应随时检查并校正所发现的偏差。在砌完每一层楼后，应校核墙体的轴线尺寸和标高。在允许范围内的轴线以及标高的偏差，可在楼板面上予以校正。

（七）成品保护

1. 砌块运输和堆放时，应轻吊轻放，中型密实砌块堆放高度不得超过 3m，空心小型砌块不得超过 1.6m，堆垛之间应保持适当的通道。

2. 砌块和楼板吊装就位时，避免冲击已完墙体。

3. 水电和室内设备安装时，应注意保护墙体，不得随意凿洞。

4. 雨天施工应有防雨措施，不得使用湿砌块。雨后施工时，应复核墙体的垂直度。

（八）安全环保措施

1. 安全措施

（1）吊装砌块夹具应经试验检查，应安全、灵活、可靠，方可使用。

（2）砌块在楼面卸下堆入时，严禁倾卸及撞击楼板。在楼板上堆入砌块，宜分散堆入，不得超过楼板的设计允许承载能力。

（3）砌块安装时，不得站在墙上指挥和操作，不准随意在墙上设置受力支撑或拉缆绳等。

（4）操作过程中，对稳定性较差的窗间墙、独立柱等部分，应适当加设临时支撑。

（5）当楼层砌到标高时，应即吊装楼盖，使墙全保持稳定。未安装楼板的墙体，在大风天时，宜加设适当临时支撑，保证其稳定性。

（6）工人操作应戴安全帽，高空作业应系安全带；采用内脚手施工时，在二层楼面以上，应在房屋外墙四周设安全绳网，交随施工高度逐层提升，屋面工程未完不得拆除。

2. 环保措施

（1）粉尘的排放控制：现场保持清洁，经常洒水清扫，对砂、水泥等材料进行堆放和下料控制，防止出现扬尘现象。施工垃圾应装入水泥袋内统一运走，不得到处抛洒，外运时应该进行遮盖，防止尘土飞扬，造成环境污染。

（2）噪声的控制：施工人员尽量避免大声喧哗，尽量减低施工时产生的噪声。

（3）污水的排放控制：搅拌机处应设置污水排放沉淀池，搅拌污水应排入沉淀池内沉淀后再排入市政排污管网。

（4）搬运、砌筑产生的碎砖、粉末应该及时清理处置。

（5）砌筑用砂浆应用储灰器盛放，禁止直接堆放在楼面上。

（6）砂浆运输时要防止遗漏，砌筑时遗漏在楼面的砂浆要及时清理回收。

第四节　防水工程施工

一、防水混凝土结构

（一）施工准备

1. 材料

（1）水泥：标号不宜低于425号，品种宜用普通硅酸盐水泥、火山灰质硅酸盐水泥、粉煤灰质硅酸盐水泥。如采用矿渣硅酸盐水泥必须掺用外加剂，以降低泄水率。如遇有受侵蚀性介质作用时，应按设计要求选用水泥。

（2）砂、石：技术指标除应符合（JGJ52—92）和（JGJ53—92）的规定外，尚应符合下列规定：

1）砂宜用中砂，含泥量不得大于3%。

2）石子最大粒径不宜大于40mm，所含泥土不得呈块状或包裹石子表面，且不得大于1%，吸水率不得大于1.5%。

（3）掺合料：粉煤灰品质在Ⅱ级以上，掺量经试验确定。

（4）外加剂：应根据具体情况采用减水剂、加气剂、防水剂及膨胀剂等。

（5）水：不含有害物质的洁净水。

2. 作业条件

（1）完成钢筋、管道预埋件的隐蔽工程验收工作。固定模板的螺栓必须穿过混凝土墙时，应采取止水措施。

止水的方法：穿墙螺栓（外加PVC套管）上，加焊止水环，止水环必须满焊。第二预留管道、预埋件穿过混凝土时，采取螺栓加堵头。

（2）防水混凝土结构施工时，木模板应提前浇水湿润，并将落在模板内的杂物清除干净，结构内部设置的钢筋及铁丝不得接触模板。

（3）选定配合比时，防水混凝土应通过试验确定，其设计等级应提高0.2MPa，其他各项技术指标应符合规定：

1）水泥用量不得少于$300kg/m^3$，掺有活性粉细料时，水泥用量不得少于$280kg/m^3$。

2）含砂率为35%～40%；灰砂比宜为1:2～1:2.5；

3）水灰比不宜大于0.6；

4）塌落度不大于50mm，若掺用外加剂或采用泵送混凝土时，不受此限。

5）掺用引气型外加剂的防水混凝土，其含气量应控制在3%～5%。

（二）操作工艺

1. 混凝土搅拌

必须严格按试验室的配合比通知单投料，按石子、水泥、砂顺序装入上料斗内，先干拌0.5～1min再加水，加水后搅拌时间不应小于2min，塌落度控制在30～50mm之间，一般为30mm左右。散装水泥、砂、石务必每车过称。雨季施工期间对砂、石每天测定含水率，以便调整用水量。

2. 混凝土运输

混凝土从搅拌机卸料后，应及时运至浇灌地点。当有离析泌水产生时，应在入模前进行二次搅拌。在高气温环境下，要特别掌握运输造成塌落度损失。为此，可在搅拌时预先增加估计损失量，也可以采用缓凝型减水剂调节。

3. 混凝土浇灌

（1）混凝土入模时的自由倾落高度不应超过2m，超高时应用串筒、溜槽下落等办法降低自由倾落高度，或在柱模中部开"生口"板，以降低自由倾落高度。

（2）防水混凝土施工，应采用机械振捣，以达到表面泛浆无气泡排出为度，插点间距应不大于50cm，严防漏振、欠振或过振。钢筋过密结构断面较小的部位，或大体积混凝土，严格按分层浇灌、分层振捣（分层厚度不宜大于300mm）的原则连续进行，在下面一层混凝土初凝前，就应接着浇灌上一层。

（3）在浇灌地点按有关规定制作抗压、抗渗混凝土试块。

4. 施工缝的位置及接缝形式

（1）防水混凝土应连续施工，底板、顶板宜少留施工缝。墙体水平施工缝，不应留在剪力或弯矩最大处或底板与墙交接处，其位置应留在高出底板不小于200mm处的墙体上。如墙体留垂直施工缝，应留在结构变形缝、后浇缝处，并应在接缝部位埋设橡胶或钢板止水片。

（2）墙体水平施工缝接缝形式。

墙厚在300mm以上时，可选用各种形式水平缝，当墙厚小于300mm时，可采用高低缝或平直缝加止水片。迎水面在低缝处，即外墙面做成低台阶。止水片设计无要求时在平缝中间埋厚3～4mm、宽400mm的钢板，钢板搭接处用电弧焊连接封闭。

（3）施工缝新旧混凝土接搓处，继续浇灌前将其表面凿毛，清除浮浆和杂物，使之露出石子，用水冲洗干净后保持湿润，铺一层20～25mm厚防水（1∶1）水泥砂浆，与墙体混凝土配合比相同的水泥砂浆或高砂率混凝土，然后才能浇灌防水混凝土。

5. 养护

常温下混凝土浇灌完后4～6h（小时）内必须覆盖并浇水养护，3d（天）内每天浇水4～6次，3d（天）后每天浇水2～3次，养护时间不少于14d（天）。墙体浇灌3d后将侧模松开，宜在侧模与混凝土表面缝隙中浇水，以保持湿润。

6. 冬期施工

一般可在混凝土表面覆盖湿草袋，上铺塑料薄膜保持湿度，再辅以干草袋保温。养护中须随时掌握湿度的变化情况。拆模时结构表面温度与周围气温的温差不得超过15℃。

（三）质量标准

1. 主控项目

（1）防水混凝土的原材料、外加剂及预埋件等必须符合设计要求和施工规定。

（2）防水混凝土必须密实，其抗压强度和抗渗等级必须符合设计要求，抗渗要求一般大于0.6MPa（S6）。

（3）施工缝、变形缝、止水片（带）、穿墙管件、支模铁件等设置和构造必须符合设计要求和施工规范规定，严禁有渗漏。

2. 一般项目

混凝土外观检查表面应平整，无露筋、蜂窝等缺陷，预埋件的位置、标高正确。

（四）施工注意事项

1. 避免工程质量通病

（1）蜂窝、麻面的造成原因是振捣不当、脱模早，模板干燥、模板缝隙偏大漏浆所致。

（2）造成孔洞的原因是漏振。当管道密集、预埋件和钢筋过密处浇灌混凝土有困难时，应采用相同抗渗等级的细石混凝土浇灌。大管径套管或面积大的预埋钢板应设浇灌振捣孔，以便于浇灌、振捣、排气。

（3）渗水、漏水是由于施工缝接槎未处理好或施工中漏振、随意加水、水灰比不准等操作原因造成。应严格控制加水量，按工艺标准要求振捣密实，并认真处理好施工缝。

2. 成品保护

（1）保护钢筋、模板的位置正确，不得踩踏钢筋和避免模板变位。

（2）在拆模板或吊运其他物件时，不得碰坏施工缝及损坏止水带。

（3）保护好穿墙管、电线管。电线盒及预埋件的位置，防止振捣时预埋件位移。

二、水泥砂浆防水层

（一）施工准备

1. 材料

（1）水泥：宜用325号以上的普通硅酸盐水泥、膨胀水泥或矿渣硅酸盐水泥。如遇有侵蚀介质作用时应按设计要求选用。

（2）砂：宜用中砂，不得含有杂物，含泥量不得超过3%，不得含有垃圾、草根等有机杂物；粒径大于3mm的砂在使用前应筛除。

（3）外加剂：宜采用减水剂、早强剂等外加剂外，亦可掺入有机硅防水剂和水玻璃矾类防水促凝剂。

2. 作业条件

（1）地下室预留孔洞及排水管道安装完毕，并办理隐蔽验收手续。

（2）混凝土墙、地面，如有蜂窝及松散要剔除，后浇带、施工缝要凿毛，用水冲刷干净。先涂素水泥浆（1：1水泥浆掺10% 107胶薄涂一层）一层2mm，然后用1：3水泥砂浆找平或用1：2干硬性水泥砂浆填压实，表面有油污应用10%浓度的烧碱（氢氧化钠）溶液刷洗干净。

（3）混合砂砌筑的砖墙上抹防水层时，必须在砌砖时划缝，深度为8~10mm。

（4）预埋件、预埋管道露出基层时必须在其周围剔成20~30mm宽、50~60mm深的沟槽，用1：2干硬性水泥砂浆填压实。

（5）混凝土基层处理：

1）新建混凝土工程，宜做成粗糙面，拆模后立即用钢丝刷将光滑的混凝土表面刷毛，并在抹面前浇水冲刷干净。

2）旧混凝土工程补做防水层时，需用钻子、凿、钢丝刷将表面凿毛，清理干净后再冲水，刷洗干净。

3）表面凹凸不平、蜂窝孔洞应根据不同情况分别进行处理。

4）混凝土结构的施工缝按构造施工，要沿缝剔成"V"形斜坡槽；用水冲洗后，再用素灰打底、水泥砂浆压实抹干。槽深一般在10mm左右。

（6）砖砌体基层处理：对于新砌体，应将其表面残留的砂浆等污物清除干净，并浇水冲洗。对于旧砌体，要将其表面酥松表皮及砂浆等污物清理干净。

（7）灰浆的配合比和拌制

1）灰浆的配合比

灰膏：水灰比为0.37～0.4，标准圆锥体体沉入深度为70mm。

水泥浆：水灰比为0.55～0.60。

水泥砂浆：灰砂比1∶1.5～2.5，水灰比为0.40～0.50左右，标准圆锥体沉入深度为75～80mm。

2）灰浆的拌制

灰浆的拌制以机械搅拌为宜，亦可用人工搅拌。拌合时要严格按照配合比加料，拌合要均匀一致，水泥砂浆应随拌随用。

拌合好的灰浆，存放时间控制为：普通硅酸盐水泥砂浆，当气温为5～20℃时，不应超过60min；当气温为20～35℃时，不应超过45min。矿渣硅酸盐水泥和火山灰硅酸盐水泥砂浆，相应温度情况下分别不应超过90min和50min。

（二）操作工艺

1. 混凝土顶板与墙面五层防水层操作

第一层：水泥浆层，厚2mm。先抹一遍1mm厚水泥浆，用铁抹子（灰匙）往返用力压抹，填实基层表面的孔隙，随即在其表面再抹一道厚1mm的水泥浆找平层，并用湿毛刷在水泥浆层表面按顺序轻轻涂刷一遍。

第二层：水泥砂浆层，厚4～5mm。在水泥浆层初凝时抹水泥砂浆层，抹压力度以使砂浆层薄薄压入水泥浆层为宜。抹完后，在砂浆初凝时用横扫按顺序向一个方向扫出横向条纹。

第三层：水泥浆层，厚2mm。在第二层水泥砂浆层凝固并具有一定强度（一般隔12h），适当浇水湿润，分次用铁抹子压实，一般抹压3～4次为宜，其方法同第一层。

第四层：水泥砂浆，厚4～5mm。在第三层凝结前，按照第二层的施工方法进行，抹压后不扫条纹，而是在砂浆初凝前，分次抹压3～4遍，最后再压光。

第五层：水泥浆层，厚1mm。在第四层水泥砂浆抹压两遍后，用毛刷均匀地将水泥浆涂刷在第四层表面，随第四层抹实压光。

五层抹面法主要用于防水工程的迎水面，而背面则用四层抹面法即可。

2. 砖墙面防水层的操作

第一层是刷水泥浆一遍，厚度约为1mm，用毛刷往返涂刷均匀。涂刷后，再抹第二、三、四层等，其操作方法与混凝土基层防水层相同。

3. 地面防水层的操作

地面防水层操作与墙面、顶板操作不同的地方是，水泥浆层不采用刮抹的方法，而是把拌合好的水泥浆倒在地面上，用刷往返用力涂刷均匀，第二、四层是水泥浆层初凝前后把拌合好的水泥砂浆层按厚度要求均匀铺上，按墙面、顶板操作要求抹压，各层厚度均与墙面、顶板防水层相同。

4. 养护

（1）环境阴凉、潮湿的地下室、地下沟道等，可以不必浇水养护。

（2）一般情况，防水层终凝后，每隔4h浇水一次，保持防水层表面经常湿润。防水的养护期一般为14d。在通风良好及有阳光照射的地方，应在防水层上覆盖湿草席、麻袋等。

（三）质量标准

1. 主控项目

（1）原材料、外加剂配合比及其分层做法必须符合设计要求和施工规范规定。

（2）水泥砂浆防水层与基层必须结合牢固，无空鼓。

2. 一般项目

（1）外观表面平整，密实，无裂纹、起砂、麻面等缺陷，阴阳角呈圆弧形或钝角，尺寸符合要求。

（2）留槎位置正确，按层次顺序操作，层层搭接紧密。修补空鼓、裂缝时，将空鼓处的防水层剔成斜坡形。

3. 检评标准

按照本节质量标准的规定，用观察和尺量方法检查。

（四）施工注意事项

1. 避免工程质量通病

（1）空鼓：基层污染物未处理好或刷水泥浆前基层表面未进行凿毛。

（2）裂纹：配合比不当或称料不准，早期干燥脱水，后期养护不当，施工时压实、压光不好等，会产生裂纹。

（3）渗漏：各层抹灰时间掌握不当，层间施工间隔时间短，出现流坠，或水泥浆抹上后干得太快，抹面层砂浆黏结不牢造成渗水；接槎、穿墙及楼板管洞处理不好易造成局部渗漏。

2. 成品保护

（1）抹灰棚架要离开墙面 200mm，拆棚架时不得碰坏棱角及墙。

（2）抹完防水砂浆的防水面，在 24h 内严禁上人踩踏。

三、基础防水

地下室墙身及地板采用结构自防水和高强聚氨酯防水涂膜二道防水做法，应严格按照施工图要求施工。

（一）施工准备

1. 材料

聚氨酯防水涂料，应具有出厂合格证及厂家产品的认证文件，并复验以下技术性能。聚氨酯防水涂料，以甲组份及乙组份桶装出厂；

甲组份：异氰酸基含量以 $3.5 \pm 0.1\%$ 为宜。

乙组份：羟基含量以 $0.7 \pm 0.1\%$ 为宜。

两组份材料应分别保管，存放在室内通风干燥处，期甲组份为 6 个月，乙组份为 12 月，使用时甲组份和乙组份料按 1∶1 的比例配合，形成聚氨酯防水涂料，技术性能指标如下：

固体含量：$\geq 93\%$

抗拉强度：≥ 0.6Mpa

延伸率：$\geq 300\%$

低温柔性：在 -20℃绕 Ø20mm 圆棒无裂纹

耐热度：80℃不流淌

不透水性：> 0.2Mpa

干燥时间：1 ~ 6h

2. 辅助材料

（1）磷酸：用于做缓凝剂。

（2）二月硅酸二丁基锡：用于做促凝剂。

（3）二甲苯或醋酸乙酯：用于稀释和清洗工具。

（4）水泥、325 号普通硅酸盐水泥，用于配制水泥砂浆抹保护层。

（5）中砂：圆粒中砂，粒径 2 ~ 3mm，含泥量不大于 3%，用于配制水泥砂浆抹保护层。

3. 主要工具

（1）电动机具：电动搅拌器。

（2）手动工具：搅拌桶、小铁桶、小平铲、塑料或橡胶刮板、滚动刷、毛刷等。

4. 作业条件

（1）地下防水层聚氨酯防水涂料冷作业施工，在地下水位较高的条件下涂刷防水层前，应先降低地下水位，做好排水处理，使地下水位降至防水层操作标高以下300mm，并保持到防水层施工完。

（2）涂刷防水层的基层应按设计抹好找平层，要求抹平、压光、坚实平整，不起砂，含水率低于9%，阴阳角处应抹成圆弧角。

（3）涂刷防水层前应将涂刷面上的尘土、杂物，残留的灰浆硬块，有突出的部分处理，清扫干净。

（4）涂刷聚氨酯不得在淋雨的条件下施工，施工的环境温度不应低于5℃，操作时严禁烟火。

（二）操作工艺

1. 工艺流程

基层清理——涂刷底胶——涂膜防水层施工——做保护层

2. 基层处理

涂刷防水层施工前，先将基层表面的杂物、砂浆硬块等清扫干净，并用干净的湿布擦一次，经检查基层无不平、空裂，起砂等缺陷，方可进行下道工序。

3. 涂刷底胶（相当于冷底子油）

（1）底胶(基层处理剂)配制：先将聚氨酯甲料、乙料和二甲苯以1∶1.5∶2的比例(重量比)配合搅拌均匀，配好的料在2h内用完。

（2）底胶涂刷：将配制好的底胶料，用长把滚刷均匀涂刷在基层表面，涂刷量为0.3kg/m²左右，涂刷后约4h手感不粘时，即可做下道工序。

4. 涂膜防水层施工

（1）材料配制：聚氨酯按甲料、乙料和二甲苯以1∶1.5∶0.3的比例（重量比）配合，用电动搅拌器强制搅拌3~5min，至充分拌合均匀即可使用。配好的混合料应2h内用完，不可时间过长。

（2）附加涂膜层：穿过墙、顶、地的管根部，地漏、排水口、阴阳角，变形缝并薄弱部位，应在涂膜层大面积施工前，先做好上述部位的增强涂层（附加层）。

（3）涂刷第一道涂膜：在前一道涂膜加固层的材料固化并干燥后，应先检查其附加层部位有无残留的气孔或气泡，如没有，即可涂刷第一层涂膜；如有气孔或气泡，则应用橡胶刮板将混合料用力压入气孔，局部再刷涂膜，然后进行第一层涂膜施工。涂刮第一层聚氨酯涂膜防水材料，可用塑料或胶皮刮板均匀涂刮，力求厚度一致，在1.5mm左右，即用量为1.5kg/m²。

（4）涂刮第二道涂膜：第一道涂膜固化后，即可在其上均匀涂刮第二到涂膜，涂刮方向应与第一道的涂刮方向相垂直,涂刮第二道与第一道相间隔的时间一般不小于24h,亦不大于72h。

(5) 涂刮第三道涂膜:涂刮方法与第二道涂膜相同,但涂刮方向应与其垂直。

(6) 稀撒石碴:在第三道涂膜固化以前,在其表面稀撒粒径约2mm的石碴,加强涂膜层与其保护层的黏结作用。

5. 涂膜保护层

最后一道涂膜固化干燥后,即可根据建筑设计要求的适宜形式,一般抹水泥砂浆。平面可浇筑细石混凝土保护层。

(三) 施工中注意事项

1. 卷材防水层及变形缝、预埋管根等细部特殊部位做法不符合要求,隐蔽未经验收。
2. 防水层施工完后,回填土未过筛,未按照规范要求分层回填、夯实。

四、厨卫渗漏与防治

(一) 住宅工程中厨房、卫生间渗漏的原因

1. 原材料不符合要求,使用不合理

厨房、卫生间防水,除采用混凝土自防水外,我国主要采用卷材防水和涂层防水两类,卷材防水以柔性卷材为主,如玻璃布胎或麻布油毡及改性油毡等,以冷作或热粘工艺予以推广,涂层防水以聚氨酯类为主,其它新产品必须经试验鉴定后方可使用。我国住宅工程中,施工单位对厨房、卫生间防水工作不重视,往往把厨房、卫生间防水和屋面防水一起对外分包,由分包防水施工队伍进行材料采购,分包的防水施工队伍在材料采购时往往进一部分厂家的真产品,一部分假冒产品,来获取最大的利润,这些不符合要求且不合格的材料一旦用上,一年半年不渗漏,二年以后必然渗漏,后果是严重的,也是可怕的。

2. 施工工艺及程序不符合要求

在进行厨房、卫生间防水施工时,一些防水施工队伍对厨房、卫生间防水施工根本不重视,计量未严格控制,施工未按工艺和程序施工,操作质量差,也是引起渗漏的主要原因。

3. 节点作法不合理

按规定厨房、卫生间的阴阳角、地漏口、管道根等部位,必须加设附加层,并应结合严密,门口处应抬高不少于2㎝;套管上口要高出地面不少于2cm;管道间空隙要用油麻塞严,无套管的管子根部除包裹严密外,且要做高出地面2~3cm的挡水台,卫生洁具排水管道与楼板结合部位预留洞应按设计和规范要求进行施工。然而,在这些节点施工时,施工单位任意更改节点做法,最容易引起这些部位渗漏。

4. 成品保护差，后续工序施工时对成品造成损失

防水层施工完成后，严禁其他工种进入及操作，需保护层完成后方可进入，严禁在防水层上后剔后凿，如有特殊原因需剔凿者，应有专项措施，现实情况是防水层施工完成后，施工单位为抢进度立即安排其他工种进入施工，施工班组在防水层上堆放管、件、脚手板、地板砖等材料，个别情况是给排水管道漏设，二次剔凿，放置给排水管道，工序检查不到位，施工不认真，从而使防水层遭到破坏。

（二）容易的渗漏部位

1. 所有厨房、卫生间的阴阳角；
2. 厨房、卫生间给排水立管与现浇楼板结合部位；
3. 厨房、卫生间卫生洁具排水管道与楼板结合部位；
4. 厨房、卫生间门口处；
5. 室内线盒、开关插座处。

（三）厨房、卫生间防渗漏措施

1. 严把材料进货关，对进入施工现场的防水原材料，认真把关，一律从国家认证并通过贯标的大企业进货，防水原材料一次进够，防止假冒材料进入施工现场，且进场的防水原材料必须有厂家的生产许可证、产品合格证、材质检测报告单必须手续齐全，上述手续齐全的情况下，及时见证取样并到国家认证检测机构进行材料复试，复试合格的材料方可用到工程上去。

2. 在主体施工过程中，对厨房、卫生间现浇板钢筋绑扎认真检查，板的底筋绑扎完毕后，及时通知水电工进入工作面，对厨房、卫生间现浇板预埋线管、预留洞口进行设置，预埋线盒与PVC线管结合处除用锁母外且用密封胶封严，检查符合设计和规范后，在进行板的负筋绑扎，混凝土浇筑时，严禁人员踏踩板的负筋，混凝土浇筑完毕后，责成专人进行养护。

3. 对厨房、卫生间现浇板周边做成高200mm，宽240mm的素混凝土止水带，该素混凝土止水带要与厨房、卫生间现浇板一起浇筑成型。

4. 在厨房、卫生间给排水管道及卫生洁具排水管道安装完毕后，要认真检查其位置是否正确，给排水管道及卫生洁具排水管道橡胶止水环是否漏套，上述工作检查无误后，对现浇楼板的预留洞口进行凿毛，并用水将浮灰及松动的混凝土清洗干净，板结合管道部位打磨毛，涂刷结合胶，固定给排水管道吊底模，撒素浆，便于新旧混凝土结合，用比厨房、卫生间现浇板标号高一级且掺如膨胀剂的混凝土进行浇筑，第一次只浇筑板厚的1/2，混凝土浇筑完后，责成专人进行养护，一次施工完2～3层，待1/2板厚的混凝土初凝后，立即清理楼板结合部位的给排水管道及卫生洁具排水管道，清理干净后用砂布将与楼及卫生洁具排水管道橡胶止水环，橡胶止水环检查合格，剩余的1/2板厚用微膨胀混凝土浇筑，

并安排专人认真进行养护。

5. 在上述一系列工作完成后，对楼地面及墙面基层进行清理，基层达到平整、洁净、基本干燥，配制冷底子油，对楼地面及墙面基层进行涂（喷）刷（洒），楼地面及墙面基层要涂刷均匀无露底，然后涂刷聚氨酯防水涂料，分二遍进行，第一遍纵向涂刷，第二遍横向涂刷，两层涂层应相互垂直涂刷，厚度1.5-2mm，所有管道根部及厨房、卫生间阴阳角部位均多涂刷一遍，门口处、给排水管道根部涂刷高度不少于2cm，厨房、卫生间阴阳角墙面涂刷高度300～500mm，待厨房、卫生间聚氨酯防水涂料固化后，以不粘脚为标准，严禁发生漏涂和损坏涂层现象，进行第一次蓄水试验，蓄水深度最浅处不小于1cm，24H后不渗不漏为合格。

6. 聚氨酯防水涂料涂刷完毕后，铺抹基层防水砂浆并以地漏口为基点进行找坡，以厨房、卫生间地面不倒返水、无积水为准，地板砖和墙面瓷砖铺贴采用防水砂浆，给排水设备安装完毕后，进行二次蓄水试验，蓄水深度最浅处不小于1cm，24H后不渗不漏为合格。

7. 在厨房、卫生间给排水管道根部做成高于地面2～3cm的挡水台。

8. 在工程予验收和工程最后竣工验收时，分别进行三、四次蓄水试验，合格后，在该厨房、卫生间门口粘贴合格证，并将试水时间、日期、执行人、负责人和验收人填写完整，工程移交时建设单位应与施工单位办理移交手续。

（四）防止厨房、卫生间渗漏注意事项

要从材料采购、节点工序控制、专业施工队伍选择、操作质量和成品保护等方面进行管理，施工时各道工序都要严格控制，认真检查，在此基础上，完善防水工程的维修保养制度，推广成熟的施工技术和科技成果。

第五节 建筑给排水及采暖施工

一、给排水工程施工

（一）给排水施工组织设计

1. 施工组织设计的含义和作用

施工组织设计是用来指导整个工程实施全过程中各项活动的技术、经济和组织的综合性文件，是对拟建的工程项目在开工前针对工程本身的特点和工地的具体情况，按照工程的要求，对所需的施工劳动力、施工材料、施工机具和施工临时设施，经过科学计算、精心对比以及合理安排后编制出一套在时间和空间上能够进行合理施工的战略部署文件。

施工组织设计是施工项目管理全过程中重要的组成部分，是对工程实施全过程实施科

学管理的重要手段。通过施工组织设计的编制，可以全面考虑工程实施全过程的各种施工条件，扬长避短地拟定合理的施工方案，确定施工顺序、施工方法、劳动组织和技术经济组织措施，合理的统筹安排拟定施工进度计划，保证工程按期交付使用；可以使施工企业提前掌握人力、材料和机具使用的先后顺序，合理安排资源的供应与消耗，合理的确定临时设施的数量、规模和用途；可以预计施工过程中可能发生的各种情况，可能使用的各种新技术，事先做好准备和预防，为施工企业实施施工准备工作和施工计划提供依据；同时，作为项目管理的规划性文件，提出工程施工中进度控制、质量控制、成本控制等各项生产要素的管理目标及技术组织措施，提高工程的综合效益。

2. 施工组织设计的分类

施工组织设计根据阶段不同，可以分为两类：一类是投标前编制的施工组织设计（简称标前设计），另一类是签订工程承包合同后编制的施工组织设计（简称标后设计）。

施工组织设计根据编制对象的不同可分为三类：施工组织总设计、单项（或单位）工程（一个建筑物或构筑物）施工组织设计和分部分项工程施工组织设计。

（1）施工组织总设计

施工组织总设计是以一个建设项目或建筑群体为组织施工对象而编制的，由该工程的总承建单位牵头，会同建设、设计及分包单位共同编制。它的目的是对整个工程的施工进行全盘考虑，全面规划，用以指导全场性的施工准备和有计划的运用施工力量，开展施工活动，其作用是确定拟建工程的施工期限、各临时设施及现场总的施工部署，是指导整个工程施工全过程的组织、技术、经济的综合设计文件，是修建全工地建设工程、施工准备和编制年（季）度施工计划的依据。

（2）单项（或单位）工程施工组织设计

单项（或单位）工程施工组织设计是以单项（或单位）工程（一个建筑物或构筑物）作为组织施工对象而编制的。它一般是在有了施工图设计后，由工程项目部组织编制，是单项（或单位）工程施工全过程的组织、技术、经济的指导文件，并作为编制季、月、旬施工计划的依据。

单项（或单位）工程施工组织设计按照工程规模、技术复杂程度和施工条件的不同，在编制内容的深度和广度上有以下两种类型：

1）简明单项（或单位）工程施工组织设计，一般用于规模较小的拟建工程，它通常只编制施工方案并附以施工进度计划和施工平面图。

2）单项（或单位）工程施工组织设计，一般用于重点的、规模大的、技术复杂或采用新技术的工程，编制内容比较全面。

（3）分部分项工程施工组织设计

分部分项工程施工组织设计是以施工难度较大或技术复杂的分部分项工程为编制对象，用来指导其施工活动的技术、经济文件。它结合施工单位的月、旬作业计划，把单位工程施工组织设计进一步具体化,是专业工程的具体施工设计。一般单位工程施工组织设计确定了施工方案后,由项目部技术负责人编制。它的内容包括:施工方案、施工进度表、技术组织措施等。

3. 单位工程施工组织设计的编制程序

单位工程施工组织设计是施工企业控制和指导施工的文件,必须要结合工程实际,内容要科学合理。编制前应会同有关部门及人员,共同讨论和研究施工的主要技术措施和组织措施。单位工程施工组织设计的编制程序指的是:在施工组织设计编制过程中应遵循的编制内容、先后顺序及其相互制约的关系。根据工程的特点和施工条件不同,其编制程序繁简不一。

4. 编制施工组织设计的基本原则

作为指导施工全局的施工组织设计,要求其贯彻执行国家对基本建设方针政策及有关建筑施工的法规、规范要求,推广应用先进的科学与管理技术,保证质量与工期,降低成本,提高效益。根据建筑施工的特点及长期积累的经验,在编制施工组织设计时,应遵循下列各项原则:

(1)认真贯彻执行国家对基本建设的各项方针、政策和法律法规,严格执行基本建设程序和施工程序。

(2)推广采用先进的施工技术与管理方法,科学选择施工方案,确保施工安全。

(3)尽量采用流水作业法及网络计划技术,合理安排施工顺序,组织连续、均衡施工。

(4)在保证质量和安全的前提下,努力提高生产效益,加快施工进度,缩短建设工期,获得最大经济效益。

(5)加强施工总平面规划和管理,合理安排布置施工现场,节约施工用地,做好场容管理,组织文明、环保施工。

(6)坚持质量第一,重视安全施工,认真制定保证施工质量和安全生产的措施。

(7)加强经济核算,贯彻增产节约的方针,降低工程成本。

5. 单位工程施工组织设计的内容

施工组织设计的内容,就是根据不同的工程特点和要求,根据现有的和可能创造的施工条件,从实际出发,决定各种生产要素的结合方式。

在不同设计阶段编制的施工组织设计文件,内容和深度不尽相同,其作用也不一样,一般说施工组织设计条件是概略的施工条件分析,提出创造施工条件和建筑生产能力配备计划。施工组织总设计是对施工进行整体部署的战略性施工纲领,单位工程施工组织设计则是用详尽的实施性施工计划来具体指导现场施工活动。单位工程施工组织设计的一般内容有:

(1)工程概况。工程概况是针对拟建工程的特点、建设地区特点、施工环境及施工条件等所做的简洁明了的文字描述。通过对建筑结构特点、建设地点特征、施工条件的描述,能找出施工中的关键问题，以便为选择施工方案，组织物资供应和配备技术力量提供依据。

（2）施工方法及相应的施工组织技术措施，即施工方案。施工方案是工程施工组织设计的核心。所确定的施工方案合理与否，不仅影响到施工进度计划的安排和施工平面图的布置，而且将直接关系到工程的施工效率、质量、工期和技术经济效果，因此，必须引起足够的重视。

（3）施工进度计划。单位工程施工进度计划是在确定了施工方案的基础上，根据规定工期和各种资源供应条件，按照施工过程的合理施工顺序及组织施工的原则，用图表形式（横道图或网格图），对一个工程从开始施工到工程竣工的各个项目，确定其时间上的安排和相互间的搭接关系。工程施工进度计划的作用是：控制工程的施工进度，保证在规定工期内完成符合质量要求的工程任务；确定单位工程的各个施工过程的施工顺序、施工持续时间及相互衔接和合理配合关系；为编制季度、月度生产作业计划提供依据；是制定各项资源需要量的计划和编制施工准备工作计划的依据。所以，施工进度计划是工程施工组织设计中的一项非常重要的内容。

（4）施工现场平面布置图。施工平面图既是布置施工现场的依据，也是施工准备工作的一项重要依据，它是实现文明施工、节约并合理利用土地、减少临时设施费用的先决条件。因此，它是施工组织设计的重要组成部分。施工平面图不但要在设计时周密考虑，而且还要认真贯彻执行，这样才会使施工现场井然有序，施工顺利进行，保证施工进度，提高效率和经济效果。

（5）劳动力、材料等的采购计划。

（6）质量保证措施与安全技术措施。保证工程质量的关键，是对施工组织设计的工程对象经常发生的质量通病制订防治措施，可以按照各主要分部分项工程提出质量要求，也可以按照各工种工程提出质量要求；安全施工措施应贯彻安全操作规程，对施工中可能发生的安全问题进行预测，有针对性地提出预防措施，以杜绝施工中伤亡事故的发生。

（7）主要技术经济指标。主要包括工期指标、质量指标、安全指标、降低成本指标等的分析。

6. 给排水工程施工组织编制要点

从承包单位（单项）工程施工项目管理的角度看，单位（单项）工程施工组织设计，是施工项目管理实施规划的重要组成内容；也是用于指导具体施工项目作业技术活动和管理，实施质量、工期、成本和安全目标控制的直接依据。因此分部分项工程的施工组织设计应简明扼要，体现出施工特点，真正起到指导施工的作用。那么针对建筑给排水工程编制施工组织设计的重点就放在以下几个方面：

（1）做好施工组织：组织精干的项目管理班子，确定适应工程施工管理需要的现场管理体系。

（2）施工方法及相应的施工组织技术措施，即施工方案。

施工方案是用来指导建设工程项目施工过程中的技术，经济和组织的技术性文件。同样为保证给排水工程项目的施工质量，必须编制科学的、合理的施工方案，通过管理组织，进行科学、严密地管理。施工方案的建立，目的是提高质量、加快工期、降低成本、提高项目施工的经济效益与社会效益。

针对高层建筑给水排水工程的施工，设备标准高，卫生洁具及管道材料品种多，施工工作量大，施工难度大，故对安装施工提出较高的要求。那么施工方案的确立，可以保证工程施工质量。在给排水工程施工项目质量管理中，施工方案的正确与否，是直接影响施工质量的关键所在。做好质量控制的管理，是保证施工方案实施与目的的保障和手段。施工方案的实施效果与其依据的质量检查及标准高度相关。在给排水工程的施工管理过程中，编制的施工方案要求每个分部分项工程都必须根据国家现行建设工程施工技术、操作规程、施工及验收规范、质量检验及评定标准进行检查、验评。方案实施过程中，要求建立检查制度，对每个分部分项工程进行开工前检查，工序交接检查，隐藏工程检查，办理验收签证手续；根据工程项目内容采取不同方式进行检查，验评质量以其达到预定标准。因此，施工方案在给排水工程质量管理中自始至终发挥着控制作用。

（3）编制好进度计划。进度计划是施工组织设计的中心。编制者首先要根据工期定额和本单位自身的人力、物力、机械化程度，计算出在正常情况下能够取得理想效益的最佳工期，然后和投标书要求的工期进行比较、调整，但进度计划编制时的控制工期要比招标书要求的工期略有提前，用以增强投标的竞争力。因此，必须从实际出发，根据控制工期、建设项目的规模、结构、资金提供情况，制定出一个优化的进度计划。同时必须制订好相应的保证工期的措施，使招标方相信你的进度计划能够保证完成。给排水工程进度计划是以建筑物中的给排水工程的施工为编制对象，拟定出其中各分部、分项工程的施工顺序、建设进度以及相应的施工准备工作内容和施工期限。它是以其中的单项工程进度计划为基础进行编制，属于实施性进度计划。在给排水工程的施工管理过程中，施工进度计划发挥着如下作用：

控制工程的施工进度，使之按期或提前竣工，并交付使用或投入运转。

从施工顺序和施工进度等组织措施上保证工程质量和施工安全。

合理地使用建设资金、劳动力、材料和机械设备，达到多、快、好、省地进行工程建设的目的。

确定各施工时段所需的各类资源的数量，为施工准备提供依据。

（4）制订好保证工程质量的技术措施。施工阶段的质量控制，是工程建设项目质量控制的重点，也是施工阶段要合格完成的重要因素。质量是工程建设的核心，应根据施工验收规范、质量等级评定标准来制订保证质量的技术措施。为了达到既定质量等级，必须建立完善的质量保证体系。同时要制定工程质量保证措施，一是制定各分部、分项工程中重点部分、特殊部位的质量保证措施；二是易发生质量通病的施工部位、施工工序的质量预防措施。

（二）室内给水管道系统安装

1. 施工范围

本工艺标准适用于民用和一般工业建筑的给水管道（包括给水铸铁管和镀锌碳素钢管的冷热水管）安装工程。

2. 施工准备

（1）材料要求

1）铸铁给水管及管件的规格应符合设计压力要求，管壁薄厚均匀，内外光滑整洁，不得有砂眼、裂纹、毛刺和疙瘩；承插口的内外径及管件应造型规矩，管内外表面的防腐涂层应整洁均匀，附着牢固。管材及管件均应有出厂合格证。

2）镀锌碳素钢管及管件的规格种类应符合设计要求，管壁内外镀锌均匀，无锈蚀、无飞刺。管件无偏扣、乱扣，丝扣不全或角度不准等现象。管材及管件均应有出厂合格证。

3）水表的规格应符合设计要求及自来水公司确认，热水系统选用符合温度要求的热水表。表壳铸造规矩，无砂眼、裂纹，表玻璃盖无损坏，铅封完整，有出厂合格证。

4）阀门的规格型号应符合设计要求，热水系统阀门符合温度要求。阀体铸造规矩，表面光洁，无裂纹、开关灵活，关闭严密，填料密封完好无渗漏，手轮完整无损坏，有出厂合格证。

（2）主要机具：

1）机械：套丝机、砂轮锯、台钻、电锤、手电钻、电焊机、电动试压泵等。

2）工具：套丝板、管钳、压力钳、手锯、手锤、活扳手、链钳、煨弯器、手压泵、捻凿、大锤、断管器等。

3）其它：水平尺、线坠、钢卷尺、小线、压力表等。

（3）作业条件：

1）地下管道铺设必须在房心土回填夯实或挖到管底标高，沿管线铺设位置清理干净，管道穿墙处已留管洞或安装套管，其洞口尺寸和套管规格符合要求，坐标、标高正确。

2）暗装管道应在地沟未盖沟盖或吊顶未封闭前进行安装，其型钢支架均应安装完毕并符合要求。

3）明装托、吊于管安装必须在安装层的结构顶板完成后进行。沿管线安装位置的模板及杂物清理干净，托吊卡件均已安装牢固，位置正确。

4）立管安装应在主体结构完成后进行。高层建筑在主体结构达到安装条件后，适当插入进行。每层均应有明确的标高线，暗装竖井管道，应把竖井内的模板及杂物清除干净，并有防坠落措施。

5）支管安装应在墙体砌筑完毕，墙面未装修前进行（包括暗装支管）。

3. 操作工艺

（1）工艺流程

安装准备→预制加工→干管安装→立管安装→支管安装→管道防腐和保温→管道冲洗

（2）安装准备

认真熟悉图纸，根据施工方案决定的施工方法和技术交底的具体措施做好准备工作。参看有关专业设备图和装修建筑图，核对各种管道的坐标、标高是否有交叉，管道排列所用空间是否合理。有问题及时与设计和有关人员研究解决，办好变更洽商记录。

（3）预制加工

按设计图纸画出管道分路、管径、变径、预留管口，阀门位置等施工草图，在实际安装的结构位置做上标记，按标记分段量出实际安装的准确尺寸，记录在施工草图上，然后按草图测得的尺寸预制加工（断管、套丝、上零件、调直、校对，按管段分组编号。

（4）干管安装：

1）给水铸铁管道安装：

在干管安装前清扫管膛，将承口内侧插口外侧端头的沥青除掉，承口朝来水方向顺序排列，联接的对口间隙应不小于3mm。找平找直后，将管道固定。管道拐弯和始端处应支撑顶牢，防止捻口时轴向移动，所有管口随时封堵好。

捻麻时先清除承口内的污物，将油麻绳拧成麻花状，用麻钎捻入承口内，一般捻两圈以上，约为承口深度的三分之一，使承口周围间隙保持均匀，将油麻捻实后进行捻灰，水泥用325号以上加水拌匀（水灰比为1∶9），用捻凿将灰填入承口，随填随捣，填满后用手锤打实，直至将承口打满，灰口表面有光泽。承口捻完后应进行养护，用湿土覆盖或用麻绳等物缠住接口，定时浇水养护，一般养护2～5天。冬季应采取防冻措施。

采用青铅接口的给水铸铁管在承口油麻打实后，用定型卡箍或包有胶泥的麻绳紧贴承口，缝隙用胶泥抹严，用化铝锅加热铅锭至500℃左右（液面呈紫红颜色），水平管灌铅口位于上方，将熔铅缓慢灌入承口内，使空气排出。对于大管径管道灌铅速度可适当加快，防止熔铅中途凝固。每个铝口应一次灌满，凝固后立即拆除卡箍或泥模，用捻凿将铅口打实（铅接口也可采用捻铅条的方式）。

2）给水镀锌管安装

安装时一般从总进入口开始操作，总进口端头加好临时丝堵以备试压用，设计要求沥青防腐或加强防腐时，应在预制后、安装前做好防腐。把预制完的管道运到安装部位按编号依次排开。安装前清扫管膛，丝扣连接管道抹上铅油缠好麻，用管钳按编号依次上紧，丝如外露2～3扣，安装完后找直找正，复核甩口的位置、方向及变径无误。清除麻头，所有管口要加好临时丝堵。

热水管道的穿墙处均按设计要求加好套管及固定支架，安装伸缩器按规定做好预拉伸，待管道固定卡件安装完毕后，除去预拉伸的支撑物，调整好坡度，翻身处高点要有放风、低点有泄水装置。

给水大管径管道使用无镀锌碳素钢管时，应采用焊接法兰连接，管材和法兰根据设计压力选用焊接钢管或无缝钢管，管道安装完先做水压试验，无渗漏编号后再拆开法兰进行镀锌加工。加工镀锌的管道不得刷漆及污染，管道镀锌后按编号进行二次安装。

（5）立管安装

1）立管明装

每层从上至下统一吊线安装卡件，将预制好的立管按编号分层排开，顺序安装，对好调直时的印记，丝扣外露2~3扣，清除麻头，校核预留甩口的高度、方向是否正确。外露丝扣和镀锌层破损处刷好防锈漆。支管甩口均加好临时丝堵。立管截门安装朝向应便于操作和修理。安装完后用线坠吊直找正，配合土建堵好楼板洞。

2）立管暗装

竖井内立管安装的卡件宜在管井口设置型测，上下统一吊线安装卡件。安装在墙内的立管应在结构施工中须留管槽，立管安装后吊直找正，用卡件固定。支管的甩口应露明并加好临时丝堵。

3）热水立管

按设计要求加好套管。立管与导管连接要采用2个弯头。立管直线长度大于15m时，要采用3个弯头。立管如有伸缩器安装同干管。

（6）支管安装

1）支管明装

将预制好的支管从立管甩口依次逐段进行安装，有截门应将截门盖卸下再安装，根据管道长度适当加好临时固定卡，核定不同卫生器具的冷热水预留口高度、位置是否正确、找平找正后栽支管卡件，去掉临时固定卡，上好临时丝堵。支管如装有水表先装上连接管，试压后在交工前拆下连接管，安装水表。

2）支管暗装

确定支管高度后画线定位，剔出管槽，将预制好的支管敷在槽内，找平找正定位后用勾钉固定。卫生器具的冷热水预留口要做在明处，加好丝堵。

3）热水支管

热水支管穿墙处按规范要求做好套管。热水支管应做在冷水支管的上方，支管预留口位置应为左热右冷。其余安装方法同冷水支管。

（7）管道试压

铺设、暗装、保温的给水管道在隐蔽前做好单项水压试验。管道系统安装完后进行综合水压试验。水压试验时放净空气，充满水后进行加压，当压力升到规定要求时停止加压，进行检查，如各接口和阀门均无渗漏，持续到规定时间，观察其压力下降在允许范围内，通知有关人员验收，办理交接手续。然后把水泄净，被破损的镀锌层和外露丝扣处做好防腐处理，再进行隐蔽工作。

（8）管道冲洗

管道在试压完成后即可做冲洗，冲洗应用自来水连续进行，应保证有充足的流量。冲洗洁净后办理验收手续。

（9）管道防腐和保温

1）管道防腐

给水管道铺设与安装的防腐均按设计要求及国家验收规范施工，所有型钢支架及管道镀锌层破损处和外露丝扣要补刷防锈漆。

2）管道保温

给水管道明装暗装的保温有三种形式：管道防冻保温、管道防热损失保温、管道防结露保温。其保温材质及厚度均按设计要求（详见第十六章），质量达到国家验收规范标准。

4. 质量标准

（1）保证项目

1）隐蔽管道和给水系统的水压试验结果必须符合设计要求和施工规范规定。

检验方法：检查系统或分区（段）试验记录。

2）管道及管道支座（墩）严禁铺设在冻土和未经处理的松土上。

检查方法：观察或检查隐蔽工程记录。

3）给水系统竣工后或交付使用前，必须进行吹洗。

检查方法：检查吹洗记录。

（2）基本项目

1）管道坡度的正负偏差符合设计要求。

检验方法：用水准仪（水平尺）拉线和尺量检查或检查隐蔽工程记录。

2）碳素钢管的螺纹加工精度符合国际《管螺纹》规定，螺纹清洁规整，无断丝或缺丝，连接牢固，管螺纹根部有外露螺纹，镀锌碳素钢管无焊接口，螺纹无断丝。镀锌碳素钢管和管件的镀锌层无破损，螺纹露出部分防腐蚀良好，接口处无外露油麻等缺陷。

检验方法：观察或解体检查。

1）碳素钢管的法兰连接应对接平行、紧密，与管子中心线垂直。螺杆露出螺母长度一致，且不大于撑杆直径的二分之一，螺母在同侧，衬垫材质符合设计要求和施工规范规定。

检查方法：观察检查。

2）非镀锌碳素钢管的焊接焊口平直，焊波均匀一致，焊缝表面无结瘤、夹渣和气孔。焊缝加强面符合施工规范规定。

检查方法：观察或用焊接检测尺检查。

3）金属管道的承插和套箍接口结构及所有填料符合设计要求和施工规范规定，灰口密实饱满，胶圈接口平直无扭曲，对口间隙准确，环缝间隙均匀，灰口平整、光滑、养护良好，胶圈接口回弹间隙符合施工规范规定。

检查方法：观察和尺量检查。

4）管道支（吊、托）架及管座（墩）的安装应构造正确，埋设平正牢固，排列整齐。

支架与管道接触紧密。

检验方法：观察或用手扳检查。

5）阀门安装：型号、规格、耐压和严密性试验符合设计要求和施工规范规定。位置、进出口方向正确，连接牢固、紧密，启闭灵活，朝向合理，表面洁净。

检查方法：手扳检查和检查出厂合格证、试验单。

6）埋地管道的防腐层材质和结构符合设计要求和施工规范规定，卷材与管道以及各层卷材间粘贴牢固，表面平整，无皱折、空鼓、滑移和封口不严等缺陷。

检查方法：观察或切开防腐层检查。

7）管道、箱类和金属支架的油漆种类和涂刷遍数符合设计要求，附着良好，无脱皮、起泡和漏涂，漆膜厚度均匀，色泽一致，无流淌及污染现象。

检验方法：观察检查。

5. 成品保护

1）安装好的管道不得用做支撑或放脚手板，不得踏压，其支托卡架不得作为其它用途的受力点。

2）管道在喷浆前要加以保护，防止灰浆污染管道。

3）截门的手轮在安装时应卸下，交工前统一安装完好。

4）水表应有保护措施，为防止损坏，可统一在交工前装好。

6. 通病防治

（1）管道镀锌层损坏

原因：由于压力和管钳日久失修，卡不住管道造成。

（2）立管甩口高度不准确

原因：由于层高超出允许偏差或测量不准。

（3）立管距墙不一致或半明半暗

原因：由于立管位置安排不当，或隔断墙位移偏差太大造成。

（4）热水立管的套管向下层漏水

原因：由于套管露出地面高度不够，或地面抹灰太厚造成。

7. 应具备的质量记录

（1）材料出厂合格证及进场验收记录。

（2）给水、热水导管预检记录。

（3）给水、热水立管预检记录。

（4）给水、热水支管预检记录。

（5）给水、热水管道单项试压记录。

（6）给水、热水管道隐蔽检查记录。

（7）给水、热水系统试压记录。

（8）给水、热水系统冲洗记录。

（9）给水、热水系统通水记录。

（10）热水系统调试记录。

（三）室内排水管道系统安装

1. 施工范围

本工艺标准适用于民用及一般工业建筑室内生活排水、雨水及有酸碱性的排水管道安装工程。

2. 施工准备

（1）材料要求：

1）管材为硬质聚氯乙烯（UPVC）。所用黏结剂应是同一厂家配套产品，应与卫生洁具连接相适宜，并有产品合格证及说明书。

2）管材内外表层应光滑，无气泡、裂纹，管壁薄厚均匀，色泽一致。直管段挠度不大于1%。管件造型应规矩、光滑，无毛刺。承口应有梢度，并与插口配套。

3）其它材料：黏结剂、型钢、圆钢、卡件、螺栓、螺母、肥皂等。

（2）主要机具：

手电钻、冲击钻、手锯、铣口器、钢刮板、活扳手、手锤、水平尺、套丝板、毛刷、棉布、线坠等。

（3）作业条件：

1）埋设管道，应挖好槽沟，槽沟要平直，必须有坡度，沟底夯实。

2）暗装管道（包括设备层、竖井、吊顶内的管道）首先应核对各种管道的标高、坐标的排列有无矛盾。预留孔洞、预埋件已配合完成。土建模板已拆除，操作场地清理干净，安装高度超过3.5m应搭好架子。

3）室内明装管道要与结构进度相隔二层的条件下进行安装。室内地平线应弹好，初装修抹灰工程已完成。安装场地无障碍物。

3. 操作工艺：

（1）工艺流程：

安装准备→预制加工→干管安装→立管安装→支管安装→卡件固定→封口堵洞→闭水试验→通水试验

（2）预制加工：

根据图纸要求并结合实际情况，按预留口位置测量尺寸，绘制加工草图。根据草图量好管道尺寸，进行断管。断口要平齐，用铣刀或刮刀除掉断口内外飞刺，外棱铣出15°角。粘接前应对承插口先插入试验，不得全部插入，一般为承口的3/4深度。试插合格后，用棉布将承插口需粘接部位的水分、灰尘擦拭干净。如有油污需用丙酮除掉。用毛刷涂抹黏结剂，先涂抹承口后涂抹插口，随即用力垂直插入，插入粘接时将插口稍作转动，以利黏结剂分布均匀，约30s至1min即可粘接牢固。粘牢后立即将溢出的黏结剂擦拭干净。多口粘连时应注意预留口方向。

（3）干管安装：

首先根据设计图纸要求的坐标、标高预留槽洞或预埋套管。埋入地下时，按设计坐标、标高、坡向、坡度开挖槽沟并夯实。采用托吊管安装时应按设计坐标、标高、坡向做好托、吊架。施工条件具备时，将预制加工好的管段，按编号运至安装部位进行安装。各管段粘连时也必须按粘接工艺依次进行。全部粘连后，管道要直，坡度均匀，各预留口位置准确。安装立管需装伸缩节，伸缩节上沿距地坪或蹲便台70~100mm。干管安装完后应做闭水试验，出口用充气橡胶堵封闭，达到不渗漏，水位不下降为合格。地下埋设管道应先用细砂回填至管上皮100mm，上覆过筛土，夯实时勿碰损管道。托吊管粘牢后再按水流方向找坡度。最后将预留口封严和堵洞。

（4）立管安装：

首先按设计坐标要求，将洞口预留或后剔，洞口尺寸不得过大，更不可损伤受力钢筋。安装前清理场地，根据需要支搭操作平台。将已预制好的立管运到安装部位。首先清理已预留的伸缩节，将锁母拧下，取出U型橡胶圈，清理杂物。复查上层洞口是否合适。立管插入端应先划好插入长度标记，然后涂上肥皂液，套上锁母及U型橡胶圈。安装时先将立管上端伸入上一层洞口内，垂直用力插入至标记为止（一般预留胀缩量为20~30mm）。合适后即用自制U型钢制抱卡紧固于伸缩节上沿。然后找正找直，并测量顶板距三通口中心是否符合要求。无误后即可堵洞，并将上层预留伸缩节封严。

（5）支管安装：

首先剔出吊卡孔洞或复查预埋件是否合适。清理场地，按需要支搭操作平台。将预制好的支管按编号运至现场。清除各粘接部位的污物及水分。将支管水平初步吊起，徐抹黏结剂，用力推入预留管口。根据管段长度调整好坡度。合适后固定卡架，封闭各预留管口和堵洞。

（6）器具连接管安装：

核查建筑物地面、墙面做法、厚度。找出预留口坐标、标高。然后按准确尺寸修整预留洞口。分部位实测尺寸做记录，并预制加工、编号。安装粘接时，必须将预留管口清理干净，再进行粘接。粘牢后找正、找直，封闭管口和堵洞。打开下一层立管扫除口，用充气橡胶堵封闭上部，进行闭水试验。合格后，撤去橡胶堵，封好扫除口。

（7）排水管道安装后，按规定要求必须进行闭水试验。凡属隐蔽暗装管道必须按分项工序进行。卫生洁具及设备安装后，必须进行通水通球试验。且应在油漆粉刷最后一道工序前进行。

（8）地下埋设管道及出屋顶透气立管如不采用硬质聚氯乙烯排水管件而采用下水铸铁管件时，可采用水泥捻口。为防止渗漏，塑料管插接处用粗砂纸将塑料管横向打磨粗糙。

（9）黏结剂易挥发，使用后应随时封盖。冬季施工进行粘接时，凝固时间为2~3min。

粘接场所应通风良好,远离明火。

4. 质量标准

(1)保证项目:

1)管道的材质、规格、尺寸、黏结剂的技术性能必须符合设计要求。

2)隐蔽的排水管及雨水管道的灌水试验结果必须符合设计要求和施工规范规定。

检验方法:检查区(段)灌水试验记录,管材出厂证明及黏结剂合格证。

3)管道的坡度必须符合设计要求或施工规范规定。

检验方法:检查隐蔽工程记录或用水准仪(水平尺)、拉线和尺量检查。

4)管道及管道支座(墩),严禁铺设在冻土和未经处理的松土上。

检查方法:观察检查或检查隐蔽工程记录。

5)排水塑料管必须按设计要求装伸缩节。如设计无要求,伸缩节间距不大于4m。

检验方法:观察和尺量检查。

6)排水系统竣工后的通水试验结果,必须符合设计要求和施工规范规定。

检验方法:通水检查或检查通水试验记录。

(2)基本项目:

管道支(吊、托)架及管座(墩)的安装应符合以下规定:

1)排列整齐,支架与管子接触紧密。

2)托架距离应符合表规定。

塑料排水横管固定件的间距

公称通径(mm)	50	75	100
支架间距(mm)	0.6	0.8	1.0

允许偏差项目见表。

室内塑料排水管道安装的允许偏差和检验方法

项目		允许偏差(mm)	检查方法
横管纵横方向弯曲	每1m	1.5	用水准仪(水平尺)、直尺、拉线和尺量检查
	全长(25m以上)	不大于38	
立管垂直度	每1m	3	吊线和尺量检查
	全长(5m以上)	不大于15	

5. 成品保护

(1)管道安装完成后,应将所有管口封闭严密,防止杂物进入,造成管道堵塞。

(2)安装完的管道应加强保护,尤其立管距地2m以下时,应用木板捆绑保护。

(3)严禁利用塑料管道作为脚手架的支点或安全带的拉点、吊顶的吊点。不允许明火烘烤塑料管，以防管道变形。

（4）油漆粉刷前应将管道用纸包裹，以免污染管道。

6. 通病防治

（1）预制好的管段弯曲或断裂。原因是直管堆放未垫实，或暴晒所致。

（2）接口处外观不清洁，美观。粘接后外溢粘接刘应及时除掉。

（3）粘接口漏水。原因是黏结剂涂刷不均匀，或粘接处未处理干净所致。

（4）地漏安装过高过低，影响使用。原因是地平线未找准。

（5）立管穿楼板处渗水。原因是立管穿楼板处没有做防水处理。

7. 应具备的质量记录

（1）应有管材和管件的产品合格证。

（2）黏结剂合格证及使用期限。

（3）排水横干管预检记录。

（4）排水立管预检记录。

（5）排水支管预检记录。

（6）排水管道隐蔽检查记录。

（7）排水管道灌水记录。

（8）排水系统通水记录。

（9）排水立管、横干管通球记录。

（10）卫生器具通水记录。

（11）雨水管道预检记录。

（12）预埋雨水管道试压记录。

（13）雨水管道隐蔽检查记录。

（14）雨水系统灌水记录。

（四）室外给水管道和设备安装

1. 施工范围

本工艺标准适用于民用建筑群（小区），工作压力不大于0.6MPa的室外给水和消防管网的给水铸铁管及镀锌碳素钢管铺设安装。

2. 施工准备

（1）材料设备要求：

1）给水铸铁管及管件规格品种应符合设计要求，管壁薄厚均匀，内外光滑整洁，不得有砂眼、裂纹、飞刺和疙瘩。承插口的内外径及管件应造型规矩，并有出厂合格证。

2）镀锌碳素钢管及管件管壁内外镀锌均匀，无锈蚀。内壁无飞刺，管件无偏扣、乱扣、方扣、丝扣不全、角度不准等现象。

3）阀门无裂纹，开关灵活严密，铸造规矩，手轮无损坏，并有出厂合格证。

4）地下消火栓，地下闸阀、水表品种、规格应符合设计要求，并有出厂合格证。

5）捻口水泥一般采用不小于425#的硅酸盐水泥和膨胀水泥（采用石膏矾土膨胀水泥或硅酸盐膨胀水泥）。水泥必须有出厂合格证。

6）其它材料：石棉绒、油麻绳、青铅、铅油、麻线、机油、螺栓、螺母、防锈漆等。

（2）主要机具：

1）机具：套丝机、砂轮机、砂轮锯、试压泵等。

2）工具：手锤、捻凿、钢锯、套丝扳、剁斧、大锤、电气焊工具、倒链、压力案、管钳、大绳、铁锹、铁镐等。

3）其它：水平尺、钢卷尺等。

（3）作业条件：

1）管沟平直，管沟深度、宽度符合要求，阀门井、表井垫层，消火栓底座施工完毕。

2）管沟沟底夯实，沟内无障碍物。且应有防塌方措施。

3）管沟两侧不得堆放施工材料和其它物品。

3. 操作工艺

（1）工艺流程：

安装准备→清扫管膛→管材、管件、阀门、消火栓等就位→管道连接→灰口养护→水压试验→管道冲洗

（2）根据施工图检查管沟坐标、深度、平直程度、沟底管基密实度是否符合要求。

（3）管道承口内部及插口外部飞刺、铸砂等应预先铲掉，沥青漆用喷灯或气焊烤掉，再用钢丝刷除去污物。

1）把阀门、管件稳放在规定位置，作为基准点。把铸铁管运到管沟沿线沟边，承口朝向来水方向。

2）根据铸铁管长度，确定管段工作坑位置，铺管前把工作坑挖好。

3）用大绳把清扫后的铸铁管顺到沟底，清理承插口，然后对插安装管路，将承插接口顺直定位。

4）安装管件、阀门等应位置准确，阀杆要垂直向上。

5）室外地下消火栓底座下设有预制好的混凝土垫块或现浇混凝土垫层，下面的土层要求夯实。

6）铸铁管稳好后，在靠近管道两端处填土覆盖，两侧夯实，并应随即用稍粗于接口间隙的干净麻绳将接口塞严，以防泥土及杂物进入。

7）石棉水泥接口：

8）接口前应先在承插口内打上油麻，打油麻的工序如下：

①打麻时将油麻拧成麻花状，其粗度比管口间隙大1.5倍，麻股由接口下方逐渐向上方，

边塞边用捻凿依次打入间隙，捻凿被弹回表明麻已被打结实，打实的麻深度应是承口深度的 1/3。

②石棉水泥捻口可用不小于 425# 硅酸盐水泥，3～4 级石棉，重量比为水∶石棉∶水泥 =1∶3∶7。加水重量和气温有关，夏季炎热时要适当增加。

C 捻口操作：将拌好的灰由下方至上方塞入已打好油麻的承口内，塞满后用捻凿和手锤将填料捣实，按此方法逐层进行，打实为止。当灰口凹入承口 2～3mm，深浅一致，同时感到有弹性，灰表面呈光亮时可认为已打好。

D 接口捻完后，对接口要进行不少于 48h 的养护。

胶圈接口

1）外观检查胶圈粗细均匀，无气泡，无重皮。

2）根据承口深度，在插口管端划出符合承插口的对口间隙不小于 3mm，最大间隙不大于《建筑给水排水及采暖工程施工质量验收规范》规定的印记。将胶圈塞入承口胶圈槽内，胶圈内侧及插口抹上肥皂水，将管子找平找正，用倒链等工具将铸铁管徐徐插入承口内至印记处即可。承插接口的环形间隙详见《建筑给水排水及采暖工程施工质量验收规范》

①镀锌碳素钢管铺设：

镀锌碳素钢管埋地铺设要根据设计要求与土质情况做好防腐处理。

②单元水表安装：

单元水表安装于表井底中心。

③水压试验：

对已安装好的管道应进行水压试验，试验压力值按设计要求及施工规范规定确定。

D 管道冲洗：

管道安装完毕，验收前应进行冲洗，使水质达到规定洁净要求。并请有关单位验收，作好管道冲洗验收记录。

4. 质量标准

（1）保证项目：

1）埋地管沟敷设管道和架空管网的水压试验结果，必须符合设计要求和施工规范规定。

检验方法：检查管网或分段试验记录。

2）管道及管道支座（墩），严禁铺设在冻土和未经处理的松土上。

检验方法：观察检查或检查隐蔽工程记录。

3）给水管网竣工验收前，必须对系统进行冲洗。

检验方法：检查冲洗记录。

（2）基本项目：

1）管道的坡度应符合设计要求。

检验方法：用水准仪（水平尺）、拉线和尺量检查或检查测量记录。

2）金属管道的承插和套箍接口的结构及所用填料应符合设计要求和施工规范规定。灰口密实、饱满、平整、光滑、环缝间隙均匀，灰口养护良好，填料凹入承口边缘不大于2mm，胶圈接口平直、无扭曲，对口间隙准确，胶圈接口回弹间隙符合设计要求。

检验方法：观察和尺量检查。

3）镀锌碳素钢管道的螺纹连接质量要求：螺纹达到管螺纹加工精度，符合国际《管螺纹》规定，螺纹清洁、规整，无断丝，连接牢固，镀锌碳素钢管及管件的镀锌层无破损，螺纹露出部分防腐蚀良好，接口处无外露油麻等缺陷。镀锌碳素钢管无焊接口。

检验方法：观察或解体检查。

4）镀锌碳素钢管道的法兰连接：要求达到对接平行、紧密，与管子中心线垂直，螺杆露出螺母长度一致，且不大于螺杆直径1/2，螺母在同侧，衬垫材质符合设计要求和施工规范规定。

检验方法：观察检查。

5）管道支（吊、托）架及管座（墩）的安装：要求达到构造正确，埋设平正牢固，排列整齐，支架与管子接触紧密。检验方法：观察和尺量检查。

6）阀门安装质量要求达到型号、规格、耐压强度和严密性试验结果符合设计要求和施工规范规定，位置、进出口方向正确，连接牢固、紧密。启闭灵活、朝向合理、表面洁净。

检验方法：手扳检查和检查出厂合格证、试验单。

7）埋地管道的防腐层质量要求达到材质和结构符合设计要求和施工规范规定，卷材与管道以及各层卷材间粘贴牢固。表面平整，无折皱、空鼓、滑移和封口不严等缺陷。

检验方法：观察或切开防腐层检查。

8）管道和金属支架涂漆质量要求达到油漆种类和涂刷遍数符合设计要求，附着良好，无脱皮、起泡和漏涂。漆膜厚度均匀，色泽一致，无流淌及污染缺陷。

检验方法：观察检查。

5. 成品保护

（1）给水铸铁管道、管件、阀门及消火栓运、放要避免碰撞损伤。

（2）消火栓并及表井要及时砌好，以保证管件安装后不受损坏。

（3）埋地管要避免受外荷载破坏而产生变形，试水完毕后要及时泄水，防止受冻。

（4）管道穿铁路、公路基础要加套管。

（5）地下管道回填土时，为防止管道中心线位移或损坏管道，应用人工先在管子周围填土夯实，并应在管道两边同时进行，直至管顶0.5m以上时，在不损坏管道的情况下，方可采用蛙式打夯税夯实。

（6）在管道安装过程中，管道未捻口前应对接口处做临时封堵，以免污物进入管道。

6. 通病防治

（1）埋地管道断裂。原因是管基处理不好，或填土夯实方法不当。

（2）阀门井深度不够，地下消火栓的顶部出水口距井盖底部距离小于400mm。原因是埋地管道坐标及标高不准。

（3）管道冲洗数遍，水质仍达不到设计要求和施工规范规定。原因是管膛清扫不净。

（4）水泥接口渗漏。原因是水泥标号不够或过期，接口未养护好，捻口操作不认真，未捻实。

7. 应具备的质量记录

（1）应有材料及设备的出厂合格证。

（2）材料及设备进场检验记录。

（3）管路系统的预检记录。

（4）管路系统的隐蔽检查记录。

（5）管路系统的试压记录。

（6）系统的冲洗记录。

（7）系统的通水记录。

（五）室外排水管道安装

1. 施工范围

本工艺适用于工业与民用建筑室外排水管道安装工程。包括塑料管、铸铁管、混凝土管、钢筋混凝土管的安装施工。

2. 施工准备

（1）材料准备：

钢筋、水泥、黄沙、石子及各类管件等原材料按要求到位，且有出厂证明书和复试报告，并要求标识清楚。周转性材料（钢模板、扣件、脚手架、木跳板等）准备齐全，且按照施工布置要求的位置堆放整齐。

（2）机械、工器具准备：

混凝土搅拌机、反铲挖掘机、手推车、自卸车、振动棒、移动式配电盘、经纬仪、钢卷尺50m、潜水泵、水准仪、

（3）作业条件：

（4）施工用水、用电和施工排水按照临建设计图布置完毕，并保持排水畅通。

3. 施工工艺

（1）施工工艺流程：

安装准备→预制加工→管基素土夯实→管基垫块放置→排水管放置、固定→浇灌管座→管道接口、检查口施工→管侧、管顶施工

（2）施工工艺：

1）基槽开挖：

①沟槽开挖时间尽量选在晴天进行,开挖应连续进行,尽快完成。

②施工过程中应防止地面水流入,以免引起塌方或地基土遭到破坏。

③开挖土方时,若土方量不大,应有计划地堆置在现场,满足基槽回填需要,若有余土,则应考虑好弃土地点,并及时将土运走。

④开挖土方位置应距离坑边在0.8m以外,堆置高度不宜超过1.5m,以免影响施工或造成土壁的崩塌。

⑤基坑开挖时,应防止搅动地基土层,要加强测量,以免超挖,如发生超挖现象,可用砂、砾石或与挖方相同的土填补,并夯实至要求的密实度。

⑥为了防止基坑的基土遭受雨水浸蚀,开挖好后,尽量减少暴露时间,及时进行垫层的施工和管道安装。

⑦用机械开挖时,保留300mm土人工清槽,不得超挖;

⑧挖土过程中或雨后复土,应随时检查土壁的稳定性和支撑情况,发现问题要及时采取措施。

⑨沟槽开挖前应及时将管道进货到位,以便能在开挖后及时埋设,每次挖槽不宜过长,防止雨季到来导致槽内积水产生浮管现象。沟槽开挖后,尽快埋管、回填土。基槽开挖采用机械开挖,路边的排水明沟必须提前疏通,以便排水。深度大于1.5米的沟槽四周围上红白栏杆。

管道一侧的工作面宽度(mm)

管道结构的外缘宽度	管道一侧的工作面宽度 B1	
	非金属	金属
D1≤500	400	300
500〈D1≤1000	500	400
1000〈D1≤1500	600	600
1500〈D1≤3000	800	800

⑩沟槽每侧临时堆土或施加其他荷载时,应符合下列规定:

不得影响建筑物、各种管线和其他设施的安全;

不得掩埋消火栓、管道闸阀、雨水口、测量标志以及各种地下管道的井盖,且不得妨碍其正常使用。

回填土区基础挖方放坡系数为1:0.75,原土区挖方放坡系数为1:0.5,基础内每边留施工面500mm。土方开挖后,应会同设计、建设单位一起进行现场检查并验槽,在验槽过程中要检查基坑的平面位置、坑底尺寸、标高和边坡坡度是否符合设计要求,检查土质情况,并要填写好隐蔽工程验收记录。

（3）沟底处理

沟槽开挖后，对给、排水管道等开挖较深的沟道，视沟底土质情况作具体处理，若沟底是原状土的部分采取平整、夯实即可，如遇到淤泥、劣质回填土视具体情况进行换填、搅石灰或抛石块再夯实。如地基因排水不良被扰动时，应将扰动部分全部清除，可回填碎石或粗砂；地基超挖时，应采用原状土回填压实，其压实度不应低于原地基的天然密实度，当地基含水量较大时，可回填碎石或级配砂。

沟槽的开挖质量应符合下列规定：

不扰动天然地基或地基处理符合设计要求；

槽壁平整，边坡坡度符合施工设计的规定；

沟槽中心线每侧的净宽不小于管道沟槽底部开挖宽度的一半；

槽底高程的允许偏差：开挖土方时应为 ±20mm；开挖石方时应为 +20mm、-20mm。

（4）垫层施工：

沟槽挖好后进行验槽，合格后即可进行垫层施工，垫层施工应遵守图纸及给排水施工规范要求进。

（5）管道安装：

混凝土管及钢筋混凝土管安装与铺设：

管道就位：管及管件应采用专用工具起吊，卸管时应设置滑板，用绳拉住管由滑板轻轻滑下，运输时应垫稳绑牢，不得相互撞击；接口及钢管的内外防腐层应采取保护措施。

管节应堆放在使用方便、平整坚实的场地。

管道基础应落在有一定承载能力的原状土层上，否则应进行地基处理。

管道安装时，应将管节的中心及高程逐节调整正确，事先打好钢筋桩测好标高，然后拉上通线，安装后的管节应进行复测，合格后方可进行下一道工序。

管道安装时，应随时清扫管道中的杂物，给水管道暂时停止安装时，两端应采取封堵措施。

管节安装前应进行外观检查，发现裂缝、保护层脱落、空鼓、接口掉角等缺陷，使用前应经修补并合格后，方可使用。

砂及砂石基础材料应振实，并与管身和承口外壁均匀接触。

管道暂时不接支线的预留孔应进行封闭。

当采用水泥砂浆及抹带接口时，落入管道内的接口材料应清除。

管道接口抹带：对于钢筋混凝土管，采用钢丝网水泥砂浆抹带接口，钢丝网水泥砂浆及水泥砂浆抹带接口处施工应符合下列规定：

抹带前应将管口的外壁凿毛、洗净，当管径小于 400mm 时，抹带可一次抹成；

钢丝网端头需浇筑混凝土基座时应插入混凝土内，在混凝土初凝前，分层抹压钢丝网水泥砂浆抹带，钢丝网应在管道下放前放入且需抹压牢固；

先浇筑混凝土平基再浇筑上部管基，要注意管下混凝土的密实度；

抹带完成后，应立即用平软材料覆盖，3～4小时后，洒水养护；

钢丝网水泥砂浆抹带接口应平整，不得有裂缝、空鼓等现象。

管道交叉处理：给水排水管道施工时若与其他管道交叉，应按设计规定进行处理；当设计无规定，应按以下进行处理：

当排水管道与其他管道交叉时，应在中间填低强度等级的混凝土。其沿管道方向的长度不应小于管块基础300mm；

排水管道与其他管道同时施工时，可在中间回填材料上铺一层中砂或粗砂，其厚度不小于100mm。

铸铁管及塑料排水管安装：

排水铸铁管接口常采用承插式接口，安装时先将铸铁管分段排放，再带线分段连接，排水铸铁管采用水泥捻口，捻口前油麻填塞应密实，接口水泥应密实饱满，其接口面凹入边缘深不得大于2mm。排水铸铁管外壁在安装前除锈，涂二遍石油沥青漆，防止管道生锈。承插接口的排水管道安装时，管道和管件的承口与水流方向相反，以利排水。

塑料排水管接口采用胶结，接口应严密不渗漏。安装方法同铸铁管。

（6）回填土

给排水管道等管道施工完毕并经检验合格后，沟槽应及时进行回填土。不得掺有混凝土碎块、石块和大于100mm的坚实土块管顶以下的回填土必须对称进行，并应分层仔细夯实。在管顶以上1.0m范围内回填土时，应注意不能损坏管道。回填土应分层夯实，人工夯时每层铺筑厚度不大于0.2m，机械夯实时每层铺筑厚度不大于0.3m，回填土应及时进行，防止发生浮管。不允许沟槽内长期积水。

回填前应符合以下规定：

预制管铺设管道的现场浇筑混凝土基础强度，接口抹带或预制构件现场装配的接缝水泥砂浆强度不应小于5N/mm²；

无压管道的沟槽应在闭水试验合格后及时回填。

回填时，应符合以下规定：

槽顶至管顶以上500mm范围内，不得含有有机物、以及大于50mm的砖、石等硬块；

在抹带处、防腐绝缘层或电缆周围，应采用细粒土回填；

采用土、砂、沙砾等材料回填时，其质量要求应按设计规定执行；

回填土的含水量，应按土类和采用压实工具控制在最佳含水量附近。

回填土或其他回填材料运入槽内时不得损伤管节及其接口，并应符合下列规定：

根据一层虚铺厚度的用量将回填材料运至槽内，且不得在影响压实范围内堆料；

管道两侧和管顶以上500mm范围内的回填材料，应由沟槽两侧对称运入槽内，不得集中堆入；

需要拌合的材料。应在运入槽内前拌合均匀，不得在槽内拌合。

沟槽回填土或其他材料的压实，应符合下列规定：

回填土压实应逐层进行，且不得损伤管道；

管道两层和管顶以上500mm范围内，应采用轻夯压实，管道两层压实面的高差不应超过300mm；

分段回填压实时，相邻段的接茬应呈梯形，且不得漏夯；

回填材料压实后应与井壁紧贴。

4. 质量标准

（1）主控项目：

排水管道的坡度必须符合设计要求

严禁无坡度或倒坡。

检验方法：用水准仪、拉线和尺量检查。

管道埋设前必须做灌水试验和通水试验

排水畅通无堵塞

管接口无渗漏。

检验方法：按排水检查井分段试验，试验水头应以试验段上游管顶加1m，时间不少于30min，逐段观察。

（2）一般项目

管道的坐标和标高应符合设计要求。

1）安装的允许偏差符合《建筑给水排水及采暖工程施工质量验收规范》规定。

2）排水铸铁管接口采用承插式接口时，油麻填塞应密实，接口水泥应密实饱满，其接口面凹入边缘深不得大于2mm。

3）检验方法：观察和尺量检查。

排水铸铁管外壁在安装前除锈，涂二遍石油沥青漆。

4）检验方法：观察检查。

承插接口的排水管道安装时，管道和管件的承口与水流方向相反。

5）检验方法：观察检查。

6）混凝土管或钢筋混管采用抹带接口时，应符合下列规定：抹带前应将管口的外壁凿毛、洗净，当管径小于或等于500mm时，抹带可一次抹成；当管径大小500mm时，应分二次抹成，抹带不得有裂纹。

7）钢丝网应在管道就位前放入下方，抹压砂浆时应将钢丝网抹压牢固，钢丝网不得外露。

8）抹带厚度不得于管壁的厚度，宽度宜为80～100mm。

检验方法：观察和尺量检查。

5. 成品保护

回填土时防止大块土方砸坏排水管道，过道路排水管道要有防护措施。

6. 通病防治

（1）地下埋设管道漏水：严格按照施工规范进行管道进水试验，认真检查管道有无裂缝。管道支墩间距要合适，支垫要牢靠，接口要严密。

（2）冬季施工前将管道内积水认真排泄干净，防止结冰冻坏管道。

（3）管道周围埋土要用人工夯分层夯实，避免这道局部受力过大，接头损坏。

（4）排水管道甩口不准：地下埋设的管道安装后要垫实，甩口应及时固定牢靠。在编制施工方案时，要全面安排管道的安装位置，关键部位应做技术交底。

（5）排水管道堵塞：及时堵死封严管道的甩口，防止杂物掉进管膛。管道安装时要认真疏通管膛，除去杂物。

（6）保持管道安装坡度均匀，不得有倒坡。

7. 质量记录

管道的产品合格证、水泥、黄沙、石子等原材料的质量证明文件及复试报告。

排水管道通水、灌水试验记

（六）室内卫生器具安装

1. 施工范围

本工艺标准适用于一般民用和公共建筑卫生洁具安装工程。

2. 施工准备

（1）材料要求：

1）卫生洁具的规格、型号必须符合设计要求；并有出厂产品合格证。卫生洁具外观应规矩、造型周正，表面光滑、美观、无裂纹，边缘平滑，色调一致。

2）卫生洁具零件规格应标准，质量应可靠，外表光滑，电镀均匀，螺纹清晰，锁母松紧适度，无砂眼、裂纹等缺陷。

3）卫生洁具的水箱应采用节水型。

4）其它材料：镀锌管件、皮钱截止阀、八字阀门、水嘴、丝扣返水弯、排水口、镀锌燕尾螺栓、螺母、胶皮板、铜丝、油灰、铅皮、螺丝、焊锡、熟盐酸、铅油、麻丝、石棉绳、白水泥、白灰膏等均应符合材料标准要求。

（2）主要机具

1）机具：套丝机、砂轮机、砂轮锯、手电钻、冲击钻。

2）工具：管钳、手据、铁、布剪子、活扳手、自制死扳手、叉扳手、手锤、手铲、錾子、克丝钳、方锉、圆锉、螺丝刀、烙铁等。

3）其它：水平尺、划规、线坠、小线、盒尺等。

（3）作业条件：

1）所有与卫生洁具连接的管道压力、闭水试验已完毕，并已办好隐预检手续。

2）浴盆的稳装应待土建做完防水层及保护层后配合土建施工进行。

3）其它卫生洁具应在室内装修基本完成后再进行稳装。

3. 操作工艺

（1）工艺流程：

安装准备→卫生洁具及配件检验→卫生洁具安装→卫生洁具配件预装→卫生洁具稳装→卫生洁具与墙、地缝隙处理→卫生洁具外观检查→通水试验

（2）卫生洁具在稳装前应进行检查、清洗。配件与卫生洁具应配套。部分卫生洁具应先进行预制再安装。

（3）卫生洁具安装：

1）高水箱、蹲便器安装：

①高水箱配件安装：

先将虹吸管、锁母、根母、下垫卸下，涂抹油灰后将虹吸管插入高水箱出水孔。将管下垫、眼圈套在管上。拧紧根母至松紧适度。将锁母拧在虹吸管上。虹吸管方向、位置视具体情况自行确定。

将漂球拧在漂杆上，并与浮球阀（漂子门）连接好，浮球阀安装与塞风安装略同。

拉把支架安装：将拉把上螺母眼圈卸下，再将拉把上螺栓插入水箱一侧的上沿（侧位方向视给水预留口情况而定）加垫圈紧固。调整挑杆距离（挑杆的提拉距离一般为40mm为宜）。挑杆另一端连接拉把（拉把也可交验前统一安装），将水箱备用上水眼用塑料胶盖堵死。

②蹲便器、高水箱稳装：

首先，将胶皮碗套在蹲便器进水口上，要套正，套实。用成品喉箍紧固（或用14#铜丝分别绑二道，但不允许压缩在一条线上，铜丝拧紧要错位90度左右）。

将预留排水管口周围清扫干净，把临时管堵取下，同时检查管内有无杂物。找出排水管口的中心线，并画在墙上。用水平尺（或线坠）找好竖线。将下水管承口内抹上油灰，蹲便器位置下铺垫白灰膏，然后将蹲便器排水口插入排水管承口内稳好。同时用水平尺放在蹲便器上沿，纵横双向找平、找正。使蹲便器进水口对准墙上中心线。同时蹲便器二侧用砖砌好抹光，将蹲便器排水口与排水管承口接触处的油灰压实、抹光。最后将蹲便器排水口用临时堵封好。

稳装多联蹲便器时，应先检查排水管口标高、甩口距墙尺寸是否一致。找出标准地面标高，向上测量好蹲便器需要的高度，用小线找平，找好墙面距离，然后按上述方法逐个进行稳装。

高水箱稳装：应在蹲便器稳装之后进行。首先检查蹲便器的中心与墙面中心线是否一致，如有错位应及时进行调整，以蹲便器不扭斜为宜。确定水箱出水口中心位置，向上测量出规定高度（给水口距台阶面2m）。同时结合高水箱固定孔与给水孔的距离找出固定螺栓高度位置，在墙上画好十字线，剔成φ30×100mm深的孔眼，用水冲净孔眼内杂物，

将燕尾螺栓插入洞内用水泥捻牢。将装好配件的高水箱挂在固定螺栓上,加胶垫、眼圈,带好螺母拧至松紧适度。

多联高水箱应按上述做法先挂两端的水箱,然后挂线拉平、找直,再稳装中间水箱。

高水箱冲洗管的连接:先上好八字门,测量出高水箱浮球阀距八字水门中口给水管尺寸,配好短节,装在八字水门上及给水管口内。将铜管或塑料管断好,需要灯叉弯者把弯煨好。然后将浮球阀和八字水门锁母卸下,背对背套在铜管或塑料管上,两头缠石棉绳或铅油麻线,分别插入浮球阀和八字水门进出口内拧紧锁母。

延时自闭冲洗阀的安装:冲洗阀的中心高度为1100mm。相据冲洗阀至胶皮碗的距离,断好90°弯的冲洗管,使两端合适。将冲洗阀锁母和胶圈卸下,分别套在冲洗管直管段上,将弯管的下端插入胶皮碗内40~50mm,用喉箍卡牢。再将上端插入冲洗阀内,推上胶圈,调直找正,将锁母拧至松紧适度。

扳把式冲洗阀的扳手应朝向右侧。按钮式冲洗阀的按钮应朝向正面。

2)背水箱坐便器安装:

①背水箱配件安装:

背水箱中带溢水管的排水口安装与塞风安装相同。溢水管口应低于水箱固定螺孔10~20mm。

背水箱浮球阀安装与高水箱相同,有补水管者把补水管上好后煨弯至溢水管口内。

安装扳手时,先将圆盘塞入背水箱左上角方孔内,把圆盘上入方螺母内用管钳拧至松紧适度,把挑杆煨好匀弯,将扳手轴插入圆盘孔内,套上挑杆拧紧顶丝。

安装背水箱翻板式排水时,将挑杆与翻板用尼龙线连接好。扳动扳手使挑杆上翻板活动自如。

②背水箱、坐便器稳装:

将坐便器预留排水管口周围清理干净,取下临时管堵,检查管内有无杂物。

将坐便器出水口对准预留排水口放平找正,在坐便器两侧固定螺栓眼处画好印记后,移开坐便器,将印记做好十字线。

在十字线中心处剔 $\phi20\times60mm$ 的孔洞,把 $\phi10mm$ 螺栓插入孔洞内用水泥栽牢,将坐便器试稳,使固定螺栓与坐便器吻合,移开坐便器。将坐便器排水口及排水管口周围抹上油灰后将便器对准螺栓放平、找正,螺栓上套好胶皮垫、眼圈上螺母拧至松紧适度。

对准坐便器尾部中心,在墙上画好垂直线,在距地平800cm高度画水平线。根据水箱背面固定孔眼的距离,在水平线上画好十字线。在十字线中心处剔 $\phi30\times70mm$ 深的孔洞,把带有燕尾的镀锌螺栓(规格 $\phi10\times100mm$)插入孔洞内,用水泥栽牢。将背水箱挂在螺栓上放平、找正。与坐便器中心对正,螺栓上套好胶皮垫,带上眼圈、螺母拧至松紧适度。

3)洗脸盆安装

①洗脸盆零件安装

安装脸盆下水口：先将下水口根母、眼圈、胶垫卸下，将上垫垫好油灰后插入脸盆排水口孔内，下水口中的溢水口要对准脸盆排水口中的溢水口眼。外面加上垫好油灰的胶垫，套上眼圈，带上根母，再用自制扳手卡住排水口十字筋，用平口扳手上根母至松紧适度。

安装脸盆水嘴：先将水嘴根母、锁母卸下，在水嘴根部垫好油灰，插入脸盆给水孔眼，下面再套上胶垫眼圈，带上根母后左手按住水嘴，右手用自制八字死扳手将锁母紧至松紧适度。

②洗脸盆稳装：

洗脸盆支架安装：应按照排水管口中心在墙上画出竖线，由地面向上量出规定的高度，画出水平线，根据盆宽在水平线上画出支架位置的十字线。按印记剔成 $\phi 30 \times 120mm$ 孔洞。将脸盆支架找平栽牢。再将脸盆置于支架上找平、找正。将架钩钩在盆下固定孔内，拧紧盆架的固定螺栓，找平正。

铸铁架洗脸盆安装：按上述方法找好十字线，按印记剔成 $\phi 15 \times 70mm$ 的孔洞，栽好铅皮卷，采用 2 1/2″ 螺丝将盆架固定于墙上。将活动架的固定螺栓松开，拉出活动架将架勾勾在盆下固定孔内，拧紧盆架的固定螺栓，找平、找正。

③洗脸盆排水管连接：

S 型存水弯的连接：应在脸盆排水口丝扣下端涂铅油，缠少许麻丝。将存水弯上节拧在排水口上，松紧适度。再将存水弯下节的下端缠油盘根绳插在排水管口内，将胶垫放在存水弯的连接处，把锁母用手拧紧后调直找正。再用扳手拧至松紧适度。用油灰将下水管目塞严、抹平。

P 型存水弯的连接：应在脸盆排水口丝扣下端涂铅油，缠少许麻丝。将存水弯立节拧在排水口上，松紧适度。再将存水弯横节按需要长度配好。把锁母和护口盘背靠背套在横节上，在端头缠好油盘根绳，试安高度是否合适，如不合适可用立节调整，然后把胶垫放在锁口内，将锁母拧至松紧适度。把护口盘内填满油灰后向墙面找平、按实。将外溢油灰除掉，擦净墙面。将下水口处外露麻丝清理干净。

④洗脸盆给水管连接：

首先量好尺寸，配好短管。装上八字水门。再将短管另一端丝扣处涂油、缠麻，拧在预留给水管口（如果是暗装管道，带护口盘，要先将护口盘套在短节上，管子上完后，将护口盘内填满油灰，向墙面找平、按实，清理外溢油灰）至松紧适度。将铜管（或塑料管）接尺寸断好，需煨弯叉弯者把弯煨好。将八字水门与水嘴的锁母卸下，背靠背套在铜管（或塑料管）上，分别缠好油盘根绳或铅油麻线，上端插入水嘴根部，下端插入八字水门中口，分别打好上、下锁母至松紧适度。找直、找正，并将外露麻丝清理干净。

4）PT 型支柱式洗脸盆安装

①型支柱式洗脸盆配件安装：

混合水嘴的安装：将混合水嘴的根部加 1mm 厚的胶垫、油灰。插入脸盆上沿中间孔眼内，下端加胶垫和眼圈，扶正水嘴，拧紧根母至松紧适度，带好给水锁母。

将冷、热水阀门上盖卸下，退下锁母，将阀门自下而上的插入脸盆冷、热水孔眼内。阀门锁母和胶圈套入四通横管，再将阀门上根母加油灰及1mm厚的胶垫，将根母拧紧与丝扣平。盖好阀门盖，拧紧门盖螺丝。

脸盆排水口加1mm厚胶垫、油灰，插入脸盆排水孔眼内，外面加胶垫和眼圈，丝扣处涂油、缠麻。用自制扳手卡住下水口十字筋，拧入下水三通口，使中口向后，溢水口要对准脸盆溢水眼。

将手提拉杆和弹簧万向珠装入三通中心，将锁母拧至松紧适度。再将立杆穿过混合水嘴空腹管至四通下口，四通和立杆接口处缠油盘根绳，拧紧压紧螺母。立、横杆交叉点用卡具联接好，同时调整定位。

②PT型支柱式洗脸盆稳装：

按照排水管口中心画出竖线，将支柱立好，将脸盆转放在支柱上，使脸盆中心对准竖线，找平后画好脸盆固定孔眼位置。同时将支柱在地面位置做好印记。按墙上印记剔成$\phi 10 \times 80mm$的孔洞，栽好固定螺栓。将地面支柱印记内放好白灰膏，稳好支柱及脸盆，将固定螺栓加胶皮垫、眼圈、带上螺母拧至松紧适度。再次将脸盆面找平，支柱找直。将支柱与脸盆接触处及支柱与地面接触处用白水泥勾缝抹光。

PT型支柱式洗脸盆给排水管连接方法参照洗脸盆给排水管道安装。

5）净身盆安装：

①净身盆配件安装：

将混合阀门及冷、热水阀门的门盖卸下，下根母调整适当，以三个阀门装好后上根母与阀门颈丝扣基本相平为宜。将预装好的喷嘴转心阀门装在混合开关的四通下口。

将冷、热水阀门的出口锁母套在混合阀门四通横管处，加胶圈或缠油盘根绳组装在一起，拧紧锁母。将三个阀门门颈处加胶垫，同时由净身盆自下而上穿过孔眼。三个阀门上加胶垫、眼圈带好根母。混合阀门上加角型胶垫及少许油灰，扣上长方型镀铬护口盘，带好根母。然后将空心螺栓穿过护口盘及净身盆。盆下加胶垫眼圈和根母，拧紧根母至松紧适度。

将混合阀门上根母拧紧，其根母应与转心阀门颈丝扣平为宜。将阀门盖放入阀门挺旋转，能使转心阀门盖转动30°即可。再将冷、热水阀门的上根母对称拧紧。分别装好三个阀门门盖，拧紧冷、热水阀门门盖上的固定螺丝。

喷嘴安装：将喷嘴靠瓷面处加1mm厚的胶垫，抹少许油灰，将定型铜管一端与喷嘴连接，另一端与混合阀门四通下转心阀门连接。拧紧锁母，转心阀门门挺须朝向与四通平行一侧，以免影响手提拉杆的安装。

排水口安装：将排水口加胶垫，穿入净身盆排水孔眼。拧入排水三通上口。同时检查排水口与净身盆排水孔眼的凹面是否紧密，如有松动及不严密现象，可将排水口锯掉一部分，尺寸合适后，将排水口圆盘下加抹油灰，外面加胶垫、眼圈，用自制叉扳手卡入排水口内十字筋，使溢水口对准净身盆溢水孔眼，拧入排水三通上口。

手提拉杆安装：将挑杆弹簧珠装入排水三通中口，拧紧锁母至松紧适度。然后将手提拉杆插入空心螺栓，用卡具与横挑杆连接，调整定位，使手提拉杆活动自如。

净身盆配件装完以后，应接通临时水试验无渗漏后方可进行稳装。

②净身盆稳装：

将排水预留管口周围清理干净，将临时管堵取下，检查有无杂物。将净身盆排水三通下口铜管装好。

将净身盆排水管插入预留排水管口内，将净身盆稳平找正。净身盆尾部距墙尺寸一致。将净身盆固定螺栓孔及底座画好印记，移开净身盆。

将固定螺栓孔印记画好十字线，剔成 $\phi 20 \times 60mm$ 孔眼，将螺栓插入洞内栽好。再将净身盆孔眼对准螺栓放好，与原印记吻合后再将净身盆下垫好白灰膏，排水铜管套上护口盘。净身盆稳牢、找平、找正。固定螺栓上加胶垫、眼圈，拧紧螺母。清除余灰，擦拭干净。将护口盘内加满油灰与地面按实。净身盆底座与地面有缝隙之处，嵌入白水泥浆补齐、抹光。

6）平面小便器安装：

首先，对准给水管中心画一条垂线，由地平向上量出规定的高度画一水平线。根据产品规格尺寸，由中心向两侧固定孔眼的距离，在横线上画好十字线，再画出上、下孔眼的位置。

将孔眼位置剔成 $\phi 10 \times 60mm$ 的孔眼，栽入 $\phi 6mm$ 螺栓。托起小便器挂在螺栓上。把胶垫、眼圈套入螺栓，将螺母拧至松紧适度。将小便器与墙面的缝隙嵌入白水泥浆补齐、抹光。其它安装方法同上。

7）立式小便器安装：

立式小便器安装前应检查给、排水预留管口是否在一条垂线上，间距是否一致。符合要求后按照管口找出中心线。将下水管周围清理干净，取下临时管堵，抹好油灰，在立式小便器下铺垫水泥、白灰膏的混合灰（比例为 1∶5）。将立式小便器稳装找平、找正。立式小便器与墙面、地面缝隙嵌入白水泥浆抹平、抹光。

将八字水门丝扣抹铅油、缠麻、带入给水口，用板子上至松紧适度。其护口盘应与墙面靠严。八字水门出口对准鸭嘴锁口，量出尺寸，断好钢管，套上锁母及扣碗，分别插入鸭嘴和八字水门出水口内。缠油盘根绳拧紧锁母至松紧适度。然后将扣碗加油灰按平。

8）家具盆安装：

栽架前应将盆架与家具盆试一下是否相符。将冷、热水预留管口之间画一条平分垂线（只有冷水时，家具盆中心应对准给水管口）。由地面向上量出规定的高度，画出水平线，按照家具盆架的宽度由中心线左右画好十字线，剔成 $\phi 50 \times 120mm$ 的孔眼，用水冲净孔眼内杂物，将盆架找平、找正。用水泥栽牢。将家具盆放于架上纵横找平、找正。家具盆靠墙一侧缝隙处嵌入白水泥浆勾缝抹光。

排水管的连接：先将排水口根母松开卸下，放在家具盆排水孔眼内，测量出距排水预留管口的尺寸。将短管一端套好丝扣，涂油、缠麻。将存水弯拧至外露丝 2~3 扣，按量好的尺寸将短管断好，插入排水管口的一端应做扳边处理。将排水口圆盘下加1mm厚的胶垫、抹油灰，插入家具盆排水孔眼，外面再套上胶垫、眼圈，带上根母。在排水口的丝扣处抹油、缠麻，用自制扳手卡住排水口内十字筋，使排水口溢水眼对准家具盆溢水孔眼，用自制扳手拧紧根母至松紧适度。吊直找正。接口处捻灰，环缝要均匀。

水嘴安装：将水嘴丝扣处涂油缠麻，装在给水管口内，找平、找正、拧紧。除净外露麻丝。

堵链安装：在瓷盆上方50mm并对准排水口中心处剔成$\phi 10 \times 50mm$孔眼，用水泥浆将螺栓注牢。

9）浴盆安装：

浴盆稳装：浴盆稳装前应将浴盆内表面擦拭干净，同时检查瓷面是否完好。带腿的浴盆先将腿部的螺丝卸下，将拔销母插入浴盆底卧槽内，把腿扣在浴盆上带好螺母拧紧找平。浴盆如砌砖腿时，应配合土建施工把砖腿按标高砌好。将浴盆稳于砖台上，找平、找正。浴盆与砖腿缝隙外用1:3水泥砂浆填充抹平。

浴盆排水安装：将浴盆排水三通套在排水横管上，缠好油盘根绳，插入三通中口，拧紧锁母。三通下口装好钢管，插入排水预留管口内（铜管下端板边）。将排水口圆盘下加胶垫、油灰，插入浴盆排水孔眼，外面再套胶垫、眼圈，丝扣处涂铅油、缠麻。用自制叉扳手卡住排水口十字筋，上入弯头内。将溢水立管下端套上锁母，缠上油盘根绳，插入三通上口对准浴盆溢水孔，带上锁母。溢水管弯头处加1mm厚的胶垫、油灰，将浴盆堵螺栓穿过溢水孔花盘，上入弯头，浴盆排水三通出口和排水管接口处缠绕油盘根绳捻实，再用油灰封闭。

混合水嘴安装：将冷、热水管口找平、找正。把混合水嘴转向对丝抹铅油，缠麻丝，带好护口盘，用自制扳手（俗称钥匙）插入转向对丝内，分别拧入冷、热水预留管口，校好尺寸，找平、找正。使护口盘紧贴墙面。然后将混合水嘴对正转向对丝，加垫后拧紧锁母找平、找正。用扳手拧至松紧适度。

水嘴安装：先将冷、热水预留管口用短管找平、找正。如暗装管道进墙较深者，应先量出短管尺寸，套好短管，使冷、热水嘴安完后距墙一致。将水嘴拧紧找正，除净外露麻丝。

10）淋浴器安装：

镀铬淋浴器安装：暗装管道先将冷、热水预留管口加试管找平、找正。量好短管尺寸，断管、套丝、涂铅油、缠麻，将弯头上好。

淋浴器锁母外丝丝头处抹油、缠麻。用自制扳手卡住内筋，上入弯头或管箍内。再将淋浴器对准锁母外丝，将锁母拧紧。将固定圆盘上的孔眼找平、找正。画出标记，卸下淋浴器，将印记剔成$\phi 10 \times 40mm$的孔眼，裁好铅皮卷。再将锁母外丝口加垫抹油，将淋浴器对准锁母外丝口，用扳手拧至松紧适度。再将固定圆盘与墙面靠严，孔眼平正，用木螺丝固定在墙上。

将淋浴器上部铜管预装在三通口上，使立管垂直，固定圆盘与墙面贴实，孔眼平正，画出孔眼标记，裁入铅皮卷，锁母外加垫林油，将锁母拧至松紧适度。上固定圆盘采用木螺丝固定在墙面上。

铁管淋浴器的组装：铁管淋浴器的组装必须采用镀锌管及管件，皮钱阀门、各部尺寸必须符合规范规定。

由地面向上量出1150mm，画一条水平线，为阀门中心标高。再将冷、热阀门中心位置画出，测量尺寸，配管上零件。阀门上应加活接头。

根据组数预制短管，按顺序组装，立管栽固定立管卡，将喷头卡住。立管应吊直，喷头找正。安装时应注意男、女浴室喷头的高度。

4. 质量标准

（1）保证项目

1）卫生洁具的型号、规格、质量必须符合设计要求；

2）卫生洁具排水的出口与排水管承口的连接处必须严密不漏。

检查方法：检验出厂合格证，通水检查。

3）卫生洁具的排水管径和最小坡度，必须符合设计要求和施工规范规定。

（2）基本项目：

1）支托架防腐良好，埋设平整牢固，洁具放置平稳、洁净。支架与洁具接触紧密。

检查方法：观察和手扳检查。

2）卫生洁具安装的允许偏差和检验方法见《建筑给水排水及采暖工程施工质量验收规范》。

3）卫生洁具安装高度如设计无要求时，应符合《建筑给水排水及采暖工程施工质量验收规范》的规定。

5. 成品保护

（1）洁具在搬运和安装时要防止磕碰。稳装后洁具排水口应用防护用品堵好，镀铬零件用纸包好，以免堵塞或损坏。

（2）在釉面砖、水磨石墙面剔孔洞时，宜用手电钻或先用小錾子轻剔掉釉面，待剔至砖底灰层处方可用力，但不得过猛，以免将面层剔碎或震成空鼓现象。

（3）洁具稳装后，为防止配件丢失或损坏，如拉链、堵链等材料、配件应在竣工前统一安装。

（4）安装完的洁具应加以保护，防止洁具瓷面受损和整个洁具损坏。

（5）通水试验前应检查地漏是否畅通，分户阀门是否关好，然后按层段分房间逐一进行通水试验，以免漏水使装修工程受损。

（6）在冬季室内不通暖时，各种洁具必须将水放净。存水弯应无积水，以免将洁具和存水弯冻裂。

6. 通病防治

（1）蹲便器不平，左右倾斜。原因：稳装时，正面和两侧垫砖不牢，焦渣填充后，没有检查，抹灰后不好修理，造成高水箱与便器不对中。

（2）高、低水箱拉、扳把不灵活。原因：高、低水箱内部配件安装时，三个主要部件在水箱内位置不合理。高水箱进水、拉把应放在水箱同侧。以免使用时互相干扰。

（3）零件镀铬表层被破坏。原因：安装时使用管钳。应采用平面扳手或自制扳手。

（4）坐便器与背水箱中心没对正，弯管歪扭。原因：划线不对中，便器稳装不正或先稳背箱，后稳便器。

（5）坐便器周围离开地面。原因：下水管口预留过高，稳装前没修理。

（6）立式小便器距墙缝隙太大。原因：甩口尺寸不准确。

（7）洁具溢水失灵。原因：下水口无溢水眼。

（8）通水之前，将器具内污物清理干净，不得借通水之便将污物冲入下水管内，以免管道堵塞。

（9）严禁使用未经过滤的白灰粉代替白灰膏稳装卫生设备，避免造成卫生设备胀裂。

7.应具备的质量记录

（1）产品合格证（卫生器具的出厂合格证）。

（2）应有卫生器具及配件的产品进入现场的验收记录。

（3）器具安装前管道甩口位置的预检记录。

（4）样板间检验鉴定记录。

（5）卫生器具安装分项工程质量检验评定。

（6）卫生器具通水试验记录。

二、采暖工程施工

（一）采暖工程常用材料及设备

1.散热器

散热器是通过热媒把热源的热量传递给室内的一种散热设备。通过散热器的散热，使室内的得失热量达到平衡，从而维持房间需要的空气温度，达到供暖的目的。

散热器内热媒是通过散热器壁面将携带的热量传给房间的，也就是散热器的内表面一侧是热媒（如热水、蒸气）、外表面一侧是室内空气。当热媒的温度高于室内空气时，热媒所携带的热量就会传递给室内空气。

散热器按照其加工制作材质不同，分为铸铁型、钢制型和其他材质散热器。

散热器按其结构形式不同，分为管型、柱型、翼型和板型等。

散热器按其传热方式不同，分为对流型（对流换热占总散热量的60%以上）和敷设型（辐射换热占50%以上）。

2. 暖风机

暖风机是由通风机、电动机及空气加热器组合而成的联合机组。在飞机作用下，空气由吸风口进入机组，经空气加热器加热后，从送风口送至室内，以维持室内需要的温度。

暖风机分为轴流式与离心式两种，常称为小型暖风机和大型暖风机。根据其结构特点及适用的热媒不同，又可分为蒸气暖风机、热水暖风机，蒸气、热水两用暖风机以及冷、热水两用暖风机等。

3. 风机盘管

风机盘管是作为采暖加热的装置，可以用来加热室内空气，加热部分或全部室外新风。

4. 热水采暖系统的附属设备

排气装置：主要有集气罐、自动排气阀和冷气阀等几种。

除污器：用来截留、过滤管道中的杂质和污物，保证系统内水质洁净，减少阻力，防止赌赛调压板及管路。

热量表：进行热量测量与计算，并作为计费结算的计量仪器称为热量表。

膨胀水箱：膨胀水箱上连有膨胀管、溢流管、信号管、排水管及循环管等管路。主要用来容纳膨胀水、排气和定压。

散热器温控阀：是一种自动控制散热器热量的设备，它由两部分组成。一部分为阀体部分，另一部分为感温元件控制部分。其控温范围在 13 ~ 28℃。

分（集）水（汽）缸：在热源的供热热水管道分支多于两根时一般需要在供水管道上设置分水缸，在回水管道上设置集水缸，相对于蒸气管道则设置分汽缸，具有稳定压力，平缓并均匀分配水流的作用。

Y形过滤器：其滤网比除污器的滤网孔径小，用来过滤系统中更小的固体杂质。

锁闭阀：是随着建筑采暖系统分户改造工程与分户采暖工程的实施而出现的，其主要作用是关闭功能，是必要时采取强制措施的手段。

5. 蒸气采暖系统的附属设备

疏水器：蒸气疏水器的作用是自动阻止蒸气逸漏，并且迅速排除用热设备及管道中的凝水，同时能排除系统中积留的空气和其他不凝型气体。按照作用原理的不同科分为机械型疏水器、热静力型疏水器和热动力型疏水器。

减压阀：减压阀是通过调节阀孔大小，对蒸气进行节流而达到减压的目的，并能自动地将阀后压力维持在一定的范围内。目前经常采用的减压阀有活塞式、波纹管式和薄膜式等几种。

二次蒸发箱：其作用时将室内各用气设备排除冷凝水，在交底压力下分离出一部分二次蒸汽，并将低压的二次蒸汽输送到热用户利用。

热换器

热换器主要用于热电厂及锅炉房中加热热网水和锅炉给水，在热水站和用户热力点处，加热供暖和热水供应用户系统的循环水和上水。按参与热交换的介质可分为汽-水换热器和水-水换热器，按换热器的热交换方式可分为表面式热交换器和和混合式热交换器。

补偿器

补偿器是为了防止供热管道升温时，由于热伸长或温度应力而引起的管道变形或破坏，需要在管道上设置补偿器，以吸收管道的热伸长，从而减小管壁的应力和作用在阀件或支架上的作用力。常用的补偿器有管道的自然补偿器、方形补偿器、波纹管补偿器、套筒补偿器、球形补偿器和旋转补偿器等。

（二）室内采暖管道安装工艺与质量标准

1. 施工准备

（1）材料要求

1）管材：碳素钢管、无缝钢管。管材不得弯曲、锈蚀，无飞刺、重皮及凹凸不平现象。

2）管件：无偏扣、方扣、乱扣、断丝和角度不准确现象。

3）阀门：铸造规矩、无毛刺、无裂纹、开关灵活严密、丝扣无损伤，直度和角度正确，强度符合要求，手轮无损伤。有出厂合格证，安装前应按有关规定进行强度、严密性试验。

4）其它材料：型钢、圆钢、管卡子、螺栓、螺母、油、麻、垫、电气焊条等。选用时应符合设计要求。

（2）主要机具

1）机具：砂轮锯、套丝机、台钻、电焊机、煨弯器等。

2）工具：压力案、台虎钳、电焊工具、管钳、手锤、手锯、活扳子等。

3）其它：钢卷尺、水平尺、线坠、粉笔，小线等。

（3）作业条件

1）干管安装：位于地沟内的干管，应把地沟内杂物清理干净，安装好托吊卡架，未盖沟盖板前安装。位于楼板下及顶层的干管，应在结构封顶后或结构进入安装层的一层以上后安装。

2）立管安装必须在确定准确的地面标高后进行。

3）支管安装必须在墙面抹灰后进行。

2. 操作工艺

（1）工艺流程

安装准备→预制加工→卡架安装→干管安装→立管安装→支管安装→试压→冲洗→防腐→保温→调试

（2）安装准备

1）认真熟悉图纸，配合土建施工进度，预留槽洞及安装预埋件。

按设计图纸画出管路的位置、管径、变径、预留口、坡向，卡架位置等施工

(3)干管安装

1)按施工草图,进行管段的加工预制,包括:断管、套丝、上零件、调直、核对好尺寸,按环路分组编号,码放整齐。

2)安装卡架,按设计要求或规定间距安装。吊卡安装时,先把吊棍按坡向、顺序依次穿在型钢上,吊环按间距位置套在管上,再把管抬起穿上螺栓拧上螺母,将管固定。安装托架上的管道时,先把管就位在托架上,把第一节管装好U形卡,然后安装第二节管,以后各节管均照此进行,紧固好螺栓。

3)干管安装应从进户或分支路点开始,装管前要检查管腔并清理干净。在丝头处涂好铅油缠好麻,一人在末端扶平管道,一人在接口处把管相对固定对准丝扣,慢慢转动入扣,用一把管钳咬住前节管件,用另一把管钳转动管至松紧适度,对准调直时的标记,要求丝扣外露2~3扣,并清掉麻头依此方法装完为止(管道穿过伸缩缝或过沟处,必须先穿好钢套管)。

4)制作羊角弯时,应煨两个75°左右的弯头,在联接处锯出坡口,主管锯成鸭嘴形,拼好后即应点焊、找平、找正、找直后,再进行施焊。羊角弯接合部位的口径必须与主管口径相等,其弯曲半径应为管径的2.5倍左右。

5)分路阀门离分路点不宜过远。如分路处是系统的最低点,必须在分路阀门前加泄水丝堵。集气罐的进出水口,应开在偏下约为罐高的1/3处。丝接应与管道联接调直后安装。其放风管应稳固,如不稳可装两个卡子,集气罐位于系统末端时,应装扡、吊卡。

6)采用焊接钢管,先把管子选好调直,清理好管腔,将管运到安装地点,安装程序从第一节开始;把管就位找正,对准管口使预留口方向准确,找直后用气焊点焊固定(管径≤50mm以下焊2点,管径≥70mm以上点焊3点),然后施焊,焊完后应保证管道正直。

7)遇有伸缩器,应在预制时按规范要求做好预拉伸,并作好纪录。按位置固定,与管道连接好。波纹伸缩器应按要求位置安装好导向支架和固定支架。并分别安装阀门、集气罐等附属设备。

8)管道安装完,检查坐标、标高、预留口位置和管道变径等是否正确,然后找直,用水平尺校对复核坡度,调整合格后,再调整吊卡螺栓U形卡,使其松紧适度,平正一致,最后焊牢固定卡处的止动扳。

9)摆正或安装好管道穿结构处的套管,填堵管洞口,预留口处应加好临时管堵。

(4)立管安装

1)核对各层预留孔洞位置是否垂直,吊线、剔眼、栽卡子。将预制好的管道按编号顺序运到安装地点。

2)安装前先卸下阀门盖,有钢套管的先穿到管上,按编号从第一节开始安装。涂铅油缠麻将立管对准接口转动入扣,一把管钳咬住管件,一把管钳拧管,拧到松紧适度,对准调直时的标记要求,丝扣外露2~3扣,预留口平正为止,并清净麻头。

3)检查立管的每个预留口标高、方向、半圆弯等是否准确、平正。将事先栽好的管卡子松开，把管放入卡内拧紧螺栓，用吊杆、线坠从第一节管开始找好垂直度，扶正钢套管，最后填堵孔洞，预留口必须加好临时丝堵。

（5）支管安装

1）检查散热器安装位置及立管预留口是否准确。量出支管尺寸和灯叉弯的大小。（散热器中心距墙与立管预留口中心距墙之差）。

2）配支管，按量出支管的尺寸，减去灯叉弯的量，然后断管、套丝、煨灯叉弯和调直。将灯叉弯两头抹铅油缠麻，装好油任，连接散热器，把麻头清净。

3）暗装或半暗装的散热器（详见第六章）灯叉弯必须与炉片槽墙角相适应，达到美观。

4）用钢尺、水平尺、线坠校对支管的坡度和平行距墙尺寸，并复查立管及散热器有无移动。按设计或规定的压力进行系统试压及冲洗，合格后办理验收手续，并将水泄净。

5）立支管变径，不宜使用铸铁补芯，应使用变径管箍或焊接法。

（6）通暖

1）首先联系好热源，根据供暖面积确定通暖范围，制定通暖人员分工，检查供暖系统中的泄水阀门是否关闭，干、立、支管的阀门是否打开。

2）向系统内充软化水，开始先打开系统最高点的放风阀，安排专人看管。慢慢打开系统回水干管的阀门，待最高点的放风阀见水后即关闭放风阀。再开总进口的供水管阀门，高点放风阀要反复开放几次，使系统中的冷风排净为止。

3）正常运行半小时后，开始检查全系统，遇有不热处应先查明原因，需冲洗检修时，则关闭供回水阀门泄水，然后分先后开关供回水阀门放水冲洗，冲净后再按照上述程序通暖运行，直到正常为止。

4）冬季通暖时，必须采取临时取暖措施，使室温保持+5℃以上才可进行。遇有热度不均，应调整各分路立管、支管上的阀门，使其基本达到平衡后，进行正式检查验收，并办理验收手续。

3. 质量标准

（1）保证项目

1）隐蔽管道和整个采暖系统的水压试验结果，必须符合设计要求和施工规范规定。

检验方法：检查系统或分区（段）试验记录。

2）管道固定支架的位置和构造必须符合设计要求和施工规范规定。

检验方法：观察和对照设计图纸检查。

3）伸缩器的安装位置必须符合设计要求，并应按有关规定进行预拉伸。

检验方法：对照设计图纸检查和检查预拉伸记录。

4）管道的对口焊缝处及弯曲部位严禁焊接支管，接口焊缝距起弯点、支、吊架边线必须大于50mm。

检验方法：观察和尺量检查。

5）除污器过滤网的材质、规格和包扎方法必须符合设计要求和施工规范规定。

检验方法：解体检查。

6）采暖供应系统竣工时，必须检查吹洗质量情况。

检验方法：检查吹洗记录。

（2）基本项目：

1）管道的坡度应符合设计要求。

检验方法：用水准仪（水平尺）、拉线和尺量检查或检查测量记录。

2）碳素钢管道的螺纹连接应螺纹清洁、规整，无断丝或缺丝，连接牢固，管螺纹根部外露螺纹2~3扣，接口处无外露油麻等缺陷。

检验方法：观察或解体检查。

3）碳素钢管道的焊接应焊口平直度、焊缝加强面符合设计规范规定，焊口面无烧穿、裂纹和明显结瘤、夹渣及气孔等缺陷、焊波均匀一致。

检验方法：观察或用焊接检测尺检查。

4）阀门安装应型号、规格耐压强度和严密性试验结果符合设计要求和施工规范规定。安装位置、进出口方向正确，连接牢固紧密，启闭灵活，朝向便于使用，表面洁净。

检验方法：手扳检查和检查出厂合格证。

5）管道支（吊托）架及管座（墩）的安装应符合以下要求：构造正确，埋设平正牢固，排列整齐，支架与管道接触紧密。

检验方法：观察和手扳检查。

6）安装在墙壁和楼板内的套管应符合以下规定：楼板内套管顶部高出地面不少于20mm。底部与天棚面齐平，墙壁内的两端套管与饰面平。固定牢固，管口齐平，环缝均匀。

检验方法：观察和尺量检查。

7）管道、箱类和金属支架涂漆应符合以下规定：油漆种类和涂刷遍数符合设计要求，附着良好，无脱皮、起泡和漏涂，漆膜厚度均匀，色泽一致，无流淌及污染现象。

检验方法：观察检查。

（3）允许偏差项目：

室内采暖管道安装的允许偏差和检验方法见《建筑给排水及采暖工程施工验收规范---表8.2.18》

4. 成品保护

1）安装好的管道不得用作吊拉负荷及做支撑，也不得做蹬踩。

2）搬运材料、机具及施焊时，要有具体防护措施，不得将已做好的墙面和地面弄脏、砸坏。

3）管道安装好后，应将阀门的手轮卸下，保管好，竣工时统一装好。

5. 通病防治

1）管道坡度不均匀。造成的原因是安装干管后又开口，接口以后不调直，或吊卡松紧不一致，立管卡子未拧紧，灯叉弯不平，及管道分路预制时，没有进行联接调查。

2）立管不垂直，主要因支管尺寸不准，推、拉立管造成。分层立管上下不对正，距墙不一致，主要是剔板洞时，不吊线而造成的。

3）支管灯叉弯上下不一致，主要原因是煨弯的大小不同，角度不均，长短不一造成。

4）套管在过墙两侧或预制板下面外露，原因是套管过长或钢套管没焊架铁造成。

5）麻头清理不净，原因是操作人员未及时清理造成。

6）试压及通暖时，管道被堵塞。主要是安装时，预留口没装临时堵，掉进杂物造成。

6. 应具备的质量记录：

1）应有材料设备的出厂合格证。

2）材料设备进场检验记录。

3）散热器组对试压记录。

4）采暖干管的预检记录。

5）采暖立管预检记录。

6）采暖管道伸缩器预拉伸记录。

7）采暖支管、散热器预检记录。

8）采暖管道的单项试压记录。

9）采暖管道隐蔽检查记录。

10）采暖系统试压记录。

11）采暖系统冲洗记录。

12）采暖系统试调记录。

（三）室内散热器组对安装工艺与质量标准

1. 施工范围

本工艺标准适用于灰铸铁长翼型，圆翼型、柱型和M132型散热器组对与安装，钢制扁管型、板型、柱型和串片型散热器的安装工程。

2. 施工准备

（1）材料要求：

1）散热器（铸铁、钢制）：散热器的型号，规格，使用压力必须符合设计要求，并有出厂合格证；散热器不得有砂眼、对口面凹凸不平、偏口、裂缝和上下口中心距不一致等现象。翼型散热器翼片完好。钢串片的翼片不得松动、卷曲、碰损。钢制散热器应造型美观，丝扣端正，松紧适宜，油漆完好，整组炉片不翘楞。

2）散热器的组对零件：对丝、炉堵、炉补心、丝扣圆翼法兰盘、弯头、弓形弯管、短丝、三通、弯头、油任、螺栓螺母应符合质量要求，无偏扣、方扣、乱丝、断扣。丝扣端正，松紧适宜。石棉橡胶垫以 1mm 厚为宜（不超过 1.5mm 厚），并符合使用压力要求。

3）其它材料：圆钢、拉条垫、托钩、固定卡、膨胀螺栓、钢管、冷风门、机油、铅油、麻线、防锈漆及水泥的选用应符合质量和规范要求。

（2）主要机具：

1）机具：台钻、手电钻、冲击钻、电动试压泵、沙轮锯、套丝机。

2）工具：铸铁散热器组对架子，对丝钥匙、压力案子、管钳、铁刷子、锯条、手锤、活扳子、套丝板、自制扳手、錾子、钢锯、丝锥、煨管器、手动试压泵、气焊工具、散热器运输车等。

3）量具：水平尺、钢尺、线坠、压力表。

（3）作业条件：

1）组对场地有水源、电源。

2）铸铁散热片、托钩和卡子均已除锈干净，并刷好一道防锈漆。

3）室内墙面和地面抹完。

4）室内采暖干管、立管安装完毕，接往各散热器的支管预留管口的位置正确，标高符合要求。

5）散热器安装地点不得堆放施工材料或其他障碍物品。

3. 操作工艺

（1）工艺流程：

编制组片统计表→散热器组对→外拉条预制、安装→散热器单组水压试验→散热器安装→散热器冷风门安装→支管安装→系统试压→刷漆

（2）按施工图分段分层分规格统计出散热器的组数、每组片数，列成表以便组对和安装时使用。

（3）各种型号的铸铁柱型散热器组对：

组对前要备有散热器组对架子或根据散热器规格用 100×100 木方平放在地上，楔四个铁桩用铅丝将木方绑牢加固，做成临时组对架。

组对密封垫采用石棉橡胶垫片，其厚度不超过 1.5mm，用机油随用随浸。

将散热器内部污物倒净，用钢刷子除净对口及内丝处的铁锈，正扣朝上，依次码放。

按统计表的数量规格进行组对，组对散热器片前，做好丝扣的选试。

组对时应两人一组摆好第一片，拧上对丝一扣，套上石棉橡胶垫，将第二片反扣对准对丝，找正后两人各用一手扶住炉片，另一手将对丝钥匙插入对丝内径，先向回徐徐倒退，然后再顺转，使两端入扣，同时缓缓均衡拧紧，照此逐片组对至所需的片数为止。

将组成的散热器慢慢立起，用人工或车运至集中地点。

（4）外拉条预制、安装：

根据散热器的片数和长度，计算出外拉条长度尺寸，切断 φ8～φ10 的圆钢并进行

调直，两端收头套好丝扣，将螺母上好，除锈后刷防锈漆一遍。

20 片及以上的散热器加外拉条，在每根外拉条端头套好一个骑码，从散热器上下两端外柱内穿入四根拉条，每根再套上一个骑码带上螺母；找直后用板子均匀拧紧，丝扣外露不得超过一个螺母厚度。

（5）散热器水压试验：

将散热器抬到试压台上，用管钳子上好临时炉堵和临时补心，上好放气嘴，联接试压泵；各种成组散热器可直接联接试压泵。

试压时打开进水截门，往散热器内充水，同时打开放气嘴，排净空气，待水满后关闭放气嘴。

加压到规定的压力值时，关闭进水截门，持续 5 分钟，观察每个接口是否有渗漏，不渗漏为合格。

如有渗漏用铅笔做出记号，将水放尽，卸下炉堵或炉补心，用长杆钥匙从散热器外部比试，量到漏水接口的长度，在钥匙杆上做标记，将钥匙从散热器对丝孔中伸入至标记处，按丝扣旋紧的方向拧动钥匙，使接口继续上紧或卸下换垫，如有坏片需换片。钢制散热器如有砂眼渗漏可补焊，返修好后再进行水压试验，直到合格。不能用的坏片要做明显标记（或用手锤将坏片砸一个明显的孔洞单独存放），防止再次混入好片中误组对。

打开泄水阀门，拆掉临时丝绪和临时补心，泄净水后将散热器运到集中地点，补焊处要补刷二道防锈漆。

（6）散热器安装：

按设计图要求，利用所做的统计表将不同型号、规格和组对好并试压完毕的散热器运到各房间，根据安装位置及高度在墙上画出安装中心线。

托钩和固定卡安装：

a. 柱型代腿散热器固定卡安装。从地面到散热器总高的 3/4 画水平线，与散热器中心线交点画印记，此为 15 片以下的双数片散热器的固定卡位置。单数片向一侧错过半片。16 片以上者应栽两个固定卡，高度仍在散热器 3/4 高度的水平线上，从散热器两端各进去 4～6 片的地方栽入。

b. 挂装柱型散热器：托钩高度应按设计要求并从散热器的距地高度上返 45mm 画水平线。托钩水平位置采用画线尺来确定，画线尺横担上刻有散热片的刻度。画线时应根据片数及托构数量分布的相应位置，画出托钩安装位置的中心线，挂装散热器的固定卡高度从托钩中心上返散热器总高的 3/4 画水平线，其位置与安装数量同带腿片安装。

c. 用錾子或冲击钻等在墙上按画出的位置打孔洞。固定卡孔洞的深度不少于 80mm，托钩孔洞的深度不少于 120mm，现浇混凝土墙的深度为 100mm（使用膨胀螺栓应按膨胀螺栓的要求深度）。

d. 用水冲净洞内杂物，填入 M20 水泥砂浆到洞深的一半时，将固定卡、托钩插入洞内，塞紧，用画线尺或 φ70mm 管放在托钩上，用水平尺找平找正，填满砂浆抹平。

e.用上述同样的方法将各组散热器全部卡子托钩栽好；成排托钩卡子需将两端钩、卡栽好，定点拉线，然后再将中间钩、卡按线依次栽好。

f.每组钢制闭式串片型散热器及钢制板式散热器在四角上焊带孔的钢板支架，而后将散热器固定在墙上的固定支架上。固定支架的位置按设计高度和各种钢制串片及板式散热器的具体尺寸分别确定。安装方法同柱型散热器（另一种做法是按厂家带来的托钩进行安装）。在混凝土预制墙板上可以先下埋件，再焊托钩与固定架；在轻质板墙上，钩卡应用穿通螺栓加垫圈固定在墙上。

g.各种散热器的支托架安装数量应符合表 l-13 的要求。

h.散热器安装：

支托架安装数量表详见《建筑给排水及采暖工程施工质量验收规范 表 8.3.5》

i.将柱型散热器（包括铸铁和钢制）和辐射对流散热器的炉堵和炉补心抹油，加石棉橡胶垫后拧紧。

j.带腿散热器稳装。炉补心正扣一侧朝着立管方向，将固定卡里边螺母上至距离符合要求的位置，套上两块夹板，固定在里柱上，带上外螺母，把散热器推到固定的位置，再把固定卡的两块夹板横过来放平正，用自制管扳子拧紧螺母到一定程度后，将散热器找直、找正，垫牢后上紧螺母。

k.将挂装柱型散热器和辐射对流散热器轻轻抬起放在托钩上立直，将固定卡摆正拧紧。

l.圆翼型散热器安装。将组装好的散热器抬起，轻放在托钩上找直找正。多排串联时，先将法兰临时上好，然后量出尺寸，配管连接。

m.钢制闭式串片式和钢制板式散热器抬起挂在固定支架上，带上垫圈和螺母，紧到一定程度后找平找正，再拧紧到位。

（7）散热器冷风门安装：

按设计要求，将需要打冷风门眼的炉堵放在台钻上打 $\phi 8.4$ 的孔，在台虎钳上用 1/8″ 丝锥攻丝。

将炉堵抹好铅油，加好石棉橡胶垫，在散热器上用管钳子上紧。在冷风门丝扣上抹铅油，缠少许麻丝，拧在炉堵上，用扳子上到松紧适度，放风孔向外斜45°（宜在综合试压前安装）。

钢制串片式散热器、扁管板式散热器按设计要求统计需打冷风门的散热器数量，在加工订货时提出要求，由厂家负责作好。

钢板板式散热器的放风门采用专用放风门水口堵头，订货时提出要求。

圆翼型散热器放风门安装，按设计要求在法兰上打冷风门眼，作法同炉堵上装冷风门。

4.质量标准

（1）保证项目：

散热器的型号、规格、质量及安装前的水压试验必须符合设计要求和施工规范的规定（如单组水压试验设计无要求时，一般应按生产厂一家的试验压力进行试验，5min 不渗不漏为合格)。

检验方法：检查试验记录。

(2) 基本项目：

铸铁翼型散热器安装后的翼片完好程度应符合以下规定：

长翼型，顶部掉翼不超过1个，长度不大于50mm，侧面不超过2个，累计长度不大于200mm；圆翼型，每根掉翼数不超过2个、累计长度不大于一个翼片周长的1/2，掉翼面应向下或朝墙安装，表面洁净，尽量达到外露面无掉翼。

检验方法：观察和尺量检查。

钢串片散热器肋片完好应符合以下规定：

松动肋片不超过肋片总数的2%，肋片整齐无翘曲。

检验方法：手扳和观察检查。

散热设备支、托架的安装应符合以下规定：

数量和构造符合设计要求和施工规范规定，位置正确、埋设平正牢固，支托架排列整齐，与散热器接触紧密。

检验方法：观察和手扳检查。

散热器支托架涂漆应符合以下规定：

油漆种类和涂刷遍数符合设计要求，附着良好、无脱皮、起泡和漏涂，漆膜厚度均匀，色泽一致、无流淌及污染现象。

检验方法：观察检查。

(3) 允许偏差项目：

散热器安装位置按设计要求确定，设计无要求时自定安装位置应一致；挂装散热器距地高度按设计确定，设计无要求时，一般不低于150mm，但明装散热器上表面不得高于窗台标高。

5. 成品保护

散热器组对、试压安装过程中要立向抬运，码放整齐。在土地上操作放置时下面要垫木板，以免歪倒或触地生锈，未刷油前应防雨、防锈。

散热器往楼里搬运时，应注意不要将木门口、墙角地面磕碰坏。应保护好柱型炉片的炉腿，避免碰断。翼型炉片防止翼片损坏。

剔散热器托钩墙洞时，应注意不要将外墙砖顶出墙外。在轻质墙上栽托钩及固定卡时应用电钻打洞，防止将板墙剔裂。

钢制串片散热器在运输和焊接过程中防止将叶片碰倒，安装后不得随意登踩，应将卷曲的叶片整修平整。

喷浆前应采取措施保护已安装好的散热器，防止污染，保证清洁。叶片间的杂物应清理干净，并防止掉入杂物。

6. 通病防治

（1）散热器安装位置不一致。没按图纸施工或测量炉钩炉卡尺寸不准确造成。

（2）散热器对口的石棉橡胶垫过厚,衬垫外径突出对口表面。使用衬垫厚度超过1.5mm或使用双垫,衬垫外径过大,应使用合格的衬垫;圆翼法兰衬垫厚度不得超过3mm。

散热器安装不稳固。这是由于托钩弧度与散热器不符或接触不严密,托钩、炉卡不牢,柱型散热器腿着地不实造成,应采取措施补救。

炉钩炉卡不牢不正。栽入孔洞太浅、洞内清洗不干净,水泥标号太低或砂浆没填实而造成不牢;栽入时没有找正或位置不准确造成炉钩、炉卡不正。

炉堵、炉补心上扣过少。由于丝扣过紧造成,安装前应做好丝扣的选试。

落地安装的柱型散热器腿片数量不对,位置不均。要求14片及以下的安装两个腿片,15～24片的应安装3个腿片,25片及以上的安装4个腿片,腿片分布均匀。

挂式散热器距地高度按设计要求确定,设计无要求时,一般不低于150mm,但明装散热器上表面不得高于窗台标高。

圆翼型散热器掉翼面安装时应向下或朝墙安装,以免影响美观;组对时中心及偏心法兰不要用错,保证水或凝结水能顺利流出散热器。

要与土建施工配合,保证立管预留口和地面标高的准确性,以避免造成散热器安装困难,避免出现锯、卧、垫炉腿现象。

7. 应具备的质量记录

应有材料设备的出厂合格证。

材料及设备进场检验记录。

组对炉片及单组散热器的试压记录。

第三章 施工测量管理

第一节 施测部署

1. 施测程序

接收规划部位桩位→内部复核→建筑物定位（复核平基场地）→控制网设定→技术负责人复核→"工程定位测量记录"报验→轴线、标高引测→构件定位→内部复核→"轴线、标高检查记录"报验。

2. 轴网设置规划

根据工程占地面积大、形状不规则、建筑高度大的特点，工程轴网按分区、分阶段的原则进行设置。基础施工轴网分区设置、兼顾塔楼上部结构；各栋塔楼上升到标准层时，根据基础阶段轴网设立独立的控制网；根据铅垂仪精度，塔楼标准层轴网每七层设一次。

3. 高程控制点设置规划

按分区分阶段设置的原则，基础施工阶段在轴网控制桩上各栋楼至少设一点；塔楼施工阶段，各栋楼设两个高程控制点，高程控制点沿楼层上升层层设置。

4. 沉降点设置规划

各栋塔楼、地下车库分别设沉降观测点，沉降点位设在一层约 +500mm 标高位置。塔楼各设 11 个观测点，地下车库设 40 个观测点。

第二节 施工安排

根据提供的设计原点和设计图纸（轴线坐标控制图），设置平面总控制网、二级轴线控制网和高程总控制网，控制点设置在工地四周附近，基准点用砼做成，做到牢固、精确、便于观测。

1. 现场交桩

（1）按规范应由设计交桩，但经甲方与设计进行沟通确定由站前单位进行现场交桩；

（2）现场交桩后由设计出交桩测绘文件，并加盖红章；

（3）由我项目部出具线位交接文件，由甲方组织各方进行会签；

（4）我项目部找当地有测绘资质的测绘单位通过设计交桩原点及坐标向施工场区附近引控制点，并提供正式的测绘文件；项目部测量员复测控制点。

2. 平面控制网的设定

（1）平面总控制网的设置

移交的基准点的坐标，平面总控制点设置在工程周边的稳定处，且需考虑使用方便。工程一级网控制点位置由测量人员经过现场踏勘后确定放置在现场北侧及东侧的柏油路上，外业测量结束后对数据进行闭合、平差，每月对其进行复核。在整个工程20个月的时间跨度内，必须保证这个控制网的绝对不变，绝对避免整个测量系统的前后不一致。

（2）二级轴线控制网的设置

二级轴线控制网的测设以平面总控制网为基准，根据建筑物的平面形状、轴线布置，采用全站仪以极坐标和直角坐标定位的方法测设出建筑物主轴线的控制桩，经角度、距离校测符合点位限差要求后，作为该建筑的轴线控制网。

3. 高程控制点的设定

针对工程的具体情况，工程高程总控制网采用国家二等水准测量要求进行测设。根据提供的水准点为准，引测现场施工用水准点，高程水准点位采用平面总控制网所埋设控制点。均匀布置在施工现场四周，建立水准基准组。

高程总控制网的测量仪器采用ZeissDini10电子水准仪及其配套CCD测量传感器自动测量条码尺进行外业作业。

4. 基坑开挖边线

（1）根据现场条件及基础工程开挖方案，车库边坡均采用砼素喷浆支护结构。考虑基础处预留工作面1.0m。因此，基坑各面上口边线应为基础承台外边线向外侧偏移7.0m。

（2）根据现场平面控制网放出结构外边线，并各面向外用尺量7.0m。

（3）基坑开挖边线详见基坑（槽）安全专项施工方案。

第三节 测量方法和工艺

1. 平面控制网的建立

（1）平面控制网布设原则

1）平面控制先整体、后局部，高精度控制低精度的原则，根据重庆市勘测设计研究院提供的标准点，定位各组团轴线，各栋楼控制轴线。

2）布设平面控制网根据建筑设计总平面图和施工总平面布置图。

3）控制点要选在跨度大、安全、易保护的位置，通视条件良好，分布均匀。

4）桩位必须用砼保护，需要时用钢管进行围护，做好标记。

（2）控制网的布设

1）首级控制网的布设

首级控制网根据重庆市测绘院测定的定位桩组成。

2）轴线控制网的测设

首级控制网复核移交后，依据结构平面上有关柱、墙体、洞口详细位置关系，确定建筑物的主轴线，然后以首级控制网为基准，采用直角坐标定位放样的方法定出建筑物主轴线的控制桩，根据定位桩测设建筑物八大角控制桩（角控制桩以每栋楼房外边轴线引出3m设定并用砼墩固定。

2. 测量控制方法

（1）轴线控制方法

基础部位主要采用"轴线交会法"，主体结构主要为"内控天顶法"。

（2）高程传递方法

基础部位采取"水平仪塔尺传递法"，主体结构为"钢尺垂直传递法"。

水平仪塔尺传递标高：选择规划局给定的其中一点，架设水平仪整平后在1#点立塔尺记录后视读数，向场内选择一个能通视且利于保护的部位埋设水平控制桩，记录该桩顶的前视记数，进行计算得该点的绝对高程，尽量使其能与工程的某一楼号±0.00的绝对高程相同。再利用2#给定点进行一次闭合复测。确保数值相符，以场内测定点向各楼号进行分测并标记在相对牢固的部位。土方开挖后向基坑内传递垫层标高桩并进行保护和标记，基础施工时的水平标高控制均以此进行计算。

钢尺垂直传递法：一层结构施工结束后在每栋楼的砼外墙上根据场内各楼号的±0.000标高桩抄测+0.5m线并弹线刷红油漆标记。每层结构标高的传递均通过此点进行引测，点位布置要上下能通尺不受影响。工程交工时需做装饰地面，结构板面为地砖地面，为保证分户验收时净空尺寸能满足要求，施工时每层结构标高增加1cm，传递时要按施工层次进行累计并合并至要传递的标高内。大尺从需引测的层面向下放至+0.5m部位，两人配合拉紧尺并在楼层钢筋上标记本施工层结构标高向上1.0m标记，以此标记抄测本层结构标高1.0m的水平控制线，并在墙柱钢筋上进行标记。水平抄测可利用红外线扫平仪在光线较暗时抄测，其作用半径要进行控制，一般不大于6m。

3. 轴线及高程点放样程序

（1）基础工程

基础工程轴线及高程点放样程序

（2）地下结构工程

地下结构轴线及高程点放样程序

（3）地上结构施工

各层在竖向柱模板拆除后立即抄测建筑＋0.500m水平控制线标高并报验以便检查浇注后质量及下一步施工。

地上结构轴线及高程点放样程序

（4）二次结构及装修工程

二次结构及装修工程轴线及高程点放样程序

4. 基础测量放线

（1）基础部分基坑槽及地下结构测量放线

1）基坑轴线定位（地下车库）

①校核轴线控制桩位置是否正确有无碰动；

②在控制桩上用全站仪和经纬仪配合定位，将坑中心线、和车库控制点用木桩定位并用砼保护；如有车库是旋挖桩施工则控制点设置在车库边坡上牢固的地方并做砼；

③按基坑槽大小尺寸用砖砌井圈，井圈表面抹灰；

④将中心按轴线方向进行在井圈砂浆表面弹线、并用红油漆标记；

⑤尺寸复核，经检验合格后填写预检工程记录，测量记录，报监理公司进行验线，并办理有关手续。

2）基槽轴线定位

①校核轴线控制桩位置是否正确有无碰动；

②在控制桩上用全站仪和经纬仪配合定位，向垫层上投测主轴线；

③在垫层上用经纬仪进行闭合校测后，再施测细部轴线；

④根据基础图以各轴线为准，用墨线弹出基础施工所需的边界线、墙边线、集水坑线、门洞线等；

⑤检验合格后填写预检工程记录，测量记录，请监理公司进行验线。

（2）轴线投测

1）土方开挖：由于工程基础土方为大开挖，开挖前根据控制桩放出槽边上口线，在挖出工作面后，先钉出距槽边1m控制桩，以此控制槽的开挖尺寸和边坡坡度。

2）垫层砼浇筑后，根据轴线控制网将轴线投测到垫层面上，在垫层上弹出十字控制墨线，并进行校测后，计算出基础大方脚的外皮线，弹上墨线，作为砖砌胎模的依据。砖砌胎模距基础大方脚的外皮线40mm，用于抹灰层、防水层及保护层施工。

3）基础施工轴线控制，直接采用基坑外控制桩两点通视直线投测法，向基础平台投测轴线，为防止轴线上墙、柱钢筋、模板影响测量观测，故采取轴线偏离80～100cm设定施工观测控制线（放线用控制轴线尽量能保持本栋号长向轴线能全长月通视）。再按施工观测控制线引放其它细部施工控制线，且每次施工观测控制线的放样必须独立施测两次，经校核无误后方可使用。

4）基础部分电梯井、集水坑，根据其与主控线关系确定其长短边方向的中心线对称放样，以便复核。

5）基础底板施工完毕后，将施工观测控制线弹设到基础底板面上，在控制线交点上设钢板标志。

（3）标高控制

1）高程控制点的联测：在向基坑内引测标高时，首先联测高程控制网点，以判断场区内水准点是否被碰动，经联测确认无误后，方可向基坑内引测所需的标高。

2）标高的施测：为保证竖向控制的精度要求，对每层所需的标高基准点，必须正确测设，在同一平面层上所引测的高程点，不得少于三个。并作相互校核，校核后三点的偏差不得超过3mm，取平均值作为该平面施工中标高的基准点，基准点应标在边坡立面位置上，所标部位应先用水泥砂浆抹成一个竖平面，在该竖平面上测设定施工用基准标高点，用红色三角作标志，并标明绝对高程和相对标高，便于施工中使用。

3）为了控制基槽的开挖深度，当基槽快挖到槽底标高时，用水准仪在槽壁上测设一些水平木桩，使木桩的上表面离槽底的标高为一固定值。为施工时方便，一般在槽壁各拐角处和槽壁每隔3～4m均测设一水平桩。必要时可沿水平桩上表面挂线检查槽底标高。垫层砼施工时基坑底钉小桩控制平整场地和，桩顶标高为垫层顶标高，有桩部位可在桩身钢筋上做标记。

4）根据标高线分别控制垫层标高和砼底板标高，墙、柱模板支好检查无误后，用水准仪在模板上定出墙、柱标高线。拆模后，抄测结构1m线控制顶板高度，在此基础上，用钢尺作为传递标高的工具。

5. 主体结构测量放线

（1）主体结构施工的平面控制

±0.00以下标高的施测，为保证竖向控制的精度要求，对每层所需的标高基准点，必须正确测设，在同一平面层上所引测的高程点，不得少于三个，并作相互校核，校核后三点的高差不得超过3mm，取平均值作为该平面施工中标高的基准点，基准点应标在塔吊立面位置，根据基坑情况。设置在较稳定位置，所标部位，应先用水泥砂浆抹成一个竖平面，在该竖平面上测设定施工用基准标高点，用红色三角作标志，并标明绝对高程和相对标高，便施工中使用。

±0.000以上楼层平面控制采用内控法，平面控制测量对于局部一层的建筑物±0.000以上的轴线传递，应仍采用经纬仪方向交会法，而对于高层建筑物±0.000以上的轴线传递，不应采用经纬仪方向交会法，而采用激光准直仪内控接力传递法进行轴线投测。内控点布设，为了以后施工中，既不影响小流水施工作业，又兼顾整体平面测量布局。

预埋件的埋设，根据平面控制点布置图在首层底板上埋设6块预埋铁件，埋设位置如图所示。以后在各层施工浇筑砼顶板时，在垂直对应控制点位置上预留出150mm孔洞，以便轴线向上投测。预埋件作法，预埋铁件由 100×100×8mm 厚钢板制作而成，在钢板下面焊接 Φ12 钢筋，且与底板焊接浇筑。

控制点的测设，待预埋件埋设完毕后，由测量分公司负责将内控点分别投测到预埋铁件上，经校核无误后，在每块埋件上镶嵌一个 Φ2mm 铜芯，铜芯即为各控制点平面位置。

激光接收靶，激光接收靶由 300×300×5mm 厚有机玻璃制作而成，接收靶上由不同半径的同心圆及正交坐标线组成。

轴线竖向投测，每层楼板浇筑后，将激光经纬仪安置在首层（或 N 层）已做好的控制点上，对中整平后，置竖直度盘为 0°00′00″，使仪器发射光束，穿过楼板预留洞而直射到激光接收靶上，激光经纬仪操作人员转动仪器，使激光点在接收靶上形成圆圈，上面操作接收靶人员见光后移动接收靶，使靶交点与圆圈中点重合，此时固定靶位，用同样方法将其余各点投测在同一施工层上。控制点投测后将经纬仪分别置于各点上，检查相邻点间夹角是否为 90°，然后用检定过的 50m 钢尺校测每相邻两点间水平距离是否与相对应的控制点间距离相等，分析边、角是否相匹配，若相匹配证明投测无误，若不匹配证明投测有误，应重新投测，直至正确。控制点投测正确后，用 J2 经纬仪根据控制点施测出各轴线，并弹墨线于楼板面上，以后各层轴线投测方法均相同。轴线投测时，测量人员互相之间用对讲机进行联络。

（2）楼层主控轴线传递控制

1）在首层平面复测校核楼层施工主控轴线，并按照施工流水段划分要求细分二级控制点。在首层平面施工时留置二级控制线交叉内控点，预埋钢板（200×200×8mm），在内控线的钢板交点上用手提电钻打 φ1mm 小坑并点上红漆作为向上传递轴线的内控点。以后所有上层结构板均在同一位置预留 200×200mm 的洞口，作为依次向上传递轴线的窗口，照准点投测到作业层后，校核距离，用钢尺丈量，校核垂直度，以一排三个点是否在同一条直线上，其精度误差不超过 2mm。

2）激光控制线投测方法：在首层控制点上架设激光经纬仪或激光铅垂仪，调置仪器对中整平后启动电源，使激光经纬仪或激光铅垂仪发射出可见的红色光束，投射到上层预留孔的接受靶上，查看红色光斑点离靶心最小点，将仪器旋转 4 个 900 画圆，将 4 点连成十字，其中 0 点即为圆心，此点即作为第二层上的一个控制点，其余控制点可用同样的方法向上传递，弹出控制线。

3）根据内控主轴线进行楼内细部放样，统一以墙中心线外侧 0.5m 控制模板边线。

（3）楼层标高传递控制

1）高程控制网的布置：工程高程控制网采用水准法建立，现场共设置九个 ±0.000 水准点。控制 1#-8# 楼及车库的水准点分别设在现场周围的围墙和永久的建筑物上。

2）标高传递：主体上部结构施工时采用钢尺直接丈量垂直高度传递高程。首层施工完后，应在结构的外墙面抄测＋50cm 交圈水平线，在该水平线上方便于向上挂尺的地方，沿建筑物的四周均匀布置四个点，做出明显标记，作为向上传递基准点，这四点必须上下通视，结构无突出点为宜。以这几个基准点向上拉尺到施工面上以确定各楼层施工标高。在施工面上首先应闭合检查四点标高的误差，当相对标高差小于3mm时，取其平均值作为该层标高的后视读数，并抄测该层＋100cm水平标高线。

3）由于钢尺长度有限，因此向上传递高程时采取接力传递的方法，传递时应在钢尺的下方悬挂配重（要求轻重适宜）以保持钢尺的垂直。

4）每层标高允许误差3mm，全层标高允许误差15mm，施工时严格按照规范要求控制，尽量减少误差。

5）建筑物外大角控制：一层结构施工外模拆除后在外大角部位将楼面的外墙内部控制用线坠引至外角各XY方向20cm并在墙面上弹线，用于检查外模的垂直度和轴线控制，防止出现错台。

6）楼面放线：

根据控制轴线位置放样出墙的位置、尺寸线，用于检查墙、柱钢筋位置，及时纠偏，以利于模板位置就位。再在其周围放出模板线300mm控制线。放双线控制以保证墙的截面尺寸及位置。然后放出轴线，待墙拆除模板后把此线引到墙面上，以确定上层梁的位置。同时方便后期墙体砌筑以及内外墙面抹灰的厚度，分户验收房间净距控制做好准备。

6. 装饰工程标高控制

（1）主体结构施工时以该楼层钢筋上50cm线为准。装修时安装以该层室内墙面50cm线为准。

（2）装饰工程施工放线

室内装饰面施工时，平面控制仍以结构施工控制线为依据，标高控制引测建筑50标高线，要求交圈闭合，误差在限差范围内。

外墙四大角以控制线为准，保证四大角垂直方正，经纬仪投测上下贯通，竖向垂直线供贴砖控制校核。

外墙饰面施工时，以放样图为依据，以外门窗洞口、四大角上下贯通控制线为准，弹出方格网控制线（方格网大小以饰面石材尺寸而定）。

7. 施工测量技术控制措施

（1）地下结构施工测量

地下室部分的测量控制重点是桩基、承台、轴线定位、土层开挖标高和结构标高的控制。地下施工阶段平面控制轴线网的设置采用"外控法"，由外部引入控制点。

1）桩基测量放样

①根据二级轴线控制网和设计图纸计算各桩位中心点坐标，采用极坐标法准确测量出桩位中心点。

②每个中心桩位纵、横轴线方向设置4个护桩，便于桩基施工过程中进行检校。

③每次桩位放样不得少于4个桩位，桩位放样后及时检查各桩位间距离及对角线距离，

确认无误后以书面交底交予现场技术员。

2）基础测量放样

基础施工一般采用经纬仪方向交会法来传递轴线，引测投点误差不应超过 ±3mm，轴线间误差不应超过 ±2mm。待基础砼浇筑好后，根据基坑边上的轴线控制桩，将经纬仪架设在控制点位上，经对中、整平后，后视同一方向桩（轴线标志），将所需的轴线投测到施工的平面层上，经对距离、角度校核无误后，方可在该平面上放出其它相应的设计轴线及细部控制线，并弹墨线作为支模板的依据。模板支好后，应用经纬仪架设在两条相互垂直的轴线上检查上口的位置。在各楼层的轴线投测过程中，上下层的轴线竖向垂直偏移不得超过 2mm，电梯井位的平面控制，是测量放线的控制重点，在电梯井位附近设置纵横轴线各一条，确保电梯井平面位置的正确性。

3）垫层轴线投测

在垫层上进行基础定位放线前，以建筑物平面控制线为准，校测轴线控制桩无误后，将全站仪架设基坑边上的轴线控制桩位上，将所需的轴线投测到垫层上，投测允许误差 ±2mm。垫层上建筑物轮廓轴线投测完成，经校测合格后，用墨线弹出各细部轴线，柱、地梁、洞口必须在相应边角，用红油漆以三角形式标注清楚。

4）楼层轴线投测

用经纬仪将所需的轴线投测到施工的平面层上，做角度、距离的校核，经校核无误后，放出其它轴线及细部线。在各楼层的轴线投测过程中，上下层的轴线竖向垂直偏移不得超过 3mm。

5）楼层轴线复核及控制

楼层放线时，应先校核投测轴线，闭合后再细部放线。建筑物轮廓轴线和电梯井轴线的投测作为关键部位。为了有效控制各层轴线误差在允许范围内，并达到在装修阶段仍能以结构控制线为依据测定的要求，在施工层的放线中弹放细部控制线，所有细部轴线、墙体边线及门窗洞口边线。每一施工段测量放线完成后，及时报监理验线，验收合格后进行下道工序。

6）高程控制测量

地下室结构施工前高程控制的主要内容是基坑底标高的确定。所有控制点的标高由现场建立的水准控制网引测，用水准仪、塔尺传递高程。

结构施工阶段标高传递用钢尺配合水准仪将标高传递到基坑内，同一水平面上所引测的高程点不得少于 3 个，并作相互校核，闭合差不超过 3mm，取平均值作为该平面的标高基准点，用红色三角作标志，并标明绝对标高和相对标高。

水准测量必须做好原始记录，测量结束后及时计算高差闭合差，结果满足精度要求后，将水准路线的不符值按测站数进行平差，计算水准点的高程，编写水准测量成果表。

（2）地上结构施工测量

工程地上结构部分拟采用内控法进行平面轴线的控制，内控法利用激光垂准仪进行竖向投点。在传递控制点的楼面预留孔上设置光靶，将控制点位用激光投测到施工层后，先复核距离和角度，确认无误后即可进行主轴线的引测。

标高的竖向传递，采用全站仪进行竖向垂直测距。

±0.000结构板设置内控基准点，到投测顶层的建筑高度均超过50m，因此，其允许偏差为±5mm。

1）轴线内控网点的布设

轴线内控网点的布设选择在首层楼板建筑物外廓轴线；单元、流水段分界轴线；楼梯间、电梯间两侧轴线。为保证控制点精度、方便检核每施工段控制点不少于三个。首层设置的内控网点采用全站仪进行闭合、校正。精度要满足现场施工测量要求，首层内控网点作为轴线向上传递的依据。

轴线内部控制点是在首层楼板相应位置上预先埋设铁件并与楼板钢筋焊接牢固。各层施工浇筑砼顶板时，在垂直对应控制点位置上预留出200mm×200mm的孔洞，以便轴线向上投测。预埋铁件由100×100×8mm厚钢板制作而成，在钢板下面焊接12钢筋，且与首层楼板钢筋固定牢固。

2）楼层轴线传递

地上楼层放线时，首先将设置在首层的内部轴线控制网进行闭合，满足施工要求精度作为地上楼层投测的依据。楼层传递采用激光垂准仪，投测上来的内部轴线控制点进行复核，闭合然后再进行细部放线。

3）高程控制测量

高程控制点的传递是在底层平面控制点预留孔正下方架设好全站仪，先精确测定仪器高，再转动全站仪进行竖向垂直测距，最后通过计算整理求得激光反射片的高程，然后按《工程测量规范》（GB50026-2007）所规定的二等水准测量的要求把激光反射片的高程传递到柱上。高程的传递不得从下层楼层丈量上来，以防此误差积累。

（3）装饰装修施工测量

装饰阶段的测量以钢筋砼结构施工中各楼层轴线或轴线控制线为依据，标高采用钢筋砼结构施工中各楼层传递的标高控制线为基准在每个楼层形成闭合导线，保证每条标高控制线的精度符合规范和设计要求。

1）轴线的恢复和引测

轴线恢复前使用全站仪对每条轴线的相对距离、角度进行校核。校核后满足设计和规范要求，被砂浆覆盖和因为时间久而模糊的轴线、轴线控制线，把面层的附着物清理干净，用墨线重新弹出。柱立面的轴线由恢复后的轴线进行引测，并弹出墨线用红油漆标识。根据恢复后的轴线及图纸上隔墙线与轴线的关系依次放出各楼层的隔墙线，用墨线弹出。

2）标高的抄测：楼层标高控制线抄测前应先校测钢筋砼结构施工测量传递的标高控制线，楼层控制线抄测时，应尽量将仪器安置在测点范围的中心位置进行抄测，各标高控制线之间用墨线连接并用红油漆标明数据。

3）隔墙：砌筑前依据已有轴线，按图纸弹好墙身线、门窗洞口位置线；

4）门窗：门安装前弹出门安装位置及标高线，窗安框前弹线找规矩；

5）楼地面：施工前通过已弹好的建筑 1m 线找标高，在墙体四周弹出标高控制线；要求各房间、楼道、楼梯平台及踏步的标高相呼应。

（4）幕墙安装测量

先依据设计施工图计算出各主龙骨的坐标，再依据结构控制网，采用全站仪放样建筑上下幕墙主龙骨的位置。测设精度要求点位误差小于 3mm，拉钢丝进行校核其垂直度及各点的间距无误后作为幕墙安装的测量依据。主龙骨装完成后用全站仪进行复核。

8. 轴线及各控制点的放样

地面控制点布设完后，转角处线采用 2 级电子经纬仪 DJD2 进行复测。各控制线间距采用红外测距仪 DM-A5 检测，经校核无误后进行施测，各工艺施测程序见第四项（轴线及高程点放样程序）。

（1）基础施工轴线控制，直接采用基坑外控制桩两点通视直线投测法，向基础平台投测轴线（采用三点成一线及转角复测），再按投测控制线引放其他细部施工控制线，且每次控制轴线的放样必须独立施测两次，经校核无误后方可使用。

（2）基础施工（即 ±0.000 以下）采用悬吊钢尺法将标高导入基坑边坡上，且基坑边不低于四点（两个方向上每一个方向不低于两点），校核无误后方可引测其他标高控制点，必须两点以上后视且每次后视点标高差在规定范围之内。

（3）±0.000 以上施工，采用正倒镜分中法投测其他细部轴线。

（4）±0.000 以上高程传递，采用钢尺直接丈量法，若竖直方向有突出部分，不便于拉尺时，也同样采用悬吊钢尺法。每层高度上至少设两个以上水准点，两次导入误差必须符合规范要求，否则独立施测两次。每层均采用首层统一高程点向上传递，不得逐层向上丈量，且层层校核，因 ±0.000 以上结构采用竖向与横向一次性砼浇注施工，在固定的暗柱竖向钢筋上抄测结构 +0.5m 控制点，标注"▼"红色油漆标记。以供结构施工标高控制，且必须校核无误。

（5）各层平面放出的细部轴线，特别是暗柱、剪力墙的控制线必须校核无误，以便检查结构浇注质量和以后的进一步施工。采用苏州产 J2JD 激光经纬仪及接收靶做轴线投测的过程，同样也是控制建筑物垂直度的过程。

（6）电梯井筒的垂直度控制同样也是采用苏州产 J2JD 激光经纬仪及接收靶，方法是在电梯井的附近做内控基准点和每层留出的投测口。

（7）各施工细部点详细放样

1）各楼层控制轴线的放样

把控制轴线从预留洞口引测到各楼层上，同时放出轴线位置。每次传导时四个控制点必须相互复核，做好记录，检查四个点之间的距离、角度直至完全符合为止。

2）墙及模板的放样

根据控制轴线位置放样出墙的位置、尺寸线，用于检查墙、柱钢筋位置，及时纠偏，以利于大模板位置就位。再在其周围放出模板线 300mm 控制线。放双线控制以保证墙的截面尺寸及位置。然后放出轴线，待墙拆除模板后把此线引到墙面上，以确定上层梁的位置和后期施工。

3）门窗、洞口的放样

在放墙体线的同时弹出门窗洞口的平面位置，再在绑好的钢筋笼上放样出窗门洞口的高度，用油漆标注，放置窗体洞口成型模体。

4）梁、板的放样

待墙拆模后，进行高程传递，用水准仪引测，立即在墙上用墨线弹出每层 +0.500m 线，不得漏弹，再根据此线向上引测出梁、板底模板 100mm 控制线。

5）外墙大角的控制

待外墙拆完模后，沿大角处向内各量出 300mm，用经纬仪竖向放出通线，用以控制外墙转角模板位置，防止大角出现偏差。在大角模板的相应位置做出标记，待上层大角模板合模时，通线与标记一定要相吻合。如图所示：

6）楼梯踏步的放样

根据楼梯踏步的设计尺寸，在实际位置两边的墙上用墨线弹出，并弹出两条梯角平行线，以便纠偏。

（8）二次结构施工以原有控制轴线为准，引放其他墙体、门窗洞口尺寸，采用经纬仪投测，以贯通控制线于外立面上，窗洞口标高的各层 +0.5m 线控制且外立面水平弹出贯通控制线，周圈闭合，保证窗口位置正确，上下垂直、左右对称一致。

（9）室内装饰面施工时，平面控制仍以结构施工控制线为依据，标高控制引测建筑 +0.5m 标高线，要求交圈闭合，误差在限差范围内。

（10）外墙大角以控制轴线为准，保证大角垂直方正，经纬仪投测上下贯通，竖向垂直线供贴砖控制上下校核。

（11）外墙面施工以放样图为依据，以外门窗洞口、大角上下贯通控制线为准，弹出方格网控制线（方格网大小以饰面石材尺寸而定）。

（12）细部放样的要求

1）用于细部测量的控制点或必须经过检验。

2）细部测量坚持由整体到局部的原则。

3）方向控制尽量使用距离较长的点。利用经纬仪放测轴线时要进行180°角与倒镜相配合检测测量精度。

4）所有结构控制线必须清楚明确。

9. 高程控制

(1) 导线点布置

在场区内需埋设 9 个永久性水准控制点，建立高程控制网并与沉降观测结合使用。根据业主提供的水准基点，采用精密水准仪测设一条附合水准路线，测出场区水准点控制点高程，组成工程施工的高程控制网。

(2) 主体结构高程测量

对水准点的检测及要求：

1) 对场内设的水准点，每间隔一定的时间须联测（整个组团工程所有水准点）以作相互检校。仪器采用 DS3 精密水准仪，精度按三等水准技术指标执行。

2) 对检测后数据须采用电算，电算成果须进行分析，以保证水准点使用的准确性。

3) 结构施工中楼层标高控制方法及测设要求

基础以上各层的标高传递均利用基础层红："▼"上顶线为标高基准，用检定合格的钢尺向上引测，并在投测层标记红"△"，检核合格后，方可在该层施测。

4) 裙房部分进行竖向标高传递：标准层竖向标高传递，在外角柱标注标高基准点，采用水准仪、塔尺和一把 50m 钢尺；依次将标高基准点由控制点预留洞口传递至等测楼层，并用下列公式进行计算，得该楼层的仪器的视线标高，同时依次制作本楼层统一的标高基准点，并对各点进行联测，高差满足 2mm 的精度要求后方能使用，用红三角标记。这些点即为该楼层的标高基准点，从而依次进行各项测量工作。

$H_2 = H_1 = B_1 = a_2 - a_1 - b_2$

其中：

H_1—基础所需用的标高值；

H_2—待测楼层所需用的标高值；

a_1—水准仪在基础基准点塔尺读数；

a_2—水准仪在待测层水准点塔尺读数；

b_1—水准仪在所需用的标高值塔尺读数；

b_2—水准仪在所需用的标高值塔尺读数；

5) 一组团最大标高 99 米，在结构施工到一定高度后，按 50m 以内重新引测相应的结构标高基准点，以保证结构高度满足设计要求。

6) 作业层标高抄测

作业层标高抄测时，首先校测传递作业层的标高控制点，经校测无误后取其平均值引测标高，各层的高程线均须由起始高程向上直接量取。水准仪要安置在施工层，校测出下面传递上来的各水平线，校差在 ±3mm 之内，各层抄平时应后视两条水平线以作校核。为防止误差累计而使建筑物总高度的误差超限，施工高程测出后根据情况通知施工人员对层高进行控制，总高度允许误差 ±3mm。

7）室内外装修与安装测量

根据标高控制点传递到室内的高程，在四周内墙上抄出测出所需用的建筑 H+1000mm（H 为楼地面本层标高）水平线，作为地面面层、门、设备及其他室内施工项目标高控制线。根据楼层定位控制轴线用经纬仪投测出外墙大角线、外墙窗口线（外窗两侧紧贴窗边出竖向控线）。在外墙装修前，须对结构进行一次定位检验，保证装修的外形尺寸。

8）考虑到高层住宅楼结构变形对建筑物标高的影响，标高基准线拟布设在首层侧立面，为了减少钢尺分段传递标高的累积误差、避免传递标高中风力对钢尺量距的影响，竖向标高的传递利用三角高程测量原理结合特殊尺垫完成，具体操作如下：

①特殊尺垫介绍

特殊尺垫为作业层标高引测的转点，它由可调动的三脚架，调平装制和尺垫组成。尺垫的背面装有反射贴片用来反射全站仪发射的激光。从反射贴片到尺垫顶端的距离为定值 h0，它可以在竖向传递高程中作为未知数（上下两点高程已知）计算得到，也可在尺垫定做时设置。

②操作示意：

步骤 1：全站仪架设在首层轴线控制点预留孔下方便于向上传递处，仪器精确置平，使垂直角度为 90°00′00″，后视设置于结构侧立面 +1.000m 处塔尺读数（h1），旋转仪器望远镜利用弯管目镜观测置于作业层预留洞上方已精确置平的特殊尺垫，测出两者之见的垂直距离（h2）。

步骤 2：在作业层架设水准仪，后视特殊尺垫上放置的塔尺读数（h3），并将该水平视线引测到结构侧立面。该水平线高程为 H=h+h1+h2+h3+h′（h 为设置在首层基准点高程、h′ 为尺垫到反射贴片的距离）。

9）测量成果验收

每一层平面或每一施工段测量工作完成后，必须进行自检，自检合格后及时填写报验表及测量成果记录报请监理单位验收，验收合格后，进行下一步施工。

10、验线

（1）建立明确验线程序：

测量放线→自检、互检→土建工程师验线→填报预检单、报验单→监理工程师验线。

（2）每项测量放线工作完成后，必须进行自检，互检，合格后经技术人员验收，最后经监理公司验收后方可进行下道工序。建筑物定位必须有技术负责人主持验线，后期验线工作由技术负责人指定固定技术人员负责验线。在各层顶板砼上画出各主控轴线所在柱的 20cm 控制线，然后以上各层顶板在此墙角该位置上留 300mm 洞，并能使之早拆，验线时工程师以此固定留洞每层吊 5Kg 线坠进行验线。

（3）平面验线时，在相关轴线控制线处架设经纬仪转角 90°00′00″，看纵横轴轴线控制线交角误差，是否符合施工测量规范，并在视线上横向量距至另一条所投测控制线是否与图纸尺寸一致，确定符合规范要求后报请监理验线。

（4）施工层验标高 50cm 控制线时，检验在施钢筋上结构 50cm 控制线时，按下层建筑一米线（相对高程）计算好至上层在施钢筋结构 50cm 控制线之差，从下层建筑一米线处放钢卷尺，以零点对准一米线上量至上层结构 50cm 控制线处，看是否与设计相符，看所测设点位是否与下层标高是否相符合，及时报验，以便下道程序进行。

（5）室内装饰验线

1）在不同点位（高程）传递本层相关高程点位，看屋内所设建筑一与传递上来的点位是否相符。

2）砌墙位置线查验方法：用区别于施测放线时依据的结构墙位 50cm 控制线为准，闭和已放出的墙墨线，看是否符合规范要求。

（6）屋面验线

由测量主管在屋面相关控制线支经纬仪，后视已放出的控制线方向，倒镜看原始定位桩是否再同一视线上，并计算出偏差是否符合规范要求。

（7）门位、洞位、窗口位楼梯验线

钢卷尺零端置于与上述结构体相关的墙位 50cm 控制线上，量距是否与图纸上尺寸一致。

（8）验线完毕后误差处理

1）验线成果与原验线成果之间的误差若小于 $1/\sqrt{2}$ 限差时，对所有放线评为优良。

2）两者之差略小于或等于 $\sqrt{2}$ 限差，对放线工作评为合格。

3）两者之差大于 $\sqrt{2}$ 限差时，原则上不予验收，返工处理。

第四节　沉降观测

沉降观测的目的是检查施工对邻近建筑物安全影响，地基基础结构设计是否安全合理。工程塔楼沉降观测点均设置在首层。

工程除正常的沉降观测外，还应在地下室基础底板上的相应位置预埋临时沉降观测点。具体为：在待主体施工至地面以上，正式沉降观测点可以观测时，将临时观测点的数据引测到正式沉降观测点上。观测点的结构形式可采用隐蔽式或钢筋制作（但应磨成球型并做防锈处理）。

1. 沉降观测实施

水准基点的联测：水准基点要与国家水准点进行联测或采用独立高程系统，水准基点间的联测按国家三等水准测量的技术要求进行，采用闭合水准线路。

沉降观测等级：沉降观测按国家三等水准测量的技术要求进行，采用闭合或附合水准线路。

观测周期：高层建筑施工期间的沉降观测周期应每增加 1～2 层观测 1 次；建筑物封顶后,应每 3 个月观测一次,观测一年。如果最后两个观测周期的平均沉降速率小于 0.02mm/日，可以认为整体趋于稳定，如果各点的沉降速率均小于 0.02mm/日，即可终止观测。否则，应继续每 3 个月观测一次，直至观测物稳定为止。在施工过程中如建筑物出现裂缝、不均匀沉降等异常情况应增加观测频次每天或几天观测一次，并把观测结果及时反馈给业主和监理；仪器采用国产 S1 精密水准仪和铟钢水准尺，并经法定计量检定机构检定合格且在有效检定周期内；观测时要进行往返测，前后视距相等，并做到"三固定"，即观测人员固定、线路固定和仪器固定。

2. 沉降数据分析

沉降观测原始资料必须及时整理，数据处理采用沉降分析软件处理，原始数据要进行回归分析。绘制建筑物荷载、时间、沉降量回归曲线，沉降速度曲线和等沉降量曲线图。工程竣工时编制沉降观测成果表，编写沉降分析技术总结报告。

3. 沉降基准点布设

从测量控制网埋设的控制点中选 9 个稳定可靠的控制点，作为沉降观测基准点，并每半年观测一次，以保证沉降观测成果的准确性。

基准点高程的校测：基准点使用前，用 Dini10 电子水准仪从招标人提供的水准基点与场区内 9 个水准基准点联测，经平差计算后的 9 个基准点高程数据作为工程沉降观测的基准点高程。

4. 沉降观测点的布设

（1）布点原则

依据《工程测量规范》（GB50026-2007）和设计图纸要求，沉降观测点布设位置应符合下列要求：

1）沉降观测标志应稳固埋设，高度以高于室内 ±0.000m 地坪 0.2～0.5m 为宜。对于建筑立面后期有贴面装饰的建（构）筑物，宜预埋螺栓式活动标志。

2）布置在变形明显而又有代表性的部位。

3）稳固可靠、便于保存、不影响施工及建筑物的使用和美观。

4）避开临时构筑物。

5）建（构）筑物的主要墙角及沿外墙每 10～15m 处或每隔 2～3 根柱基上。

6）沉降缝、伸缩缝、新旧建（构）筑物或高低建（构）筑物接壤处的两侧。

7）人工地基和天然地基接壤处、建（构）筑物不同结构分界处的两侧。

8）烟囱、水塔和大型储藏罐等高耸构筑物基础轴线的对称部位，且每一构筑物不得少于 4 个点。

9）基础底板的四角和中部。

10）当建（构）筑物出现裂缝时，布设在裂缝两侧。

（2）埋设方法

为了便于观测及长期保存，观测点宜采用不锈钢标志。

（3）沉降观测点的布置

针对工程建筑结构形式，根据设计图纸和规范要求，沉降观测埋设在首层柱侧面标高+0.5m处。

5. 观测技术要求

（1）观测仪器：选用数字式精密电子水准仪及与其配套条码尺。

（2）观测方法

沉降观测按《建筑变形观测规程》规定的三等水准测量要求，采用单路线往返观测。

沉降观测点稳固后进行首次观测。首次观测测两个测回，精度符合要求后填写记录表，主体结构施工时每一层楼观测一次，主体结构结束后，在装修阶段，每个月观测一次，直到工程竣工，竣工后，由招标人继续观测。第一年四次，第二年二次，以后每年一次至下沉稳定为止。如沉降量大时缩短周期。并及时整理施测数据，编制成果表，作为竣工资料存档。

（3）观测的技术要求

沉降观测的视线长度、前后视距差、视线高度按下表的要求进行：

等级	仪器型号	视线长度	前后视距差 前后视距累积差	视线高度	往返较差	附合或环线闭合差
二等	蔡司 Dini10	≤30m	≤1.0m	≤3.0m	≥0.3m	4

（4）观测周期

1）首次观测

沉降观测点埋设完毕并稳定后，连续往返观测两次，取其平均值作为沉降观测点的初始值。

2）荷载变化期间的观测周期要求

施工期间地下室观测二次，地上部分每层观测一次；基础周围大量积水、挖方、降水及暴雨后必须观测；出现不均匀沉降时，应增加观测次数。施工期间因故暂停施工超过三个月，应在停工时和复工前进行观测。

3）结构封顶至工程竣工，观测周期要求

均匀沉降且连续三个月内月平均沉降量不超过1mm时，每三个月观测一次；连续两次每三个月平均沉降量不超过2mm时，每六个月观测一次；外界发生剧烈变化时必须及时观测；交工前观测一次。

4）竣工后观测

第一年观测两次，以后根据实际情况及按照《建筑变形观测规程》决定观测次数。直至建筑物达到基本稳定（1mm/100d）时，停止观测。

第五节　基坑监测

1. 基坑监测工程简介

基坑监测意义在于通过基坑监测，检验设计所采取的各种假设和参数的正确性，指导基坑开挖和支护结构的施工，确保基坑支护结构和相邻建筑物的安全，积累工程经验，为提高基坑工程施工的整体水平提供依据。

工程车库为地下一层、二层，因此仅对车库基坑周围的土体和相邻的构筑物进行全面、系统的监测，以便对基坑工程的安全性和对周围环境的影响程度有全面的了解，以确保工程的顺利进行，在出现异常情况时能迅速做出反应并及时反馈，以便并采取必要的工程应急措施，甚至调整施工工艺或修改设计参数。

2. 基坑监测施工方法

（1）基坑外半永久性基准点的布置

因为基坑坡顶观测基准点离坑上口一般较近，当基坑发生变形时，观测基准点也会随之变形，因此在距离基坑上口外侧2倍坑深的位置布置半永久性基准点，以便在每次观测时对观测基准点进行校核。

（2）监测点布置

工程单体较多，因此基坑地面沉降、位移监测点主要沿每栋主楼周边设置。变形观测点的具体位置根据基坑护坡的实际情况进行布设，在最有可能发生变形对工程施工与运行安全影响最大的部位均应布设观测点。

（3）肉眼观察

肉眼观察是不借助于任何量测仪器，而用肉眼凭经验观察获得对判断基坑稳定和环境安全性有用的信息，这是一项十分重要的工作，需在进行其他使用仪器的监测项目前由有一定工程经验的监测人员进行。主要观察围护结构和支撑体系的施工质量、围护体系是否有渗漏水及其渗漏水的位置和多少、施工条件的改变情况、坑边堆载的变化、管道渗漏和施工用水的不适当排放以及降雨等气候条件的变化等对基坑稳定和环境安全性关系密切的信息。同时需密切注意基坑周围的地面裂缝、围护结构和支撑体系的工作失常情况、邻近建筑物和构筑物的裂缝、流土或局部管涌现象等工程隐患的早期发现，以便发现隐患苗头及时处理，尽量减少工程事故的发生。这项工作每天早晚进行，并将观测到的内容详细地记录在监测日记中，同时记录施工进度与施工工况，重要的信息则需要写在监测报表的备注栏内，发现重要的工程隐患则要专门填写监测备忘录。

（4）仪器监测

为了保证边坡位移数据的真实性、正确性、连续性，基坑边坡水平位移观测在基坑支护完工完毕后进行数据、点位交底，再根据现场实际情况重新布设基准点。采用直视法（又称视准线法）+全站仪极坐标法对原有观测点进行水平位移监测。及时对数据进行处理与分析，并及进将观测结果上报于技术设计管理部与项目监理部，以便指导坑底的施工与作业。

监测方法采用直视法及全站仪极坐标位移监测法，以场区内首级控制网作为基坑监测的基准网。基坑护坡平面位移观测时，将全站仪架设在观测基准点上，逐一对观测点进行观测，并记录该观测点坐标，每次观测值均与上次观测值进行比较，其差值即为位移变形值。

3. 基坑监测技术措施

（1）监测要求

基坑监测工作须按照计划进行。计划性是监测数据完整性的保证。监测数据须是真实可靠的。数据的可靠性由测试元件安装或埋设的可靠性、监测仪器的精度、可靠性以及监测人员的素质来保证。监测数据真实性要求所有数据须以原始记录为依据，原始记录任何人不得更改、删除。

监测数据必须是及时的。监测数据需在现场及时计算处理，计算有问题可及时复测，尽量做到当天报表当天出。因为建筑施工是一个动态的施工过程，只有保证及时监测，才能有利于及时发现隐患，及时采取措施。

结构中的监测元件应尽量减少对结构的正常受力的影响，埋设水土压力监测元件、测斜管和分层沉降管时的回填土应注意与岩土介质的匹配。

对重要的监测项目，应按照工程具体情况预先设定预警值和报警制度，预警值应包括变形或内力量值及其变化速率。基坑监测应整理完整的监测记录表、数据报表、形象的图表和曲线，监测结束后整理出监测报告。

（2）监测频率

①监测初始值测定

监测点首次的观测值不少于2次，取各观测值的平均值作为监测的初始值。

②施工监测频率

正常施工期间每周观测两次；因故停工，复工前加测一次，期间仍按常规（每周两次）监测。当遇大雨等特殊情况时，适当加密观测次数；当测量的位移值大于计算值时，加密观测次数。

（3）监测技术要点

①每次观测应做到：测量方法固定，观测时间固定、测量仪器固定，操作人员固定，观测路线固定，以消除因仪器的自身的系统误差和人眼的视觉误差对监测结果的影响。

②埋设观测点和施工阶段的观测过程中，对基准点和观测点采取必要的保护措施，定期派专人检查，确保基准点和观测点不被破坏，保证位移观测顺利进行。

③施工前对原场地进行全面调查,查清有无原始裂缝和异常并作记录,必要时照相存档。首次观测结束后做好初始值的记录工作,以后每次观测结果详细记入并汇总、计算位移量,编制时间位移量曲线分析表。监测数据、资料要及时整理,及时反馈给有关人员,发现异常现象应及时汇报。

4. 监测资料整理

监控资料按照图表格式进行整理,凡监测得到的数据,必须当天处理完毕。如支护结构的变形量-时间曲线,并将数据和分析结果当天公布。监测人员必须当天向技术负责人进行口头提醒,如有必要应向其主管部门进行通报。每周将本周的报表进行处理,做成分析成果表上报监理。

5. 其它注意事项

(1)基坑边 2m 内,均布荷载不得大于设计荷载值。

(2)基坑四周作好防、排水工作,严防地下管道渗水。

(3)坑上轴线控制点或水准基点每 1 个月复核一次,以保证其精度。

(4)通过监测发现各项监测值大于规范允许或计算值时,应加强观测,必要时应采取加固措施。如补加锚杆加固阻止位移继续扩大,确保基坑及周围建筑物的安全。

6. 监控报警

(1)监控报警值

基坑边坡监测报警值为 2.5H‰,H 为基坑深度,如超过报警值及时向项目经理部、监理单位、业主反映,并及时研究采取相应措施。

(2)超预警值上报流程

超预警值上报流程图

第六节　变形观测

项目经理部组建施工监测领导小组,由项目总工程师任组长,下设基坑边坡变形监测组、施工现场环境变化监测组两个组。监测结果超标或遇有紧急情况要及时汇报监测领导小组。监测成果要应用到施工上去,监测表明有异常和险情时,项目经理部及时采取措施排除,监测可以起到应有的作用,使施工安全条件得到很好的保障。

1. 基坑变形监测

(1)监测内容

工程地下车库,基坑大面开挖深度 12m,属于深基坑开挖。

基坑边坡变形监测主要是监测边坡的稳定性,包括边坡滑移、开裂等。

监测项目和监测方法

观测对象	观测项目	观测方法
基坑周围地表土	沉降、隆起、裂缝	水准仪、全站仪

（2）测点布设

测点布设包括监测控制点（水准基点、工作基点）及监测点（地表点、建筑物测点）的布设方法。

①水准基点的埋设

工程监测水准基点拟设9个永久水准基点。确定水准基点点位时，必须保证点位所在地地基坚实稳定、安全可靠，并利于标石长期保存与观测。水准基点设在工程的南北两端，水准基点拟埋设于施工或降水造成的变形影响深度以下的地层内。

②工作基点的埋设

工作基点应根据地层土质状况决定，一般采用砼普通水准标石，标石埋设在地表以下1.5～2.0m左右的深度。工程拟布设6～8个工作基点，分别位于靠近观测目标且便于联测观测点的稳定或相对稳定位置。

工作基点标石的顶面的中央为圆球状不锈钢的金属水准标志。标志须安放正直，镶接牢固，其顶部应高出标石1～2cm。

③监测控制点的保护

标石埋设后，在点位四周砌筑规格不应小于1.5m×1.5m×1.0m的砖石护墙，并围绕标志砌筑内径为0.5m×0.5m×0.5m的砖石方井或圆井，上加盖板，并设置醒目的保护指示牌，做好标记，以便于长期观测。

④监测点的埋设

基坑边坡顶监测点的埋设：根据要求，沿基坑边坡顶每隔15m～20m布设监测点。地面监测点的埋设，应先在地面开Φ100mm的孔，打入顶部磨成椭圆形的Φ22mm螺纹钢筋，然后在标志钢筋周围填入细砂夯实，为防止由于路面沉降带到测点沉降影响监测成果数据，不可用砼或水泥固牢，最后还应在监测点上部做上铁盖加以保护。具体方法见下图：

监测点示意图

（3）监测方法

在地下室施工期间，应对深基坑进行重点监测。

观测方法：采用全站仪，按自由测站法对埋设于边坡顶的标志进行观测，每次观测所得的各点坐标值与初始值比较，所得的坐标差即为该观测点本观测周期内的值。

观测频率：每天进行一次监测。

2. 施工现场环境变化监测

工程重大环境因素主要为：施工噪声排放、施工和生活废水排放、扬尘和固定废弃物排放。项目部负责组织邀请当地环保部门到场进行噪声、水质、空气、土质监测，并根据监测结果，确定是否需要采取更为严格的防控措施，确保现场污染排放始终控制在国家有关环保法规的允许范围内。

（1）噪音监测

该地区声环境按《城市区域环境噪声标准》二类区控制。

①测试的时间：桩基、结构、装修等主要施工阶段施工开始后3日内进行1次，施工正常进行后再进行一次，测量时间分为昼间及夜间两部分，夜间测量在22时以后进行，选在无雨及轻风时进行测试，当风级超过三级时，加防风罩，超过四级时停止测试。

②测试的方法：测量应在噪音最大时进行，在同一测量点，连续测量5~7个数值，每次读数的间隔时间为5秒，测量值为5~7个数的平均值。

③测量点：设在施工现场的边界线上，且距离噪声源最近地方。

④噪声测试仪器选用HS5920袖珍型噪声监测仪。

⑤监测记录：按要求由测试人填写记录，报监测组组长。

⑥测试后的处理：当测试结果高于规定指标时，立即采取相应的降声措施；在各施工阶段尽量选用低噪声的机械设备和工法；施工场地合理布局、优化作业方案和运输方案，保证施工安排和场地布局尽量减少施工对居民生活的影响，减少噪声的强度和敏感点受噪声干扰的时间，超标的场地安设必要的噪声控制设施，夜间尽量安排低噪声施工作业。

（2）空气质量监测

该地区空气质量按《环境空气质量标准》二级值控制。

为了解工地附近在工程开工前的一般空气质量状况，在指定的监察站上持续进行24小时的悬浮粒子基线监察量度。在施工期间，每6天在指定站进行一次1小时和24小时悬浮粒子总量取样。

施工过程中采取措施预控：施工场地一旦干燥、起尘，就及时喷水，保持湿度，并组织力量及时清理重点路段散落的泥土。车辆离开施工场地上路前进行外皮、底盘及车轮的清洗，保证不带泥土上路。对堆土场、散装建筑材料堆放场采取压实、覆盖等预防措施；及时清运泥土和弃渣等固体废物。施工过程中，不将废弃的建筑材料作为燃料燃烧。

（3）水质监测

在施工期间，由项目部邀请当地环保部门来现场，在总排污口区取样进行化验，根据监测报告，确定是否需要采取更为严格的防控措施。

施工过程中采取措施预控：对地面水的排放进行组织设计，严禁施工污水乱排、乱流污染道路、周围环境或淹没市政设施。施工场地设置临时沉沙池，将含泥沙的开挖水、雨水、泥浆等经沉沙池沉淀后排放。

（4）土壤监测

施工前和施工过程中，由项目部邀请当地环保部门来现场，对工程周边土质抽样检测，前后对比确定是否因施工造成了土质污染，如果超标，及时采取措施进行防控。

第七节　测量、监测注意事项

（1）测量注意事项

1）测量人员经技术培训，持证上岗；

2）项目总工程师向测量人员进行技术交底；

3）测量人员施测前认真理解方案；

4）轴线点投测到楼层后，用全站仪进行放线；

5）仪器限差符合同级别仪器限差要求；

6）标高引至楼层后，进行闭合复测；

7）钢尺量距时，对悬空和倾斜测量应在满足限差要求的情况下考虑垂曲和倾斜改正；

8）标高抄测时，采取独立施测两次法，其限差为±3mm，所有抄测应以水准点为后视；

9）垂直度观测，若采取吊垂球时应在无风的情况下，如有风而不得不采取吊垂球时，可将垂球置于水桶内；

10）施工层放线时，先在结构平面上校核投测轴线，闭合后再细部放线；

11）为了有效控制各层轴线误差在允许范围内，并达到在装修阶段仍能以结构控制线为依据测定，要求在施工层的放线中弹放下列控制线，所有细部轴线、墙体边线、门窗洞口边线；

12）结构施工中每层施工完毕，应检测外墙偏差并记录，并每层检查门窗洞口净空尺寸偏差，同一外立面同层窗洞口高低偏差及各层同一部位窗洞口水平位移，弹外墙窗口边线竖直通线，保垂直度控制在误差范围内。

（2）监测注意事项

1）每次观测应用相同的观测方法，观测期间使用一种仪器，固定操作人员，消除因仪器的自身系统误差和人眼的视觉误差对监测结果的影响。

2）埋设观测点和施工阶段的观测过程中，对基准点和观测点采取必要的保护措施，定期派专人检查，确保基准点和观测点不被破坏，保证位移观测顺利进行。

3）施工前对原场地进行全面调查，查清有无原始裂缝和异常并作记录，必要时照相存档。首次观测结束后做好初始值的记录工作，以后每次观测结果详细记入并汇总、计算位移量编制时间位移量表。监测数据、资料要及时整理，及时反馈给有关人员，发现异常现象及时汇报。

第八节 施工测量质量要求

1. 施工测量记录

施工测量记录一览表

序号	记录名称	备注
1	工程定位测量记录	在基础施工阶段根据场地移交情况填报
2	轴线检查记录	裙楼每楼层分区填报，塔楼标准层按子单位工程每层一次
3	标高检查记录	裙楼每楼层分区填报，塔楼标准层按子单位工程每层一次
4	垂直度检查记录	裙楼每层一次，塔楼标准层按子单位工程每层一次
5	设备基础复测记录	每楼层一次
6	建筑物沉降观测记录	

2. 施工测量精度要求

（1）轴线竖向投测允许误差每层 ±3mm，总高允许误差 ±10mm；

（2）标高竖向传递的允许误差每层 ±3mm，总高允许误差 ±10mm；

（3）平面各部位放线的允许误差：

项目	允许误差（mm）
主控轴线长度（长度大于70m）	±3
细部轴线	±2
墙、柱边线	±2

3. 施工测量质保措施

（1）认真审核图纸及相关资料，仔细核对依据资料及点位，针对具体问题制定相应的方案、措施。

（2）严格执行自检、互检，自检时必须换人，以不同的方法检查，检查合格后方可交给专检部门验线。

①控制网的复核：控制网设完后，技术部用激光经纬仪进行角度闭合复核、用50m钢卷尺进行距离复核，用水准仪进行高程控制点的复核。

②结构每施工三层，测量小组对控制线必须进行一次校核：复核方式为采用内、外控制线相互比对方式。

③因基础施工阶段控制桩容易遭碰撞及受地面沉降影响移位，故在每次进行轴线投测前必须先对控制桩有无移位现象进行校核后才能施测。

（3）技术资料，记录齐全、完整，使每项测量工作都可追溯。
（4）仪器设备由测量工程师保管，坚持年检、季检并做好记录，使所有仪器设备均能满足相应的精度要求。

第九节　施工测量管理

1. 测量质量的组织保证

（1）项目技术部下设施工测量管理组，由高级测量工程师负责工程测量的总体策划。

（2）工程测量工作量大，配备的专业测量工程师较多，为保证测量质量，对参与测量的人员进行严格分工并相互协作，避免因工作相互之间的衔接造成测量偏差。

（3）施工测量总控制网和控制轴线及标高的垂直传递均由高级测量工程师负责，而楼层内测量控制线和标高布设以及钢构件校正测量则由测量工程师负责，在楼层内的施工细部放线则由测量技师负责。

（4）测量过程中，所有测量原始记录和测量成果均由相关测量人员互相核对签字认可，形成相互交叉检查的测量控制制度。

2. 质量保证措施

（1）为保证测量工作的精度，应绘制放样简图，以便现场放样。

（2）对仪器及其他用具定时进行检验，以避免仪器误差造成的施工放样误差。测量工作是一个极为繁忙的工作，任务大、精度高，因此必须按《工程测量规范》要求，对测量仪器、量具按规定周期进行检定，在周期内的经纬仪与水准仪的主要轴线关系还应每2~3个月进行定期校验。此外，还应做好测量辅助工具的配备与校验工作。

（3）每次测角都应精确对中，误差 ±0.5mm，并采用正倒镜取中数。

（4）高程传递水准仪应尽量架设在两点的中间，消除视准轴不平行于水准轴的误差。

（5）使用仪器时在阳光下观测应用雨伞遮盖，防止气泡偏离造成误差，雨天施测要有防雨措施。

（6）每个测角、丈量、测水准点都应施测两遍以上，以便校准。

（7）每次均应作为原始记录登记，以便能及时查找。

3. 安全技术措施

（1）轴线投测到边轴时，应将轴线偏离边轴 1m 以外，防止高空坠落，保证人员及仪器安全。

（2）每次架设仪器，螺旋松紧适度，防止仪器脱落下滑。

（3）较长距离搬运，应将仪器装箱后再进行重新架设。

（4）轴线引测预留洞口 200×200mm 预留后，除引测时均要用木板盖严密，以防落物打击伤人或踩空,并设安全警示牌。

(5)向上引测时,要对工地工人进行宣传,不要从洞口向下张望,以防落物打中。外控引测投点时要注意临边防护、脚手架支撑是否安全可靠。

4. 对分包单位测量的协调控制

除自身的施工测量工作外,我们还将对分包工程的施工测量进行控制。

分包工程开工前,我单位移交测量控制线给分包单位,由移交双方进行相互交接检查无误后方可使用。在分包工程施工过程中,将对分包工程重点部位的施工测量进行跟踪复核。

5. 与沉降观测、变形监测测量的配合

工程的沉降及变形监测将委托有专业资质的单位进行。技术部具体负责沉降及变形监测的组织与协调,由测量组负责移交控制线与现场配合。

6. 测量精度控制

根据工程特点制定的测量允许偏差如下:

(1)平面总控制网(二级导线布设)

项目	允许误差
测角中误差	$\pm 8''$
边长相对中误差	1/14000

(2)高程总控制网(L为往返测段水准路线长度,单位:km)

等级	视线长度	前后视距差 前后视距累积差	视线高度	往返较差、附合或 环线闭合差
二等	≤50m	≤1.0m	≤3.0m	≥0.5m

7. 测量管理制度

(1)所有测量人员必须持证上岗。

(2)上岗前必须学习并掌握《城市测量规范》《工程测量规范》《建筑工程施工测量规程》及公司技术部制定的《计量器具管理实施细则》。

(3)到现场放样前,必须先熟悉图纸,对图纸技术交底中的有关尺寸进行计算、复核,制定具体的方案后方可进场。

(4)所有测量人员必须熟悉控制点的布置,并随时巡视控制点的保存情况,如有破坏应及时汇报。

(5)测量人员应了解工程进度情况,经常同有关领导及部门进行交流。

(6)经常与专业测量人员保持联系,及时掌握图纸变更、洽商,并及时将变更内容反映到图纸上。

(7)爱护仪器,经常进行擦试,检查时仪器保持清洁、灵敏,并定期维修,保证完好状态。

（8）有关外业资料要及时收集整理。

（9）定期开展业务学习，努力提高测量人员素质。

（10）必须全心全意为施工服务，将所测的点或线向操作工人交代清楚。

8. 施工时的各项限差和质量保证措施

（1）为保证误差在允许限差以内，各种控制测量必须操作按规范进行，各项限差必须达到下列要求：

1）控制轴线，轴线间互差

＞20m 1/7000（相对误差）

≤20m ±3 对于轴线小于 ±3mm

2）各种结构控制线相对于轴线 ≤±3mm。

3）标高小于 ±5mm。

4）垂直度层高 ≤±8mm，全高 1/1000 且不大于 3mm。

（2）放样工作按下述要求进行：

1）仪器各项限差符合同级别仪器限差要求。

2）钢尺量距时，对悬空和倾斜测量应在满足限差要求的情况下考虑垂曲及倾斜改正。

3）标高抄测时，采取独立施测两次法，其限差为 ±3mm。所有抄测应以水准点为后视。

4）垂直度观测：若采取吊线坠时应在无风的情况下，如有风而不得不采取吊线坠时，可将线坠置于水桶内。

（3）细部放样应遵循下列原则：

1）用于细部测量的控制点或线必须经过检验。

2）细部测量坚持由整体到局部的原则。

3）有方格网的必须校正对角线。

4）方向控制尽量使用距离较长的点。

5）所有结构控制线必须清晰明确。

第十节　测量复核和资料的整理

（1）工程定位、测量工作完成后，由监理单位和业主参加验线，验线方法和验线仪器与放线时程序相同，以确保验线工作的检查独立性。

（2）楼层验线由现场质量员及专职验线员复验合格各楼层的放线结果后，报监理工程师抽查复验。

（3）外业记录采用统一格式，装订成册，回到内业及时整理并填写有关表格，并由不同人员将原始记录及有关表格进行复核,对于特殊测量要有技术总结和相关说明。

(4)对各层放样轴线间距离等采用钢尺复核,达到准确无误。

(5)所有测量资料统一编号,分类装订成册。

(6)细部放样采用不同人员、不同仪器或钢尺进行,条件不允许的可独立施测两次。

(7)有高差作业或重大项目的要报请相关部门或上级单位复核并认可。

(8)对各层放样轴线间距离等采用红外测距仪校核,达到准确无误。

(9)测量记录应做到原始、正确、完整、工整、字迹清楚;必须在规定的表格上填写记录;记录应当场及时填写清楚,不许转抄,保持"原始性";测量记录应妥善保管,工作结束后及时交有关部门保管;施工测量记录按要求编制、编号,根据资料内容和数量多少组成一册或若干册装订。

(10)施工测量技术资料主要包括:

总平面规划红线桩坐标 A1、A2 及水准点通知单;交接桩记录表;工程定位图(总平面、首层建筑平面、基础平面、原始地形图);设计变更文件及图纸;现场平面控制网与水准点成果表及验收单;必要的原始测量记录。

(11)仪器保养和使用制度

所有仪器必须每年鉴定一次,并经常进行自检;仪器实行专人负责制,建立仪器管理台账,由专人保管、填写;仪器必须置于专业仪器柜内,仪器柜必须干燥、无尘土;仪器使用完毕后,必须进行擦拭,并填写使用情况表格;仪器在运输过程中,必须手提抱等,禁止置于有振动的车上;仪器现场使用时,测量人员不得离开仪器。使用过程中防爆晒、防雨淋,正确使用仪器,严格按照仪器的操作规程使用;水准尺不得躺放,三脚架水准尺不得做工具使用。

(12)安全环保措施

1)安全措施

确保自身安全:首先测量人员进入施工现场必须系戴好安全帽;如果必需临边作业时,必须系戴好安全带;当在脚手板上行走时要特别小心探头板和钉子。

确保他人安全:测量和放线时如需拆除安全网和其他安全防护设施时必须经过工长和相关负责人员的同意后方可拆除,拆除后不能一走了之应在工作完成后及时恢复原位。

所有测量人员必须遵守项目部和上级有关部门制定的安全文明制度。

2)环保措施

测量用的油漆、喷漆、墨汁等要特别注意避免洒漏造成污染,更不能任意乱涂乱画。用过后的油漆瓶、喷漆瓶、墨汁瓶等应放在指定的地点。

所有标示均应符合测量学和有关规定的符号要求,做到统一、美观大方、字迹工整,并准确可靠。

第四章 施工风险管理

第一节 风险管理的内涵

1. 风险采取不同的应对措施

风险管理就是在辨认、评价及剖析风险的根底上，运用科学的管理技术及手腕对工程项目可能发作的风险进行一定的预防及处置，尽可能地控制风险，使其向有利条件转化，并能在风险发生后及时采取主动的弥补措施。关于建筑工程项目来说，风险管理的过程如下：①预测及辨认风险。经过信息搜集，剖析出可能发作的风险，并对其可能性通过专家咨询以及寻求实验论证，将可能发作的风险记载在案。②对可能发作的风险进行剖析及评价。剖析风险发作的可能性及危害性，评价对工程项目的潜在影响，并按其危害大小列制风险清单。③依据所列的风险清单，针对不同危害水平的风险采取不同的应对措施。

2. 应对措施

工程项目风险管理的目的就在于对工程项目中可能触及的风险提早辨认并制定出相应的应对措施，从而能够用最少的破费来减少风险所形成的影响，继而顺利地完成建筑工程项目的建立目的。

第二节 主要风险要素

建筑工程项目从立项到竣工的整个过程都是在事前规划好的条件下进行的，但是在实践操作过程中，项目中的任何一个条件都可能发生改动，这些无法肯定却又潜在的各个要素就是风险要素，而建筑工程项目主要遇到的风险要素有：

1. 社会环境风险

社会环境风险包括社会风险和环境风险两个方面，常见的社会风险有：政策及法律法规变卦以及新技术新工艺的产生带来的风险，而环境风险指的是自然界的力量，如洪水、地震、台风，以及水文、气候、地质等。

2. 进度风险

进度风险指的是由于建筑工程项目施工过程中各种要素的综合影响，最终形成项目工程施工拖延，未能及时依照工期完成。建筑工程项目施工过程中可能影响到施工进度的风险要素如下：①技术风险，由于设计人员业务素质不过硬，使得设计出的建筑图纸达不到施工要求，最后还需重新修正设计图纸，此外，局部施工企业因未完成设计图纸，从而只能采用边施工边设计的办法，最终均会影响工程进度；②方案风险，建筑工程项目施工的中心是；项目方案制定必须以该目的为基本根据，只要契合总目的请求的方案才是合理牢靠的方案，不合理的方案及未思索工程中不测状况的方案均会形成工程的经济损失，构成方案风险，继而影响工程的进度，形成进度风险。

3. 费用风险

形成建筑工程项目费用风险的主要要素有以下几点：①设计变卦，在建筑工程建立项目过程中，由于业主请求或其他缘由，经常会呈现工程变卦的状况，此时就会形成工程量的改动，增加了建筑工程项目的开支，构成费用风险；②经济要素，由于经济突发事故所带来的费用增加而带来的风险，常见的如：通货收缩，汇率改动，中央维护主义等。③本钱预算错误，由于预算人员忽略或是项目历史数据及信息搜集不齐，均可能导致工程项目发生费用风险。

4. 管理风险

影响管理风险呈现与否的要素有：①管理机构的健全与否。若企业的组织及管理机构设置不合理，上下级配合脱节，则发作管理风险的可能性较大。②合同的管理及实行。若合同的管理不完善，则容易呈现条款遗漏，表达不正确等问题，同时，施工未按合同实行，双方义务不明，这些问题均会形成管理风险的发作。

第三节　运营过程风险管理

由于有了项目的风险清单，因而可依据不同的风险采取不同的管理措施，以控制风险的发生及影响，尽可能地减小风险带来的损失，通常采取的措施如下：

1. 风险逃避

风险逃避是指为了防止风险的发生，采取一定的措施中辍或阻止风险源的开展或是采取远离风险源的行为，风险逃避是一种回绝承当风险的处置措施。如在河边建立建筑可能会有洪水风险的发生，故能够另谋场地，从而防止洪水风险的发生。

2. 风险控制

风险控制指的是当风险避无可避时，采取一定的手段预防及减少风险带来的损失，如承包商无力继续进行工程时，将工程拖下去，只会给业主形成更大的损失，此时，业主即可撤换承包商，以减少项目损失。

3. 风险转移

风险转移是指在风险发作时将风险形成的局部损失转移给可承当风险的个人或组织，风险转移并不同等于转嫁损失，关于业主或承包商无法控制的风险，第三方则有可能控制或是较易承当风险带来的结果，常见的风险转移方式如购置保险及转让技术等。

4. 风险自留

某风险因形成损失较小，且反复性较高，因而，在综合思索项目进度等各方面之后，可本人承当一局部风险，但自留的风险必须经过认真剖析及评价，否则会形成较大的项目损失。

第四节　风险管理规划

建筑工程项目风险管理应贯串于项目管理的整个过程，因而，对建筑工程项目的风险管理，可分为项目前期，招招标阶段，施工阶段及完工阶段四个方面，详细如下：

1. 建筑工程项目前期阶段风险管理

在项目的设计筹划时期，必须思索行业风险，市场风险，政策及法律法规变卦风险，在此时期必须对该项目的可行性停止技术论证，科学确实定项目目的，及选择适宜的建立场地，同时，认真审核建筑设计图，避免设计图纸不合理或变卦而惹起的风险发作。

2. 建筑工程招招标阶段风险管理

由业主的角度来看，在此阶段可采取的风险管理措施有：拜托信誉良好的项目咨询企业编制科学的工期及工程量清单，精确计算工程量，合理编制项目方案明晰描绘项目目的及工程内容，选择适宜的合同计价方式，招标的范围要标示分明，标准招标过程，选择优质且名誉较好的承包商。

3. 建筑工程施工阶段风险管理

增强对施工图纸的会审工作，尽量减少施工过程中的工程变卦，增强对承包商资质的检查及监视，严控工程质量及工程进度，增强合同管理，对施工现场的工程异况停止紧密的注销，以确保对现场的实时监控。

4. 建筑工程完工阶段风险管理

完工阶段是工程项目的最终阶段，此时必须对项目工程停止验收及审定，此时风险管理工作的主要内容有：肯定完工材料的真实及精确性，标准工程验收工作流程，认真核对项目投资及本钱开支。

第五节 工程质量测量

1. 对技术质量和设备性能停止检查复核

对资料、半废品、废品：构配件、设备的状况必需检验，复核检验报告，确认合格后才干运用。

2. 工程重要部位与施工单位共同检查并办理签证

规范轴线桩或规范龙门板；根底轴线和标高，上下水、暖气、通风管道及化粪池，检查井的标高、尺寸、坡高；砌体每层墙身轴线和皮数杆；模板尺寸、标高、预埋件、预留孔的结实性和质量；预制构件装置位置、型号、搭接长度、标高，加工大样图的外形、尺寸、数量、作法；变电、配电位置，上下压、电话、闭路电视、进出口位置、方向；设备根底地脚螺栓的位置、标高、尺寸。

3. 对荫蔽项目与施工单位共检并签证

对地槽标高、尺寸、槽底土质记载和地基处置状况；钢筋、种类、规格、外形、数量、接头位置及质量预埋件、除锈代用状况焊接的种类、焊口规格、焊接长度、焊接质量；公开室和屋面的防水层数、作法、质量；暖、电、卫暗管道的位置、标高、防腐、保温及预埋，接头绝缘实验，地线、避雷针电阻实验。

4. 参与工程中间验收并办理验收签证

主体工程验收：包括根底、现浇钢筋砼、墙体等。施工完后，必须由设计、施工部门和建立单位共同检查合格，作好原始记载，办理验收签证后，才干进入下一步工序施工，当采取主体穿插作业施工时，应分层停止验临专业工程验收：水、电、暖、通风等专业工程的管线和设备装置终了后，必须经设计、施工和建立单位共同停止调试，经检查合格，办理验收签证后，才干停止交接工作；协作单位分项工程验收：协作单位施工的分项工程，由协作单位组织设计、建立单位按有关规则停止验收，其中重点工程，还应约请土建施工单位参与，验收合格，办理签证后，办理交接手续；提早运用工程验收：建立单位因需求提早运用单项工程，由建立单位组织设计、运用、施工单位停止验收，经历收合格办理签证后才干移交运用。

5. 控制质量状况，及时处置质量事故

施工过程中发作的工程质量事故，要及时妥善处置。对设计质量不契合规范的可提出暂停施工，施工质量不契合请求的，要限期弥补，不留隐患。普通事故和问题，由施工、设计和建立单位三方协商处理。严重事故和问题，要会同设计、施工单位共同停止调查，剖析事故原因和义务，制定处置计划，并报主管部门，由主管部门召开特地会议研讨处置。工程施工中的质量问题和事故，是评定工程质量的重要根据，平常要做出细致记载。

第六节 控制施工动态

1. 控制设计状况，搞好图纸材料管理

留意设计变卦，未经设计单位同意，任何单位和个人不能擅自修正。设计图有过失，设计图与阐明书有矛盾，设计请求与实践状况不符，施工条件和资料规格、种类、质量、性能等不契合设计请求，设备有缺陷，职工提出合理化倡议，确需变卦者，必须经设计、施工和建立单位共同协商，并办理设计变卦手续；搞好图纸材料管理，施工中所用的一切图纸、材料和有关文件，应有专人担任收发、注销、借阅、回收和整理工作。

2. 控制工程进度，做好进度与方案均衡

搜集和审核统计材料，控制工程形象进度，按月向主管部门和当地统计局、建立银行报送统计、会计报表。检查工程进度拨款单，控制工程财务支出额，做好完成拨资与财务支出和工程进度与方案布置之间的均衡与调整工作。谐和各承包单位的穿插施工工作，保证工程顺利停止，办理预算外必须增加的工作量的签证，作为工程完工决算的结算根据。

3. 增强物资管理，做好甲供物资

建立单位对物质的准备要以年度方案的工程内容为根据，不但数量上要满足，更重要的是规格、种类、型号要与工程内容对口，做到物质不积压，工程有保证，资金少占用。同时关于甲供资料准绳上请求进货时直接请求施工单位与供货商一同验收，并现场办理验收交接手续，直接转交给施工方停止保管、运用，同时精确控制施工进度，谐和供货方供货状况与施工单位的消费进度请求，分期分批进货，一方面可减少仓库、场地占用及减少资金占用费，另一方面能够保证消费顺利停止。

第七节 施工进度控制

1. 增强进度管理，缩短工程工期

对控制工期的办法是分离设计及其它分包的作业内容并针对设计图纸、施工方案，不时研讨、修正与执行，增强进度管理工作。应用分段发包、配合设计施工并行的方式来缩短整个工程方案的时间。控管工期的办法是将设计、发包与施工堆叠作业。经过定期进度检查会检查施工总进度、季施工进度、月间施工进度、双周施工进度、每周定期开会检查进度。

2. 施行本钱控管，降低工程本钱

对工程本钱的控管是同时思索设计与施工两个方面。普通而言，设计阶段决议的本钱高达70%，发包阶段是20%，施工阶段6%，保修阶段4%，所以项目管理应在设计阶段就要全面施行本钱控管。对降低工程本钱的办法是由研讨设计开端，对不利于本钱的要素逐一提出并加以研讨。作业内容包括设计内容合理性、资料质量、品牌、发包价钱、施工办法难易度与合理性、工期、质量、本钱构成与分配比例、预算控制、合同管理、工程变卦、工程纠葛索赔等进度做出合理布置。

3. 通过市场调研，认准合格材料

考察调研的范围首先应是生产经营厂商。一是审核查验材料生产经营主体的各类生产经营手续是否完备齐全；二是实地考察企业的生产规模、经营理念、销售业绩、售后服务等情况；三是重点考察企业的质量控制体系，是否具有国家及行业的产品质量认证，材料质量在同类产品中是属于一般、中档还是高档等。

察调研的另一个范围是建筑业界。通过对建筑业界的了解，获得的信息更准确、更细致、更全面。一般来说，真正质量过硬的材料会得到建筑界的认可，质量低劣的材料会被人唾弃。通过了解建筑业界，可以更准确地掌握材料生产厂家的企业信誉、产品质量、价格状况、售后服务等情况。

4. 把好材料的进场检验关

建筑材料验收入库时必须向供应商索要其"防伪备案证明"。材料检验单位必须具备相应的检测条件和能力，经省级以上质量技术监督部门或者其授权的部门考核合格后，方可承担检验工作。重点工程、重要工程的主要建材应委托各级质量技术监督部门认可或授权的检测单位进行材质检验。

5. 施工过程中的材料管理

施工过程是劳动对象"加工""改造"的过程，是材料消耗的过程，称为"牺牲"过程或使用过程。使用过程中材料管理的中心任务就是检查、保证进场施工材料的质量，妥善保管进场的物资，严格、合理地使用各种材料，降低消耗，保证实现管理目标。

第五章 施工质量管理

建筑工程质量是指在国家现行的有关法律、法规、技术标准、设计文件和合同中，对工程的安全、适用、经济、环保、美观等特性的综合要求。

第一节 质量管理体系

建筑工程施工质量控制是建筑工程质量管理的重要任务之一，它贯穿于建筑工程项目决策阶段和实施阶段的全过程，牵涉到建筑工程施工质量保证体系的建立和运行、施工质量的预控、施工过程的质量控制和施工质量验收各方面各环节的工作。只有认真把住每个环节按质量要求严格控制它，才能建造出高质量、高水准的工程。

建筑工程施工质量控制是工程质量管理的一部分，质量控制是在明确的质量方针和目标指导下，通过对具体作业技术和管理活动的计划和实施过程，致力于实现预期的质量目标，是一种过程性、纠正性和把关性的质量控制。只有严格对建筑工程施工全过程进行质量控制，包括建立和运行施工质量保证体系，采取施工质量预控，实施施工过程质量控制和严把施工质量验收，才能实现建筑工程施工的质量目标。

1. 施工质量保证体系的建立和运行

施工质量保证体系的建立是以现场施工管理组织机构为主体，根据施工部门质量管理体系和业主方的工程项目质量控制总体系统的有关规定和要求而建立的。施工质量保证体系需要根据施工管理的范围，结合工程的特点建立，其主要内容有：

①现场施工质量控制的目标体系；

②现场施工质量控制的业务职能分工；

③现场施工质量控制的基本制度和主要工作流程；

④现场施工质量计划或施工组织设计文件；

⑤现场施工质量控制点及其控制措施；

⑥现场施工质量控制的内外沟通协调关系的能力。

施工质量保证体系是通过以上内容所形成的现场施工质量保证的制度性和程序性的文件体系，为现场施工管理组织注入质量控制的活力和机制。施工质量保证体系有如下特点：系统性、互动性、双重性、一次性。

施工质量保证体系的运行,应以质量计划为首,过程管理为重心,按照循环原理展开,即计划,明确目标并制定实现目标的行动方案;实施,包含两个环节,计划行动方案的交底和按计划规定的方法与要求展开施工作业技术活动;检查,对计划实施过程进行各种检查;处置,对质量检查发现的问题,及时进行原因分析,采取必要的措施予以纠正。施工质量保证体系的运行,应按照事前、事中和事后控制相结合的模式依次展开。

2. 施工质量预控

施工质量计划预控,是以预防为主作为指导思想,在施工前,通过施工质量计划的编制,确定合理的施工程序、施工工艺和技术方法,以及制定与此相关的技术、组织、经济与管理措施,用以指导施工过程的质量管理和控制。

落实各项施工准备工作,对于施工过程的顺利展开并有效控制施工管理目标,有其重要的现实意义。施工准备按其性质分类有:

①工程项目开工前的全面施工准备

②各分部分项工程施工前的施工准备

③冬、雨季等季节性施工准备

从施工质量控制的角度看,施工准备状态预控,目的在于抓好计划的落实,防止承诺与行为、计划与执行不相一致,而使施工质量的预防预控流于形式。

施工生产要素通常是指人、材料、机械、施工方法、环境和资金。通过施工生产要素的合理配置、优化组合和动态管理,以最经济合理的施工方案,在规定的工期内完成质量合格的施工任务,并获得预期的施工经营效益。

第二节 施工人员工程质量管理职责

1. 项目经理质量责任

项目经理是项目经理部质量工作的组织者、领导者,对所承担的工程质量负全部责任。

2. 生产副经理质量职责

项目生产副经理必须协助、配合项目经理实现对工程质量工作的组织、贯彻、落实,确保项目经理部质量目标的实现。对工程负有组织、贯彻、落实和检查的责任。

3. 项目经理部技术主管、技术员质量职责

认真贯彻执行规程、规范和质量标准,确保质量目标的实现。负责编制工程施工组织设计、施工方案、技术措施、工艺流程、操作方法和工程质量目标设计。负责向带班班长进行详细的技术交底,处理日常技术问题,对工程负有质量技术监督责任。

4. 施工员质量职责

组织人员严格按照图纸、施工技术标准和技术交底进行施工,对违反有关规定的班组

或个人给予处罚。

组织班组开展自检互检交接检活动,组织各个工程的检查、评定,对操作中的质量问题必须及时处理。

控制工程主要材料的使用,对于不合格材料不得使用,对由于使用不合格材料造成的工程质量事故负直接责任。

5. 带班班长质量职责

班长是直接操作的领导者,对操作质量负有直接责任。树立为甲方服务、对企业负责的思想,领导班组成员严格按照图纸、技术交底及操作规程进行施工。

6. 试验员和测量员的质量职责

试验员:严把材料进场质量关,及时收集材料准用证、合格证等材料证明资料。一旦发现材料不合格,及时向领导汇报。

测量员:按照设计图纸、技术交底的尺寸准确放线,及时收集和保存有关施工资料。

7. 质检员质量职责

严格按照施工图纸、验收规范、工艺标准、质量评定及验收标准的规定进行验收评定和监督检查。

及时收集整理各分项分部、单位工程质量原始检查评定记录,建立有关质量台账,及时填报工程质量报表。

坚持原则,深入生产第一线,对重点部位、重点工序严格把关,随时掌握工程质量动态,对粗制滥造者有权停工、返工或经济处罚。

参加隐蔽工程检查和验收,交接工作及对质量事故和质量问题的处理。

8. 材料主管和现场材料员的质量职责

根据工程项目所用设备、材料的质量要求,会同物资职能部门采购、订货、运输、保管供应合格的设备和材料。

对进场材料进行验证,及时把有关证明文件转交技术人员,对进场原材料外观质量进行检查,并正确标识。

第三节 质量保证

1. 质量方针和质量目标

质量是企业的生命,工程的质量方针是:质量第一,信誉为本,精心施工,优质服务。单位对工程的质量目标是:工程质量合格。

2. 施工质量保证体系

针对本标工程,我单位成立专门的项目经理部。项目经理部健全岗位责任制,各负其责，施工有序，争取圆满完成施工任务。

为确保工程的施工质量，成立以项目经理为主，由施工、技术、质控、测量、材料部门人员组织的质量小组，与监理人员密切配合，形成一个强有力的质量保证体系。施工单位及人员资质符合有关规定要求，项目经理、施工员、特种作业人员要持证上岗。

3. 质量保证工作内容

施工计划保证：科学合理安排工期、工序和季节施工；做好质量计划目标设计；质量检查报表；质量奖罚制度。

施工技术保证：图纸会审了解工程质量要求；编制施组及技术交底中明确质量标准；做好测量、试验等技术复核工作。

施工操作保证：坚持"三检"制度；坚持样板工程；做好预隐检工作；工序操作挂牌制。

施工材料保证：坚持"四验三把关制"，四验：验规格、品种、质量、数量，三把关：材料人员、技术质量人员、施工操作人员把关。

人员素质保证：持证上岗；培训专业技工；技工相对稳定。

4. 施工前控制

施工准备阶段是施工单位为正式施工进行各项准备、创造开工条件的阶段。施工阶段发生的质量问题、质量事故，往往是由于施工准备阶段工作的不充分而引起的。因此，项目监理部在进行质量控制时，将十分关注施工准备阶段各项准备工作的落实情况。项目监理部将通过抓住工程开工审查关，采集施工现场各种准备情况的信息，及时发现可能造成质量问题的隐患，以便及时采取措施，实施预防。在施工准备阶段，项目监理部采取预控方法进行监理，具体控制要点及手段主要有：

1）检查和督促施工单位健全质量及安全保证措施

每个施工承包单位都应有项目经理全面负责，并设施工员、质量员和资料员、安全员，在施工现场进行全过程质量管理和质量控制。建立施工工序的自检验收制度。

2）对施工队伍及人员控制

审查承包单位施工队伍及人员的技术资质与条件是否符合要求，审查认可后，方可上岗施工；对不合格人员，项目监理部有权要求承包单位予以撤换。

3）施工准备的检验和监理

施工准备工作的检查是预控的重要环节。对于分部工程的开工，要着重从工程质量保证角度逐项审查。对于不具备开工条件者，有权要求施工单位暂缓开工，直至达到开工条件为止。

4）施工组织设计和技术措施的审批

项目监理部进驻施工现场后，将严格审查施工承包单位编写的施工组织设计和技术措施，审查应以确保工程质量为前题。项目监理部将以施工单位是否按施工承包合同中所承诺的机具、人员、材料进行投入来作为衡量是否已做好开工准备的条件之一。

5）建筑原材料、半成品供应商的审批

在保证质量的前提条件下，允许施工单位在多个建筑原材料、半成品供应商中间进行合理的选择，但施工单位必须进行采样试验，并将试验结果报项目监理部审批，以确定原材料、半成品供应厂商。

6）建筑原材料、半成品的试验与审批

对运抵施工现场的各种建筑原材料、半成品，施工单位必须按照规范规定的技术要求、试验方法进行验收试验（项目监理部实行见证取样），并将试验结果报项目监理部，项目监理部将根据质检站的验收结果，做出是否批准建筑原材料、半成品用于工程。

7）配合比试验与审批

要求施工单位根据批准进场使用的原材料，按照设计要求。项目监理部将根据质检站试验结果做出是否批准相应的砼配合比用于工程，未经批准的砼配合比不得在工程中使用。

8）进场施工机械、设备的检查与审批

要求施工单位在施工机械进场前填写"进场机械报验单"，并提供进场施工机械清单（包括设备名称、规格、型号、数量及运行质量情况）。经项目监理部检查合格后方可在工程施工中使用，未经批准的任何施工机械、设备不得在工程中使用。

9）测量、施工放样审核

要求施工单位在每一施工项目开工前填写"施工放样报验单"并附施工放样检查资料，一并报驻地监理审核。并对水准点和工程的重要控制点，督促有关项目组定期复测、保护，本监理部负责复核。

10）特殊施工技术方案和特殊工艺的审批

如果工程需要，施工单位提出特殊技术措施和特殊工艺，项目监理部要求施工单位填写"施工技术方案报验单"并附具体的施工技术方案，一并报项目监理部审核。

项目监理部将坚持"成功的经验、成熟的工艺、有专家评审意见、有利于保证质量"作为审核特殊技术措施和特殊工艺的标准。

11）质量保证体系的建立

项目监理部将通过建立、健全质量管理网络，落实隐蔽工程自检、互检、抽检的验收三级检查制度，使质量管理深入基层，最大限度的发挥施工单位在质量工作中的保证作用，以使施工中的质量缺陷、质量隐患尽可能地在自检、互检、抽检过程中得到发现，并及时予以纠正。

12）开工批准

施工单位在完成上述报审后，经项目监理部审核，确定具备开工条件，由总监理工程师批准开工，签发开工令。

5. 施工过程质量保证措施

为确保工程质量，我们将在开工之前，根据工程的特点和需要，进一步完善质量管理制度，并在施工中严格执行。根据质量管理的需要，针对某些施工环节和问题，制定质量管理实施细则。其具体内容为：

（1）做好施工组织设计，采用合理的、成熟的施工工艺和技术，以保证工程质量目标的实现。严格执行工程招标文件要求的质量检验标准。

（2）加强施工过程中的技术管理工作，重点把好图纸审核、测量复测、计量检验"三大关口"，抓好放样定位、选料配材、测试试验、自检自控四个环节。

（3）开工前的技术交底制度

开工之前，业主组织了整个工程的技术交底之后，我们将组织施工阶段的层层技术交底。每个分项工程开工之前，必须由项目总工程师对全体施工人员进行书面交底，明确本项工程的设计要求、技术标准、定位方法、几何尺寸、功能作用与其它工程的关系、施工方法和注意事项等，使全体人员在彻底明确了施工对象后准确施工。

（4）建立"五不施工、三不交接、一不计价"制度

施工中，严格施工中的质量管理，做到"五不施工、三不交接"，即未进行技术交底不施工，图纸与技术要求不清楚不施工，测量定桩点和资料未经检测复核不施工，材料无合格证或未经检验不用于施工，隐蔽工程未经监理签证不施工；无自检记录不交接，未经专业人员验收不交接，施工记录不全不交接。

（5）对工序实行严格的"三检"制度

"三检"即：自检、互检、交接检。上道工序不合格，不准进入下道工序施工，以确保各道工序的施工质量。

（6）实施严格的隐蔽工程检查制度

凡属隐蔽工程项目，首先由项目经理部进行自检，自检合格后，应报监理工程师并签发隐蔽工程验收证明书。

（7）实施测量资料换手复核制度

工程施工中测量是关键，测量资料，须经换手复核，最后交项目总工程师审核后报监理工程师批准。现场测量基线、水准点及有关标志均要加强保护并进行定期复测。

（8）建立严格的"跟踪检测"制度

检测工作将"施工跟检"、"复检"和"抽检"三种方式融合到一起执行，成为工序质量的保障。

（9）建立严格的原材料、成品、半成品进场验收制度

对采购进场的原材料、成品、半成品进行严格的验收，参加验收的人员包括质检、技术及材料人员。验收的内容包括：

1）进场货物的品种、规格、数量是否符合采购计划；

2）材料的合格证或检验报告是否齐全；

3）产品现场质量检查，并填写检查验收记录；

4）取样进行试验，并出具试验报告单。经验收不合格的材料不准进场。

（10）认真执行进场材料的管理制度

经检验合格，同意进场的原材料、成品、半成品，要分类、分批存放，设立标志，按用途归口保管、发放，不得混杂，对易受潮的物品做好防雨、防潮工作。

（11）建立保证质量的奖惩制度

对于工程质量抓的好的部门或个人要进行奖励，对于工程质量差的部门要实行重罚。

6. 机械设备质量保证措施

（1）对用于工程的工程设备进场前进行检查，确认其工作能力，达到项目施工要求的方可进行，并备足易损件。

（2）对进场设备建立台账，予以标识，报工程师验收，验收合格后方可使用。

（3）设备每次使用完毕，擦拭干净，按设备使用说明书及本公司设备保养制度进行保养，确保设备始终处于良好状态，满足施工要求。

7. 试验、测量质量保证措施

（1）按照设计、施工技术条款和工程师要求，建立现场质检机构（试验室），做好各项试验、检验工作，为工程顺利施工提供准确、可靠的技术数据。

（2）工程施工中使用的测量、试验、检查及计量仪器设备严格按照公司程序文件要求，在使用前送计量检测认可的机构进行检定，合格后报工程师审批方可使用。仪器、设备的使用必须在有效期内，到期重新检定，履行使用手续。

第六章 施工进度管理

施工进度是指在施工过程中各个工序的安排与时间顺序，以及各个工序的进度。施工企业的施工生产计划：它属于企业计划的范畴。它以整个施工企业为系统，根据施工任务量、企业经营的需求和资源利用的可能性等，合理安排计划周期内的施工生产活动。

建筑工程项目施工进度计划：属于工程项目管理的范畴。它以每个建筑工程项目的施工为系统，根据企业施工生产计划的总体安排和履行施工合同的要求，以及施工的条件和资源利用的可能性，合理安排一个项目施工的进度。

建筑工程项目施工进度计划从功能划分，可分为：控制性施工进度计划、指导性施工进度计划、实施性施工进度计划。施工企业的施工生产计划与建筑工程项目施工进度计划，虽然属于两个不同系统的计划，但是两者是紧密相关的。前者针对整个企业，后者针对一个具体工程项目，计划的编制有一个自下而上和自上而下的往复多次的协调过程。

第一节 影响因素和进度计划

（一）施工进度计划的影响因素

1. 施工组织影响因素

施工过程中，局部施工组织方案、人力、机械设备调配、材料运输、材料堆放等，可能因种种原因出现与计划不符的现象，若处理不及时将对进度计划产生不利影响。在本项目具体实施过程中，我们将加强组织管理，加强内、外部协调，避免各种计划外的不利情况发生。

2. 不利的施工条件影响因素

（1）安全、文明施工及环保方面的影响

工程杜绝发生施工扬尘、噪音等环境污染，影响施工进度。

（2）地方关系的影响

（3）工程"点多面广"的影响

分部工程多而分散，施工组织要求高，影响施工进度。

（4）渠道"有水"影响

（二）施工总体进度计划控制

1. 从工程管理方面分析

（1）项目组织机构高效。工程将委派公司具有经验的二级建造师为现场项目经理，拟派驻工程的项目班子是从工程人才队伍中选出来的项目管理方面的优秀人才，有丰富的同类项目施工管理经验。在工程成熟的项目管理程序和制度的协调下，不但能化解施工过程控制中出现的各种各样的问题，更能在对施工过程的预控、事实上发挥有效作用，保证了施工进度的顺利实现。

（2）对工程了解深入，制定合理可行的施工施工组织设计

投标过程中，公司上下高度重视，对工程的招标文件、施工图纸等进行了深入细致的研究，已将工程施工控制过程中的特点、难点问题进行详细分析，对可能遇到的困难有充分把握，制定了合理可行的实施方案，保证了进场即可全面投入工程的施工组织中。

（3）将对进度实施动态控制，计划编制后，根据现场施工情况对计划进行及时的动态调整，建立以项目经理、项目总工、各专业工长、作业队长、施工班组为基础的多级计划执行体系，使施工计划的每一个节点，每一条线路层层有人管，事事有人问。通过计划落实、检查，以制定、分析、总结的标准化工作方法，使工程进度符合实际要求而不失控。

2. 从施工组织方面分析

（1）分区分块织施工，"化大为小"

工程建筑物较分散，要求的施工资源多。我们根据工程内容分为三个区域，每个区域内根据其特点进一步细分为若干流水段进行施工；这样将大工程划分为了"小工程"，体现了施工进度计划的合理性。

（2）流水施工，资源分配相对均匀

在施工组织上，我们采用流水施工的方法，统筹安排时间，使整个工程的资源分配相对均匀，进一步化解了场地狭小、资源要求集中的矛盾。

3. 从资源保障方面分析

（1）资金

在工程资金使用方面单开账户，真正做到专款专用。

（2）劳动力资源方面

工程体量大，同时开工面积大，施工分区段多，工作量大。劳动力是完成管理目标的重要因素之一。工程投入足够的人员以保证工程的进度。

（3）物资资源方面

由于市场具有很大的风险，我们在物资资源配置方面，预留抗风险资金。工程的物资分公司具有多年市场经验和重要大型工程的集中物资保证经验，与多个材料供应商有长年供需协议，具有良好的市场风险应对弹性。同时根据周边道路环境，制定详细的现场交通组织方案，确保物资运至现场。并确保施工物资按质保量到达施工现场，绝不产生因原材

料窝工等工等现象。

（4）在机械配置与维护方面

工程具有自有机械设备分公司，并其具有相当数量的专门技术人员，可保证工程的机械使用安全和有效。工程拟投入挖掘机 5 辆，汽车起重机 2 台，装载机 2 台，运输车辆 15 台等以保证施工进度。

（三）施工进度计划的组织保障

1. 工程执行项目经理负责制，并且由施工经验二级项目经理负责工程施工。在施工队伍选择上，我们将采用施工经验丰富的施工队伍进行，保证达到科学施工、有序施工。要求项目人员要多沟通、多交流、多汇报，并且分工明确，对工程的重点和难点，把握准确，质量的控制点清晰。

2. 按工程施工组织计划，分项目制定月度工程进度表、周进度表，并严格执行施工组织计划，坚持"以客户为中心，严格按施工组织计划来施工"的原则，科学合理的安排生产。当发现施工中计划与实际不相吻合时，及时调整月进度计划，确保整体计划如期实现。

3. 每周六召开项目部调度协调会，总结工作，对下一周计划进行调整与安排。遇到特殊情况，及时、准确召开有关人员会议，协调解决问题。

4. 在保证施工队人员相对稳定的前提下，根据工程进展情况，多创造工作面，使劳动力充分发挥工作效率，并通过理顺各个工作组的工作关系，达到配合默契，以防窝工、怠工等现象存在。

5. 加强组织管理，配置技术过硬的施工队伍。做到设计准确、备料及时、人力充足、器具齐全。

6. 施工现场人员必须按进度计划完成当日工作，如果计划有变或其他因素影响进度，可以增加施工人员或二班作业。

7. 项目部定期召开施工生产协调会议，会议由项目经理支持，业主指定专业分包和劳务作业队主管生产的负责人参加。主要是检查计划的执行情况，提出存在的问题，分析原因，研究对策，采取措施。

8. 严格按材料进场计划供货，保证安装材料进场有足够的超前用量，不因材料供应不及时而延误安装。

9. 工程进度分析：计划管理人员定期进行进度分析，掌握指标的完成情况是否影响总目标。劳动力和机械设备的投入是否满足施工进度的要求，通过分析、总结经验、暴露问题、找出原因、制定措施，确保进度计划的顺利进行。

10. 施工任务指令原则上由项目经理签发，主要针对出现新情况利用签发指令的形式，取得短平快的效果，其次是针对在穿插施工时，必须在规定的时间内完成相应的施工任务。否则影响下道工序的施工计划。

11. 严格按有关施工规范进行施工，杜绝返工。及时提供合格的作业面。

12.切实做好员工的思想工作,积极搞好后勤保证工作,解决好员工的生活福利,使员工无后顾之忧,充分发挥员工的生产潜能,加快施工进度。

13.依据招标文件要求编制合理的总进度计划。以整个工程为对象,综合考虑各方面的情况,对施工过程做出战略性部署,确定主要施工阶段的开始时间及关键线路、工序,明确施工主攻方向。同时编制所有施工专业的分部、分项工程进度计划,在工序的安排上服从施工总进度计划的要求和规定,时间安排上留有一定余地,确保施工总目标(合同工期)的实现。

(四)施工进度计划的材料保障

1.在图纸会审并经业主确认后,立即进行主要材料提料和采购工作。

2.合理地、科学地组织材料的加工、储备、运输等,按质、按量、如期地满足现场施工需要,保证施工正常、高速进行。

3.编制详细的需用量计划和采购计划,严格按招标文件和技术参数要求做好材料设备的采购工作,确保供应的设备质量、到达满足工程施工要求。

4.根据详细的需用量计划,以满足甲供材料设备可靠、有序到场,方便工程施工,保证施工进度和施工质量。积极收集工程信息,协助业主做好准备、材料供应工作。

5.按定额计划使用材料,加强运输、仓库、保管工作,加强材料限额管理和发放工作,健全现场材料管理制度,避免因材料损失、损坏而重新购料占用施工时间。

6.若有必要我们在订货后,将派专人直接进驻材料厂家,掌握材源情况,并协调早日发货,以保证及时回厂加工。

7.用于材料采购的款项保证专款专用,不因货款问题影响材料的供货时间,为材料的及时供应提供有力保障。

8.为确保工期顺利完成,工程编制详细的物资材料进场计划,并根据实际施工进度计划进行动态管理。每天、每周、每旬、每月、每季度都编制详细的物资材料需用计划和要求进场时间。项目部设置专门部门和岗位,负责材料计划、仓储、物流的每日动态管理,以保证施工进度对工程材料的需求。

(五)施工计划管理

1.施工计划的组织管理

(1)项目经理对施工计划管理负全面责任,技术负责人协助项目经理做好计划管理的各项组织、平衡调度工作,负责向业主编送施工计划,及时下达到各专业施工队、班组,并对全过程进行监督、检查、实施、管理和考核。

(2)按施工招标文件和合同的规定,迅速组织编制工程实施进度计划、现场临时施工道路安排、机具进场计划、设备、材料到达现场计划、劳动力计划等,及时提交给项目法人(业主)审查,以取得批准。

（3）在工程全过程中，运用 P3 软件程序对施工计划、工程项目进度的全面动态管理，采用 P3 软件系统科学合理地应用工程项目管理、优化施工网络进度、施工作业计划以及人力、物力、机械等资源配置、实施动态控制施工进度，确保工程施工进度目标全面实现，取得最佳经济效益和社会效益。

2. 施工计划编制

（1）施工计划编制的原则和依据

依据甲乙双方共同签订的工程合同文件，编制工程的施工计划。

依据业主批准的施工网络进度计划或调整施工网络进度计划，根据建筑单位（业主）对工期的要求，结合项目部具体情况，科学组织，合理安排，确保施工计划的可行性和可靠性。

施工计划安排要保证重点项目，满足建筑单位（业主）对工程总工期的要求，确保计划目标的实现。

（2）施工计划编制及报送时间

项目部按建筑单位（业主）要求的格式，依据施工进度计划编制工程的施工计划，并按时报送建筑单位（业主），同时下达各专业施工队执行。

月度作业计划由各专业施工队编制月度计划草案，在上月末 25 日前报项目部，经项目部召开月计划平衡会议审定后，由项目部编制，在每月 5 日前下达各专业施工队执行，同时报送业主。

如果建筑单位（业主）需要进行施工网络进度计划调整，项目部将全力予以配合。

3. 施工计划的贯彻执行

（1）业主批准的施工网络进度计划，项目部严格贯彻执行，未经业主许可，不得自行修改。

（2）业主或监理工程师在现场协调过程中，若需要项目部局部调整施工计划，项目部将全力予以配合，执行业主或监理工程师的决定。

（3）项目部批准的施工计划以及在调度会上形成的决定，具有指令性，各专业施工队要坚决贯彻执行，保证政令畅通，确保整个工程计划按期完成。

4. 施工计划检查

（1）项目部随时对计划进行检查，检查计划内容包括：施工计划的执行情况、存在哪些问题、采取什么补救措施，并以书面形式提供领导决策。

（2）项目部、专业施工队负责人、技术负责人应经常深入现场检查计划执行情况，并及时解决存在的问题。

月度计划：项目部每月至少检查一次，并召开一次计划平衡会，检查本月计划执行情况，平衡解决存在的问题。

5. 施工计划调整

（1）施工计划在实施过程中，随着各种条件的变化，须对计划进行综合平衡、调整。综合平衡工作，既要保重点，又要兼顾全面安排。通过施工计划调整，使施工计划安排更科学可行，以保证业主要求的工期目标准点实现。

（2）做好计划执行中的综合平衡，不断地深入现场掌握施工动态，在实际执行中，应根据不断变化着的情况，项目部、专业施工队对工程施工进度经常地进行综合平衡。

（3）施工进度计划经批准下达，一般不准修改，遇下列情况，由项目部向业主写出书面报告，经批准同意后才能修改：

不可预见的自然灾害和人力无法抗拒的灾害，任务发生变化，向业主提出修改计划的要求。

（六）确保工期的夜间施工保障

由于工程工期紧，施工进度计划受周边环境影响的因素多，在一般情况下，不考虑夜间施工，但如果出现特殊情况需要进行抢工，我司已经充分考虑到夜间施工的相关问题，并制定了相关的保障措施，确保在出现夜间施工时，能够有条不紊，有序施工。在需要进行夜间施工时，我司将提前向业主和监理报告，经允许后方可进行夜间施工。

1. 夜间施工的组织保障措施

（1）项目经理部成立由项目经理担任组长，工程总工、技术负责人为副组长，项目经理部各部门部长及工长、施工员为组员的夜间施工组织领导小组，组织夜间施工。明确分工和责任，加强整体协调，合理调配人力、物力、财力，确保工程按工期及质量要求进行。

（2）根据总进度计划，合理编制夜间施工计划，定期组织项目夜施领导小组，分析夜间施工进度完成情况，总结和分析原因，并制定相应措施，弥补滞后的工期。

（3）夜间施工的重点是组织建筑材料进场，确保白天施工的建筑材料充足，在夜间施工期间，将派专人负责夜间材料运输和装卸的指挥。运到现场的建筑材料及时转运到堆放区和施工楼层，保证施工现场交通畅通。夜间进场的车辆，提前一周排好计划，合理组织好资源，劳动力进行施工。

（4）夜间施工尽量不组织噪声大的施工作业，但抢修、抢险作业及生产工艺上必须连续作业的工序除外。

2. 夜间施工的劳动力保障措施

根据夜间施工进度计划，逐季、月做出劳动力使用计划，加大劳动力投入，组织三班倒施工的劳动力，保证夜间施工劳动力充足。对参加夜间施工的施工人员进行班前教育，降低人为因素引起的噪声污染。提高施工人员的环保意识。

3. 夜间施工的施工照明保障措施

（1）施工准备期间分别在场地四周搭设大功镝灯，用于整个施工现场夜间照明。

（2）现场必须有足够的照明能力。满足夜间施工质量、安全等对照明的需求。

（3）现场在交叉口、人流量大的地段，并由专职安全员负责维护，确保设施的完整性、有效性。

（4）配备足够的电工，及时配合施工对照明的需要，尤其是移动光源。

4. 夜间施工的技术保障措施

（1）搞好工程夜间施工的统筹、网络计划工作，制定阶段目标，科学合理安排施工工序。通过分析各施工工序的时间，科学合理的缩短各施工工序的循环时间来加快施工进度。同时牢牢抓住关键工序的管理与施工，确保关键工序施工的工期与质量。

（2）提前做好夜间施工图纸会审工作，对图纸中有疑问的地方，及时与设计单位联系解决，避免耽误施工。

（3）提前组织技术质量人员学习招标文件、技术规程与施工监理程序，准确掌握工程要求的标准与程序。

（4）提前做好各分项工程夜间施工的技术交底与材料试验，及时申报验收和转入下道工序。

（5）加强夜间施工技术管理和工序管理，杜绝因工作失误而影响正常的施工进度。

（6）对各关键工序要编制切实可行的施工方案，通过试验摸索出切实可行的经验。

（7）夜间技术部派专业工程师值班，及时处理夜间施工中的技术问题，避免影响夜间施工进度。

5. 夜间施工的扰民保障措施

（1）提前做好扰民安抚工作，现场显要位置张贴夜间施工公告；

（2）协调好与周围单位的关系，创造良好的生产环境，与业主、监理单位密切合作，同心协力，确保工程不发生扰民和污染环境的现象。科学合理地安排夜间作业工序，强噪声作业避开晚上施工。

6. 夜间施工的质量和安全保障措施

（1）夜间施工时，加强进行安全设施管理，增设安全警示灯、道路导向，确保夜间施工安全。

（2）针对夜间施工中出现的中间验收，应提前制定计划，上报业主、监理单位，以便他们做出相应的工作安排。

（七）农忙季节及春节工期保障

由于主要采用自有职工，他们有着善打硬仗、敢于吃苦、乐于奉献的优良传统，因此可保证农忙、节假日不放假，正常施工。

1. 农忙季节稳定队伍的特殊措施：

为确保工程工期的实现，在农忙季节，工程采取特殊措施予以确保。

（1）在工程施工中，由于大部分体力劳动由农村合同工承担，可控制工期的项目，劳动密集型项目，避开农忙季节安排。

（2）选用不受季节影响施工的劳力，与劳力组织负责人签订责任状，保证人员充足，不许停工，制定经济激励机制，以确保按计划正常施工。

（3）各种材料在农忙季提前准备齐全，施行科学的管理和调配，确保农忙季节正常施工。

（4）对各工种人员制定切实可行的经济政策，以调动工人的工作积极性，确保工程按期完工。

（5）公司各科室以工程为主，随时准备调配，调剂资金到位，对资金施行专款专用。

（6）在农忙季节前对各种施工机械设备、供电线路进行全面检修，在农忙季节机修工、电工正常上班，确保机械设备正常运转。

（7）工程有多年的施工经验，拥有很多固定的施工队伍，可以与他们签订劳动力保证合同发放一定数量的补助，确保工程所需基本劳力，保证工程的正常施工。

2. 春节、节假日稳定队伍的特殊措施：

根据工程总的网络控制计划，工程已做好春节期间正常施工的准备，为保证春节期间施工人员的充足，

（1）为确保工程施工进度，施工人员在春节期间仅放假三天。

（2）我司劳动力资源丰富，有多支固定且有丰富的施工经验的合同民工队伍，可提前安排、调整劳动力数量，确保劳动力人数。

同时通过当地政府和劳动部门与施工人员签订符合法律规定的合同，组织充足的施工人员轮换在岗施工人员回家探亲，对春节在岗人员发放一定补助。

（3）春节期间加强施工现场巡视和材料、设备的管理，确保人、财、物的安全，过一个愉快的春节。

（4）春节大部分合同制民工需回家过年，给工程带来很大影响。所以，在此期间，尽量减少非控制工期的施工。

（5）安排职工与合同制民工在春节时少休假或轮流休假，采取特殊津贴，并适当提前发放，让他们提前安排家中生活，以确保足够的人员坚守工地，确保控制工期项目的施工。

（6）春节期间，公司对返乡职工实行集中管理，统一安排，出专人负责安排车辆、食宿等，以缓解春运压力和确保返乡途中的安全。

第二节 施工成本控制

（一）开工之前成本控制

1. 人工成本控制

（1）选用管理水平和施工技术水平比较好的施工队伍，确保有效用工。

（2）制定科学、合理的施工方案，减少无效用工。

（3）合理界定定额内用工和定额外用工，一承包人工工日确定人工费，工资单价控制在造价信息单价范围内。

（4）尽量采用新材料、新技术、新工艺，提高劳动效率。

2. 机械成本控制

对于机械费用的支出，应"确保不赔，稍有盈余"，积极地进行机械成本的控制。

（1）在机械台班定额的标准上，结合市场行情，确定合理的机械租赁价格，择优选择。

（2）根据合理的施工方案，最大限度地缩短机械的使用周期，最大限度的发挥机械的使用率，防止机械闲置或机械工作任务不饱满，降低机械租赁的成本支出。

（3）保管、维护好租赁来的机械，防止毁损，避免赔偿。

3. 材料成本控制

在工程施工过程中，材料的消耗占了整个工程成本的65%左右，因此，加强材料成本的控制是提高工程施工利润最有效、最直接的方法。

材料采购成本控制主要通过对材料的价格、质量、数量三个方面进行控制。

第一，按照工程的实际需用量，指定详细、准确的材料采购计划，最大限度的控制材料采购费用的支出；

第二，对工程主要的材料采购采用招标方式，公开采购；

第三，材料的采购尽可能从厂家或厂家代理商手里直接采；

第四，材料保管人员在材料进场时，一定要认真核实实际进场材料的质量和数量是否与所要采购的材料相一致，特别是大体积的灰、砂、石之类的材料，质量和数量均不易核准，这就要求材料保管人员必须具备一定得专业素质，熟练掌握相关的材料知识。

（二）施工过程中成本控制

根据成本目标，量化、细化到每个部门甚至每一个责任人，从制度上明确每个责任部门、每个责任人的责任，明确其成本控制的对象、范围。

1. 人工成本控制

要求施工队伍严格按合同约定办事，并控制人员的规模，优化人员结构。根据已编制的实施性施工组织设计，合理安排人员进场和退场；合理安排工作，提高作业效率，尽量减少成本费用支出。

2. 机械成本控制

合理配备机械，建立机械设备日常定期保养和检修制度，加强机械的维护和保养，加强机械操作人员的操作业务培训，提高其完好率和生产效率，杜绝发生机械事故，同时要做好机械台班记录和燃油消耗记录。对于外部租赁的设备，要做好工序衔接及登记记录，提高机械的利用率，尽可能使其满负荷运转。

3. 材料成本控制

材料消耗成本的控制主要由项目经理部的管理人员和现场的施工人员共同参与，密切配合，才能完成对材料消耗成本的控制。

第一，编制施工预算，做出材料分析，确定材料的定额需要量。工程开工之前，必须编制出该工程的总施工预算（时间不充分时可根据施工组织设计，编制阶段性施工预算），然后对总施工预算（或阶段性施工预算）作材料分析，确定材料的定额总需要量（或阶段性需要量）。一般情况下，无论是材料的采购，还是材料的消耗，工程主要材料的最大消耗量必须控制在施工预算所分析出来的定额总需要量内。

第二，通过下发施工任务单和限额领料单对材料的消耗成本进行有效控制。施工任务单是为了满足总施工进度和月进度计划的需要，将整个施工任务分解成若干个工作内容明确、施工要求详细、完成时间确定的一项一项地因时间而下，甚至可以分层、分段、分部位而下。项目经理部的预算管理人员将施工任务单上的具体工作内容转换成一项一项地预算子目后进行工料分析，然后汇兑并十进制材料限额领料单。具体负责施工的班组依据施工任务单和相应的限额领料单，分期、分批地请领材料，目的就是要在规定的期限内，完成规定的施工任务，消耗掉数量内的材料。一般领料的原则是：预算子目中能够分析出来的材料必须限额；预算子目中不能够分析出来的辅助材料，按实际发生计入材料消耗成本。

大宗材料要与供应商签订合同，锁定价格，明确材料品质标准、供货时间、送货方式和交货地点；对于地材等零星用料，坚持用多少购多少的原则，以免造成库存积压和损失。把好材料收发关，明确工程合理的材料消耗量，节约用料，防止浪费。另外，建立健全材料台账，加强材料的动态管理，合理堆放材料，减少二次搬运，严格收发料制度。同时，材料进场时要认真点验，保质保量；发料时要严格按分部分项工程材料的理论用量发放，特别是钢材、水泥等重要材料要实行限额发料。加强大型周转性材料的管理与控制。这些周转性材料不但购置价格比较高，而且在工程施工中不可或缺，使用频率较高，如果管理不善不仅较容易损坏，造成直接经济损失，而且也会影响工程的工期与进度。

在材料控制中钢筋的成本控制是施工成本控制的"重点"，钢筋具体控制过程如下：

（1）事前控制

技术措施：同一道工序往往因不同施工方法的选择而起到节约成本的效果就不同，有时甚至大相径庭。比如钢筋的连接，柱竖向钢筋我们通常在直径≥14时采用焊接（电渣焊），不仅是因为一个搭接接头的成本大于一个焊接接头的成本，而且我们还可以省掉好多加密箍筋（规范要求：当柱纵筋采用搭接连接时，应在柱纵筋搭接长度范围内均按≤5d及≤100的间距加密）。同样，梁纵筋采用焊接或机械连接与搭接连接的效果也不一样。再如，大底板内支架方案的选择：我们既可采用传统的马凳或钢筋焊支架，也可采用角钢焊支架的方案。

编制可行的与钢筋工程相关限额用料指标：限额用料不仅要包括一吨钢筋需用的扎丝、一个基础需用的套筒，还应包含钢筋的损耗指标、机械的使用指标等。钢筋的损耗指标通常为1.5%，定额损耗为2%，而通常项目上的实际钢筋损耗大多都要超过2%。这说明要么我们定的指标不符合实际，要么我们没有管理好。另外，人工的限额也应引起足够的重视，限额人工当然就涉及工价问题，什么样的工价比较合理，定额人工与实际发生的人工到底有多大的差距，可不可以再缩小，既能让班组有利可图，又可减少我们的开支。

（2）事中控制（过程控制）

钢筋翻样质量的控制，对规范的正确理解，如果我们对规范理解不透彻、不正确，带来的后果将极为严重，可能造成返工、造成材料与人工的极大浪费。比如对双肢箍、四肢箍及六肢箍的理解。再如对保护层、加密区、搭接锚固、墙柱节点、梁柱节点及悬挑梁构造节点等的理解。

砼保护层：保护层厚度的规定是为了满足结构构件的耐久性要求和对受力钢筋有效锚固的要求。考虑耐久性要求才对处于环境类别为一、二、三类的砼结构规定了保护层最小厚度；另外，对结构中构造钢筋的保护层也作了最小厚度的规定；构造钢筋是指不考虑受力的架力筋、分布筋、连系筋等。在工程实践中，扣保护层应十分谨慎，一不小心就会酿成大错，造成成千上万只箍筋的报废，造成施工成本的极大浪费。比如在扣暗梁箍筋保护层时就应十分仔细，扣错了不仅影响梁的截面尺寸还会影响标高的变化；由于有效高度h0的改变，验收通不过，造成返工。

梁柱节点：在框架中间层端节点处，根据柱截面高度和钢筋直径，梁上部纵向钢筋可采用直线锚固或端部带90º弯折段的锚固方式。在承受静力荷载为主的情况下，水平段的黏结能力起主导作用。据有关资料表明，当水平段投影长度不小于0.4la，垂直段投影长度为15d时。已能可靠保证梁筋的锚固强度和刚度，故我们应及时纠正以前必须要满足总锚长不小于受拉锚固长度的要求，避免材料的浪费。

针对如何控制好翻样质量，务必熟读图纸、精通规范、相互交流、不断学习及时"充电"。

钢筋配料的控制：施工中严禁长料短用，严禁无序配料造成多配；遵循先做的后配，后做的先配的原则。对屡教不改的操作行为应给予一定的经济处罚，造成浪费的还应承担全部或部分的损失。

钢筋质量的检查：对钢筋质量检查应重点做好三步检查：对原材料的检查，杜绝使用不合格的钢筋原材、钢套筒、焊剂、焊条及结构强力胶等；对配料的检查，检查操作是否违规，是否按料单下料，成型后的长度尺寸是否符合规范规定，产生的短头钢筋是否及时对焊接长或采用其他办法使用掉，对施工现场的检查，钢筋的规格间距是否符合图纸设计，搭接锚固是否超长，接头位置是否正确，悬挑及关键部位的钢筋是否符合要求，加密区有无设置，保护层垫块使用是否正确，落手清是否做好等。

钢筋材料计划的编制：材料计划是贯穿于项目施工的全过程，它将直接影响资金的投入，而钢筋是主材中的"主材"，不论是从量还是价格上讲，都是一笔不小的资金。如果钢筋材料计划编制不准确，少计划则影响工程进度，多计划则造成材料积压，资金周转不灵，资金的时间价值也就无从体现。

（3）事后控制

狠抓决算工作：钢筋工程一结束，项目部赶紧要做好决算准备，充分发挥我们所长，积极配合公司核算部门出谋献计从而对钢筋成本做到最大程度的"节约"。

4. 严格控制施工质量

项目部在施工中一定要与业主、监理充分沟通，严格按照合同、施工图纸要求、施工组织程序完成施工工序，坚持"质量第一"和"以质取胜"的原则。建立项目经理全面负责的质量保证体系，实行质量管理责任制。

5. 严格合同管理

项目施工合同管理的时间范围应从合同谈判开始，至保修日结束止，尤其加强施工过程中的合同管理，抓好合同管理的攻与守，攻意味着在合同执行期间密切注意我方履行合同的进展效果，以防止被对方索赔。在合同签订后，要做好合同文件的管理工作，合同及补充合同协议及经常性的工地会议纪要、工作联系单等作为合同内容的一种延伸和解释，必须完整保存，同时建立技术档案，对合同执行情况进行动态分析，根据分析结果采取积极主动措施。

6. 加强签证监督

现场签证是工程建筑过程中一项经常性的工作，许多工程由于现场签证的不严肃，引起工程成本失控，这方面的教训是非常多的。据统计，由于工程量签证问题所引起的工程结算价的上升幅度可达15%~25%，个别的甚至更高。严格现场签证管理，要求工程技术人员与工程经济人员相互配合，不仅做到"随做随签"，还应该做到以下几点：要严格四方签证制度，所有的现场签证必须经施工单位项目经理、总监理工程师、设计单位代表、业主代表四方共同签字方为有效。有条件的业主可以指派工程造价管理专业人员常驻施工现场，随时掌握、控制工程造价的变化情况，进行跟踪费用控制。签证必须达到量化要求，工程签证单上的每一个字、每一个字母都必须清晰。签证内容必须与实际相符。要加强现场工程管理人员经济观点及思想素质教育，要求他们不仅要懂得设计、施工技术，还要具备工程经济方面的知识。培养他们实事求是的作风，在抓好工程质量、工期、安全监督的同时，充分重视节约工程成本的重要性。签证的范围应正确。现场工程管理人员必须认真阅读招标文件及投标文件，明确招投标范围，切勿盲目签证。

7. 增强索赔控制

加强变更、索赔的管理和控制等工作是施工管理企业经济活动的一个重要组成部分，也是控制成本的重要内容。通过积极有效的经营策略，合理可行的工程变更，及时与设计单位、监理单位、建筑单位沟通，取得甲方的理解和认可，为达到工程变更的目的创造条件。变更费用的发生属清单以外的费用，预算人员应及时地编制变更和工程签证后的变动价款。由于设计变更引起新的工程量清单项目，其相应综合单价由承包人提出，经发包人确认后作为结算的依据；由于工程量清单的工程数量有误或设计变更引起工程量增减，属合同约定幅度以内的应执行原有的综合单价；属合同约定幅度以外的，其增加（减少）部分的工程量的综合单价由承包人提出，经发包人确认后，作为结算的依据。

在国内外建筑市场，施工企业都离不开索赔。因此，在施工过程中需不放过每一项可能索赔的单项工程，平时也要注意做好原始资料的积累，为索赔创造条件。

8. 安全就是效益

项目部要树立安全就是效益的观念，积极预防和避免可能发生的安全事故，对安全事故的多发区域时刻监控，减少或避免发生安全事故；要严格执行奖罚制度，使全体员工树立起清醒的安全意识，从源头上消除安全事故隐患。安全工作越好，处理安全事故支出的费用就越少，施工所受的干扰也就越小，因而费用支出也越少。否则，如出现重大安全事故，不仅会给企业带来巨大的损失，也会影响工人的施工情绪，导致劳动生产率下降，施工进度势必受到影响，从而加大施工成本，施工安全直接影响施工项目的成本。

9. 重视竣工结算工队

实物工作量完成，工程进入收尾决算阶段后，应尽快组织人员、机械退场，留守人员应积极组织工程技术资料移交和办理竣工决算手续。同时要对工程的人工费、机械使用费、材料费、管理费等各项费用进行分析、比较、查漏补缺，一方面确保竣工结算的正确性与完整性，另一方面弄清未来项目成本管理的方向和寻求降低成本的途径。尽快与业主明确债权债务关系，对不能在短期内清偿债务的业主，通过协商，签订还款计划协议，明确还款时间，尽可能将竣工结算成本降到最低。

第七章 施工现场管理

施工企业管理的核心是工程项目，管理不断建造出社会认可，业主满意的建筑产品，而施工现场管理则是工程项目管理的核心，也是确保建筑工程质量和安全文明施工的关键。对施工现场实施科学的管理，是树立企业形象提高企业声誉，获取经济效益和社会效益的根本途径。

（一）建筑施工现场管理在建筑施工整个过程中重要作用。

建筑施工企业系列标准的贯彻控制，要求施工企业把质量管理的重点放在施工现场，突出施工现场质量控制，建立质量保证体系。考核建筑施工企业的第一系统目标，即质量、安全、成本、工期四大指标的落脚点也都是在施工现场。施工现场露天高空作业多，多工种联合作业，人员流动大，是事故隐患多发地段，加强施工现场管理能有效降低事故发生率，加强工程操作的系统性推行。另外，在施工现场的改善人、物、场所的结合状态，减少或消除施工现场的无效劳动，能减少施工材料的消耗，为施工企业节支增收。工期的拖延或赶工都会直接影响到施工的质量、安全和成本因素。加强施工现场管理，提高合同履行率，能确立企业信誉，保证企业效益。施工现场管理是施工企业各项管理水平的综合反映，是整个施工企业管理的基础。

（二）搞好施工现场管理首先要作好现场的起点建设

项目部在抓现场管理方面注重抓好"早、实、严"组织项目班子深入一线，切实抓好现场安全坚持倡导质量一步到位环环紧扣。

1. 提早介入、认真规划、合理设计，落实现场施工方案。工程开工前要根据工程实际情况编制详细的施工组织设计，并将企业技术主管部门批准的单位工程施工组织设计报送监理工程师审核。对于重大或关键部位的施工，以及新技术新材料的使用，要提前一周提出具体的施工方案、施工技术保证措施，以及新技术新材料试验，鉴定证明材料呈报监理主管工程师审批。

2. 精选施工现场起点建设所需材料。对施工现场起点建设所需材料进行选择，这一环节至关重要。如果材料选择不合适，就会给以后的安全文明施工管理带来无穷的后患。拿施工现场临时用电所需用的配电箱、电缆来说，坚决不能贪图小利购买不合格产品。

在现场管理中，各个建筑施工企业应该从企业实际和工作环境情况出发，制定一系列切实可行的规章制度来规范各种行为。例如：施工现场考勤制度，施工现场例会制度，施工现场档案管理制度，施工现场仓库管理制度，施工现场文明施工管理制度，施工现场安全生产管理制度，施工现场临时用电管理制度，施工现场保卫管理制度、质量管理制度、安全生产制度、文明卫生制度、机械操作制度、材料采购验收制度、消防制度等。使现场管理的每个方面都能做到有据可依，有章可循。

（三）建筑企业施工现场安全控制

在施工现场中的安全控制，要强调一个"严"字，主抓一个"细"字。我们应该认识到，安全事故存在偶然性，也有必然性，尤其是施工安全管理，要杜绝"以包代管"，或"已包不管"的局面。通过识别和控制施工过程，达到预防和消除事故，防止或消除事故伤害，是施工安全管理的根本目标。在安全管理的主要内容中，虽然都是为了达到安全管理的目标，但是对生产过程的控制，与安全管理目标关系更直接，显得更为突出。因此，对生产中人的不安全行为和物的不安全状态的控制，必须列入过程控制管理的节点。要做好施工项目的安全过程控制管理，必须要做到六个坚持。

1. 要坚持管生产同时管安全

安全寓于生产之中，并对生产发挥着促进与保证作用，因此，安全与生产虽有时会出现矛盾，但从安全、生产管理的目标，表现出高度的一致和安全的统一。

2. 要坚持目标管理

安全管理的内容是对生主中的人、物、环境因素状态的管理，在有效的控制人的不安全行为和物的不安全状态，消除或避免事故，达到保护劳动者的安全与健康的目标。

3. 坚持预防为主

安全生产的方针是"安全第一、预防为主"，安全第一是从保护生产力的角度和高度，表明在生产范围内，安全与生产的关系，肯定安全在生产活动中的位置和重要性。预防为主，首先是端正对生产中不安全检查因素的认识和消除不安全因素的态度，选准消除不安全因素的时机。

4. 坚持全员管理

安全管理不是少数人和安全机构的事，而是一切与生产有关的机构、人员共同的事，缺乏全员的参与，安全管理不会有生气、不会出现好的管理效果。

5. 坚持持续改进

安全管理是在变化着的生产经营活动中的管理，是一种动态管理。

其管理就意味着是不断改进发展的、不断变化的，以适应变化的生产活动，消除新的危险因素。需要不间断地摸索新的规律，总结控制的办法与经验，指导新的变化后的管理，从而不断提高安全管理水平。

6. 坚持文明施工与环境保护

施工区及环境区的环境卫生管理，从施工组织设计或施工方案中，要有完善的文明施工方案，包括有健全的施工指挥系统和岗位责任制度，工序衔接交叉合理，交接责任明确；工地的安全文明施工管理水平是该工地乃至所在企业的各项管理工作水平的综合体现，通过以上措施，能将施工项目的安全管理工作上一个新台阶。

（四）不断优化施工现场管理

优化施工现场管理的主要内容为施工作业管理、物资流通管理、施工质量管理以及现场整体管理的诊断和岗位责任制的职责落实等。通过对上述施工现场的主要管理内容的优化，来实现我们的优化目标。优化施工现场管理的主要途径：①以人为中心，优化施工现场全员素质。优化施工现场的根本就在于坚持以人为中心的科学管理，千方百计地调动、激发全员的积极性、主动性和责任感，充分发挥其加强现场管理的主体作用，重视员工思想素质和技术素质的提高；②以班组为重点，优化企业现场管理组织。班组是建筑企业现场施工管理的保证。班组活动范围在现场，工作对象也在现场，所以我们要加强现场管理各项工作就无一例外地需要班组来实施；③以技术经济指标为突破口，优化施工现场管理效益。质量和成本是企业生命，任何时候市场都会只钟情于质优价廉的产品，而这些需要严格现场管理来保证；否则，企业将难以开拓新的市场，从而影响市场占有率和经济效益。

（五）切实抓好施工现场质量控制

1. 严格按施工程序施工

所有隐蔽工程记录，必须经监理工程师等有关验收单位签字认可，方可组织下道工序施工。对影响工程质量的关键部位设质量管理点，并设专人负责。工程施工过程中，除按质量标准规定的检查内容进行严格检查外，在重点工序施工前，必须对关键的检查项目进行严格的复核，严格按照工程程序施工。

2. 坚持"三检"制度

即每道工序完后，首先由作业班组提出自检，再由施工员项目经理组织有关施工人员、质检员、技术员进行互检和交接检。

3. 建立高效灵敏的质量信息反馈系统

以专职质检员、技术人员作为信息中心，负责搜集、整理和传递质量动态信息给决策机构（项目经理部）。决策机构对异常情况信息迅速做出反应，并将新的指令信息传递给执行机构，调整施工部署，纠正偏差。形成一个反应迅速、畅通无阻的封闭式信息网。现场质检员要及时搜集班组的质量信息，按照单纯随机抽样法、分层随机抽样法、整群随机提样法客观地提取产品的质量数据，为决策提供可靠依据。并采用质量预控法中的因果分析图、质量对策表开展质量统计分析。

第一节 存在问题

一个工程项目从立项、规划、设计、审核到施工,及至竣工验收,资料归档管理,整个流程,环环相扣,任何环节都不能有丝毫闪失,否则其所引起的损失均是难以估量的。其中,作为施工这一至关重要的一环,是一个将设计意图转换为实际的过程,工程项目的现场施工管理,应该是个老生常谈的话题:

(一)技术问题

作为一个工程项目,特别是装饰工程,其施工工艺复杂,材料品种繁多,各施工工种班组多。这要求我们作为现场施工管理人员务必做好技术准备。首先,必须熟悉施工图纸,针对具体的施工合同要求,尽最大限度去优化每一道工序,每一分项(部)工程,同时考虑自身的资源(施工队伍、材料供应、资金、设备等)及气候等自然条件,认真、合理地做好施工组织计划。其次,针对工程特点,除了合理的施工组织计划外,还必须在具体的施工工艺上作好技术准备,特别是高新技术要求的施工工艺。技术储备包括技术管理人员,技术工长及工人,新技术新工艺培训,施工规范,技术交底等工作。通过有计划有目的地培训,技术交底,可以使施工技术工人,工长熟悉新的施工工艺,新的材料特性,共同提高技术操作、施工水平,进而保证施工质量,再者,从技术角度出发,施工质量问题是否达到相关的设计要求和有关规范标准要求,仅仅从施工过程中的每一道工序做出严格的要求是远远不够的,必须有相应的质量检查制度,而建立完善的质检制度、质检手段都必须经过科学的论证,所以,必须做好技术储备,针对每一工序、每一施工工艺的具体情况提出不同的质量验收标准,以确保工程质量。

(二)材料问题

指定专人进行材料设备管理,对于到场材料,全部清点造册登记,严格按照施工进度凭材料出库单发放使用,并且需对发放材料进行追踪,避免材料丢失,或者浪费。工程所使用材料、成品、半成品应完全符合国家现行质量标准和行业规范要求,出厂合格证、检验报告齐全,需复试检测的经建设单位、监理单位、施工单位共同取样送检合格才允许使用。材料分类堆放。根据实际现场情况及进度情况,合理安排材料进场,整理分类,根据施工组织平面布置图指定位置归类堆放于不同场地。

(三)施工的问题

施工的关键是进度和质量。对于进度,原则上按原施工组织计划执行。但作为一个项目而言,现场情况千变万化,如材料供应,设计变更等,绝对不能模式化,必须根据实际情况进行调整、安排。施工质量能否得于保证,最主要的是一定要严格按照相关的国家规范和有关标准的要求来完成每一工序，严禁偷工减料。必须贯彻执行"三检"制，即自检、专检、联检，通过层层的检查，验收后方允许进入下一道工序，从而确保整个工程的质量。

（四）人员管理的问题

从一定意义上来说，人是决定工程成败的关键。所有的工程项目均是通过人将材料组织而创造出来的。只有拥有一支富有创造力的、纪律严明的施工队伍才能完成一项质量优良的工程项目。怎样才能将施工队伍中的技术管理人员和技术工人有机地揉合成近卫军呢？首先，必须营造出一种荣辱与共的氛围，职责分明但不失亲和力，让所有的员工都感到自己是这个项目的大家庭中的一员。其次，必须明确施工队伍的管理体制，各岗位职责，权利明确，做到令出必行。一支纪律严明的施工队伍，面对工期紧逼，技术复杂的工程，只有坚决服从指挥，才能按期保质完成施工任务。再者，针对具体情况适当使用经济杠杆的手段，对人员管理必定起到意想不到的作用。

（五）资料管理的问题

一个项目的管理，除了材料、施工、技术、人员的管理识别，还有个不容忽视的问题就是资料的管理。现场设置专职资料员，负责收集、整理各项技术资料。图纸会审记录、验槽记录、材料合格证、检验报告、进场复试报告、竣工图、验收报告、设计变更、测量记录、隐蔽工程验收单、工作联系函、工程签证等等，都要求我们在整个项目施工过程中要一一注意收集归类存档。如有遗漏，将给竣工验收和项目结算带来不必要的损失，有的影响更是无法估量。工程竣工前，施工单位应按合同中约定的份数和规定时间向建设单位提交完整、准确、经施工单位技术负责人审批并经监理单位审查的施工文件，并对施工文件的真实性、完整性和有效性负责。

（六）成品保护的问题

针对装饰工程的特点，成品保护可谓至关重要，作为最后的一道工序，任何一小点的破坏都会从整体上破坏美感，影响工程验收。对于成品保护，必须采取主动与被动相结合的做法来防护。所谓主动，即采取相应的相关防范强制性的制度，比如不准在成品地面上使用铁梯等规定；所谓被动，即采取相关的防碰撞等手段来保护成品，比如在玻璃等易碎品上遮盖胶合板等措施。总之，必须对成品保护问题天天讲、日日抓，重典治理，加强灌输成品保护的意识，提高工人的认识。

（七）施工安全的问题

建立健全安全生产责任制和各种规章制度，从项目经理、各级管理人员到工人，都做到职责明确，保证"安全第一、预防为主"方针的贯彻落实。新工人进场必须做好三级安全教育，特殊岗位操作人员要经过考试培训持证上岗。认真做好安全交底和检查落实。基坑工程、模板工程、脚手架工程、临时用电、起重吊装工程等要编制安全专项方案，严格按方案进行施工。编制文明施工组织设计，争创安全生产、文明施工达标工地。

总而言之，施工现场的管理是一项较为复杂的工作，必须事无巨细，随时做好防备工作，方方面面均需有所准备，同心协力，才能按时保质地完成施工任务。

第二节 处理方案

随着我国经济的快速发展，近年来，城市建设不断加速。这对于建设单位来说是一个良好的发展机遇，同时对建设单位和施工企业也提出了更高的要求。施工企业在项目建设过程中既要追求企业利润，又要确保满足质量、安全、进度的要求。

（一）认真做好施工技术准备

作为一个工程项目，特别是建筑工程，其施工工艺复杂，材料品种繁多，各施工工种班组多。这要求施工管理人员务必作好技术准备。施工管理人员要熟悉施工图纸，针对具体的施工要求，尽量优化每一道工序，同时考虑资源（施工队伍、材料供应、资金、设备等）和气候等条件，认真、合理地制定计划。除了合理的施工组织计划外，还必须在具体的施工工艺上作好技术准备。

（二）严格监控材料使用

各分项工程都要控制好材料的使用。钢材、木材、沙石料严格按定额供应，并实行限额领料制度。在材料入库、领取、出库、投料、用料、补料、退料和废料回收等环节上应特别重视，严格管理。对于材料消耗特别大的工序，应由项目经理部直接管理。具体施工过程中可以按照不同的施工工序，将整个施工过程划分为多个阶段。在工序开始前由工长、材料员分配大型材料；在施工过程中，如发现材料数量不足，由材料员报请项目经理领料，并说明原因；在每一阶段的工程结束后，由材料员汇报材料使用和剩余情况。材料消耗与经济责任挂钩，可在项目经理部实行节约有奖、超额受罚的制度。

（三）加强施工现场质量控制

现场施工阶段的质量监控是以工序的质量控制为基础的，但在实际工作中，工程人员常常感到不同工序（比如定位放线和墙体砌筑工序）的控制内容的侧重点存在相当大的差异。为区分这些差异进而实现对工序产品质量的有效控制，应针对施工现场进行施工质量控制。

1. 建筑施工现场工序活动条件的控制

建筑施工现场工序活动条件的控制主要是指对影响施工质量的各因素进行控制，也可分为施工准备方面的控制和施工过程中对施工活动条件的控制。施工准备方面的控制应从人员、机械、材料、方法、环境这几个方面进行。例如，对现场材料必须进行取样检验，合格后方可使用。施工过程中施工活动条件的控制主要是对物的监控，对具体操作过程的控制以及其他相关方面的控制。

2. 建筑施工现场活动效果的控制

建筑施工现场活动效果的控制步骤：实测→分析→判断→纠正或认可。实测：采用检测手段，如看、摸、敲、照、靠、吊、量、套或见证取样等，测定质量特性指标。分析：根据实测数据进行分析。判断：与标准对比，判断该产品是否达到规定的质量标准。纠正或认可：若发现质量没有达到规定标准，应采取措施进行整改；若达到规定标准，则给予认可。监理工程师在监控施工现场活动时，应分清主次，抓住关键。首先，制定现场施工质量控制计划。建筑现场施工质量控制计划要明确质量控制工作的相关程序。其次，设置施工现场活动质量控制点，进行预控。

（四）实施施工现场安全管理

1. 建筑工程施工现场安全管理软件建设

安全生产是一项综合性工作，它贯穿于生产的全过程。工程项目各职能部门都是安全管理网络中必不可少的一环。只有各部门不折不扣地落实本部门的安全生产责任制，才能使项目的安全管理成为一个统一的有机整体，保证安全管理更顺畅、更有力度。安全规程、制度和纪律是过去人们在安全生产工作中宝贵经验的积累和总结，是保证生产顺利进行和防止事故发生的有效措施。因此，施工现场安全管理应该在认真学习、参照安全规程和制度的基础上，建立生产责任制度、检查制度、教育培训制度、验收制度、奖罚制度、文明施工管理制度。

2. 建筑工程施工现场的安全教育

安全教育是安全管理工作中的重要一环，是增强人们安全意识、提高安全素质、顺利实现安全工作总体目标的保障。因此，除了组织管理人员参加安全生产的学习、培训、考核外，项目部经理还应围绕施工现场的安全工作经常举办一些专题讲座或讨论会，以强化各级管理人员对安全工作重要性的认识，提高大家的安全技能水平，保证安全工作在各领域的顺利开展。

（五）加强项目管理体系建设

项目施工管理要结合工程规模、特点和要求，确立施工项目的管理目标，建立满足项目管理需要的组织机构。在项目经理的领导下，项目领导班子要做好相关工作。在明确了项目总体管理目标后，还要明确施工期各阶段的分目标，即工程质量、进度等产品成果性目标，工程成本、劳动生产率等管理效率性目标。为实现既定目标，一要明确目标的责任主体，即谁对目标负责；二要明确目标主体的责、权、利；三要对目标责任主体进行检查；四要采取有效措保证目标实现。具体来说，项目施工管理的首要条件，是一个精干、高效的项目领导班子，在项目经理的指挥下，分工明确，管理到位，加上企业管理体系提供的监督，最终实现项目的各项目标。

（六）重视对施工人员的管理

从一定意义上来说，人是决定工程成败的关键。所有的工程项目均是通过人将材料组织而建起来的。只有拥有一支富有创造力的、纪律严明的施工队伍，才能完成一项质量优良的工程。首先，要营造出一种荣辱与共的氛围，职责分明但不失亲和力，让所有的员工都感到自己是大家庭中的一员。其次，必须明确各岗位的职责，权利明确，做到令出必行。最后，针对具体情况适当采用经济手段，对人员管理将起到意想不到的作用。

第八章 施工监理管理

第一节 监理概述

1. 工程建筑管理通常采用以下两种管理模式：一是对一般建筑工程，由建筑单位自行组件基建项目管理机构进行管理；二是对重大建筑工程，则由政府从相关单位抽调人员组建工程建筑指挥部进行管理；

2.1988 年 7 月 25 日原建筑部发布了《关于开展建筑监理工作的通知》，明确提出在工程建筑领域建立具有中国特色的建筑监理制度，并对我国建筑监理的范围和对象、政府建筑监理的管理机构及其职能、社会建筑监理的组织和内容、开展建筑监理的步骤等作出规定，这标志着我国建筑监理制度正式开始推行；

3. 建筑监理的发展阶段

（1）试点阶段：1988～1992 年，是我国建筑监理试点阶段。主要任务就是探索建筑监理路子，积累经验；

（2）稳步发展阶段：1993～1995 年，是我国建筑监理稳步发展阶段。1993 年 7 月，中国建筑监理协会成立。1994 年，原建筑部和人事部在北京、上海、天津、广东、山东五省市举行监理工程师试点考试；

（3）全面发展阶段：从 1996 年开始至今，我国全面推行建筑监理制度。1998 年 3 月 1 日开始实施的《中华人民共和国建筑法》，是我国工程建筑领域的一部大法。《中华人民共和国建筑法》首次以法律形式对建筑监理作出规定、明确了我国强制推行建筑监理制度，同时对建筑监理的基本含义、监理单位的职责和义务作出规定，奠定了建筑监理在工程建筑活动中的法律地位，使建筑监理进入了全面推行阶段；

2001 年 1 月，原建筑部颁布了《建筑工程监理范围和规模标准规定》；

2012 年 3 月，住房城乡建筑部、国家工商管理总局联合发布修订后的《建筑工程监理合同（示范文本）》GF-2012-0202。2013 年 5 月，住房城乡建筑部和国家质量监督检验检疫总局联合发布修订后的《建筑工程监理规范》GB/T50319-2013。

4. 建筑工程项目与监理的概念

（1）建筑工程项目是指经过前期策划、设计、施工等一系列程序，在一定的资源约

束条件下,以形成特定的生产能力或使用效能而进行投资和建筑,并形成固定资产的各类项目;

(2)建筑工程项目的组成:一般可划分为单项工程、单位工程、分部工程和分项工程;

①单项工程:是指具有独立设计文件,建成后能独立发挥生产能力并获得效益的一组配套齐全的工程;

②单位工程:是指具有独立施工条件并能形成独立使用功能的工程。它是单项工程的组成部分。对于规模较大的单位工程,可将其能形成独立使用功能的部分划分为子单位工程;

③分部工程:是单位工程的组成部分。可按专业性质、工程部位确定。当分部工程较大或较复杂时,可按材料种类、施工特点、施工程序、专业系统及类别等将分部工程划分为若干子分部工程;

④分项工程:是分部工程的组成部分。可按主要工种、材料、施工工艺和设备类别进行划分。如建筑工程的混凝土结构子分部工程,可划分为模板、钢筋、混凝土、预应力、现浇结构和装配式结构分项工程;

注:分项工程→分部工程(子分部工程)→单位工程(子单位工程)→单项工程;

5. 建筑工程监理的概念:建筑工程监理是指工程监理单位受建筑单位委托,根据法律法规、工程建筑标准、勘察设计文件及合同,在施工阶段对建筑工程质量、造价、进度进行控制,对合同、信息进行管理,对工程建筑相关方的关系进行协调,并履行建筑工程安全生产管理法定职责的服务活动;

6. 监理工程主要依据与总程序

(1)监理工作主要依据:

①工程建筑的法律、法规、规章和标准;

②建筑工程勘察设计文件;

③建筑工程监理合同、施工合同及其他合同文件;

(2)监理工作总程序:

签订建筑工程监理合同→组建项目监理机构、进行监理准备工作→参加建筑单位主持召开的第一次工地会议→总监理工程师主持召开监理交底会议→总监理工程师签发工程开工令→施工过程监理→组织竣工预验收、提交工程质量评估报告→参加建筑单位组织的竣工验收并签署意见→监理文件资料归档→提交监理工作总结→工程保修期监理

7. 监理工作任务与内容

(1)建筑工程监理工作的主要任务是:在施工阶段对建筑工程质量、造价、进度进行控制,对合同、信息进行管理,对工程建筑相关方的关系进行协调(三控两管一协调),并履行建筑工程安全生产管理法定职责。具体为:

①质量控制:通过审查、巡视、旁站、见证取样、验收和平行检验等方法对工程施工质量进行控制,实现预定的工程质量目标;

②造价控制：通过跟踪检查、比较分析和纠偏等方法对工程造价实施动态控制，力求使工程实际造价不超过预定造价目标；

③进度控制：通过跟踪检查、比较分析和调整等方法对工程进度实施动态控制，力求使工程实际工期不超过计划工期目标；

④合同管理：项目监理机构应根据建筑工程监理合同约定进行合同管理，处理工程暂停及复工、工程变更、索赔及施工合同争议与解除等事宜；

⑤信息管理：项目监理机构对在履行建筑工程监理合同过程中形成或获取的，以一定形式记录的、保存的资料进行收集、整理、编制、传递、组卷、归档，并向建筑单位移交有关监理文件资料；

⑥组织协调：项目监理机构应建立协调管理制度，采用有效方式协调工程参加各方的关系，组织研究解决建筑工程相关问题，使工程参建各方相互理解、有机配合、步调一致，促进建筑工程监理目标的实现；

⑦安全生产管理的监理工作：项目监理机构应根据法律法规、工程建筑强制性标准，履行建筑工程安全生产管理法定职责，并应将安全生产管理的监理工作内容、方法和措施纳入监理规划及监理实施细则。

（2）监理工作内容（主要十点、共22点，P7页）

①收到工程设计文件后编制监理规划，并在第一次工地会议7天前报建筑单位。根据有关规定和监理工作需要，编制监理实施细则；

②熟悉工程设计文件，并参加由建筑单位主持的设计交底与图纸会审会议；

③参加由建筑单位主持的第一次工地会议；主持监理例会并根据工程需要主持或参加专题会议；

④审查施工单位提交的施工组织设计，重点审查其中的质量安全技术措施、专项施工方案与工程建筑强制性标准的符合性；

⑤审核施工分包单位资质条件；审查工程开工条件，对条件具备的签发开工令；

⑥审查施工单位报送的工程材料、构配件、设备质量证明文件的有效性和符合性，并按规定对用于工程的材料采取见证取样或平行检验方式进行抽检；

⑦审核施工单位提交的工程款支付申请，签发工程款支付证书，并报建筑单位审核、批准；

⑧经建筑单位通知，签发工程暂停令和工程复工令；

⑨审查施工单位提交的竣工验收申请，编写工程质量评估报告；

⑩参加工程竣工验收，签署竣工验收意见。

第二节 项目监理机构

1. 项目监理机构组建
 (1) 项目监理机构组建应遵循适应、精简、高效的原则；
 (2) 项目监理机构的监理人员应由总监、专监和监理员组成，且专业配套、数量应满足建筑工程监理工作需要，必要时可设总监代表；
以下情形项目监理机构可设总代：
①工程规模较大、专业较复杂，总监理工程师难以处理多个专业工作时，可按专业设总监代表；
②一个建筑工程监理合同中包含多个相对独立的施工合同，可按施工合同段设总监代表；
③工程规模较大、地域比较分散，可按工程地域设总监代表。

2. 项目监理机构组建程序
 (1) 确定监理工作目标；
 (2) 确定监理工作内容；
 (3) 选择组织结构形式；
 (4) 确定监理工作岗位与职责；
 (5) 监理人员配备；
 (6) 制定工作和信息流程；
 (7) 制定考核标准；
 (8) 实施监理工作；

3. 项目监理机构人员岗位职责
 (1) 总监岗位职责：总监是指工程监理单位法定代表人书面任命，负责履行建筑工程监理合同、主持项目监理机构工作的注册监理工程师。
总监应履行下列职责：
1) 确定项目监理机构人员及其岗位职责；
2) 组织编制监理规划，审批监理实施细则；
3) 根据工程进展及监理工作情况调配监理人员，检查监理人员工作；
4) 组织召开监理例会；
5) 组织审核分包单位资格；
6) 组织审查施工组织设计、《专项》施工方案；
7) 审查工程开复工报审表，签发工程开工令、暂停令、复工令；

8）组织检查施工单位现场质量、安全生产管理体系的建立及运行情况；

9）组织审核施工单位的付款申请，签发工程款支付证书，组织审核竣工结算；

10）组织审查和处理工程变更；

11）调节建筑单位与施工单位的合同争议，处理工程索赔；

12）组织验收分部工程，组织审查单位工程质量检验资料；

13）审查施工单位的竣工申请，组织工程竣工预验收，组织编写工程质量评估报告，参与工程竣工验收；

14）参与或配合工程质量，安全事故的调查和处理；

15）组织编写监理月报、监理工作总结，组织整理监理文件资料。

（2）总监代表岗位职责：是指经工程监理单位法定代表人同意，由总监书面授权，代表总监行使其部分职责和权利，具有工程类注册执业资格或具有中级及以上专业技术职称、3年及以上工程实践经验并经监理业务培训的人员：

总监理工程师不得将下列工作委托给总代：

1）组织编制监理规划，审批监理实施细则；

2）根据工程进展及监理工作情况调配监理人员；

3）组织审查施工组织设计、《专项》施工方案；

4）签发工程开工令、暂停令、复工令；

5）签发工程款支付证书，组织审核竣工结算；

6）调节建筑单位与施工单位的合同争议，处理工程索赔；

7）组织工程竣工预验收，组织编写工程质量评估报告，参与工程竣工验收；

8）参与或配合工程质量，安全事故的调查和处理。

（3）专监岗位职责：由总监授权，负责实施某一专业或某一岗位的监理工作，具有相应监理文件签发权，具有工程类注册执业资格或具有中级及以上专业技术职称、2年及以上工程实践经验并经监理业务培训的人员：

专监应履行下列职责：

1）参与编制监理规划，负责编制监理实施细则；

2）审查施工单位提交的涉及本专业的报审文件，并向总监报告；

3）参与审核分包单位资格；

4）指导、检查监理员工作，定期向总监报告本专业监理工作实施情况；

5）检查进场的工程材料、构配件和设备的质量；

6）验收检验批、隐蔽工程、分项工程、参与验收分部工程；

7）处置发现的质量问题和安全事故隐患；

8）进行工程计量；

9）参与工程变更的审查和处理；

10）组织编写监理日志，参与编写监理月报；

11）收集、汇总、参与整理监理文件资料；

12）参与工程竣工预验收和竣工验收。

4. 监理工作制度

（1）设计交底与图纸会审制度；

（2）审查审核制度；

（3）整改复查制度；

（4）监理会议制度；

（5）巡视检查制度；

（6）检验与验收制度；

（7）监理日志与日记制度

①监理日志应由总监根据工程实际情况，指定一名专监每日对监理工作及工程施工进展情况进行详细记录。监理日志应每日记录，内容应连续，杜绝事后追记；

②监理日记是每个监理人员的工作日记，即项目监理机构所有监理人员每日对自己所进行的监理工作及本专业工程施工进展情况所做的记录，内容应连续，杜绝事后追记。

（8）监理工作报告制度；

（9）工程变更处理制度；

（10）事故报告与处理制度；

（11）资料管理与归档制度；

（12）教育培训制度；

（13）监理人员管理制度。

第三节　监理方法

建筑工程监理工作主要方法包括：审查、巡视、旁站、见证取样、验收和平行检验等；

1. 巡视应包括的主要内容

（1）施工单位是否按工程设计文件、工程建筑标准和批准的施工组织设计、（专项）施工方案施工；

（2）使用的工程材料、构配件和设备是否合格；

（3）施工现场管理人员，特别是施工质量与安全生产管理人员是否到位；

（4）特种作业人员是否持证上岗；

2. 旁站的关键部位、关键工序确定原则

应将影响工程主体结构安全的、完工后无法检测其质量的，或返工会造成较大损失的部位及其施工过程作为旁站的关键部位、关键工序。

3. 见证取样

是指项目监理机构对施工单位进行的涉及结构安全的试块、试件及工程材料现场取样、封样、送检工作的监督活动。

第四节　合同管理

1. 建筑工程合同类型

建筑工程合同涵盖了工程建筑的所有内容，并贯穿于工程建筑的全过程。在工程建筑的各个阶段，都必须用合同来明确和约束建筑单位与参建各方的责任、权利和义务。

（1）按工程承发包方式分类，建筑工程合同主要有：工程总承包合同、工程施工合同和工程项目管理承包合同；

（2）按合同计价方式分类，建筑工程合同主要有：总价合同、单价合同和成本加酬金合同。

1）总价合同：在约定的范围内合同总价不作调整，即明确的总价。总价合同也称作总价包干合同；总价合同的特点：建筑单位可以在报价竞争状态下确定工程总造价。

总价合同又分为固定总价合同和可调总价合同。

①固定总价合同：采用固定总价合同时，承包单位要考虑承担合同履行过程中主要风险，即全部工作量和价格风险。因此，投标报价一般会较高；固定总价合同适用于以下情况：规模小、工期较短；估计在工程实施过程中环境因素变化小，工程条件稳定并合理；工程设计详细，图纸完整、清楚，工程建筑范围、内容明确；工程结构和技术不太复杂，风险较小；投标期相对宽裕，承包单位可以有充足的时间详细考察现场，复核工程量；

②可调总价合同：是指在固定总价合同的基础上，增加合同履行过程中因市场价格浮动对承包价格调整的条款；可调总价合同一般适用于合同期较长（1年以上）的工程，由于合同期较长，承包单位不可能在投标报价时，合理地预见一年后市场价格的浮动影响。因此，应在合同中明确约定合同价款的调整原则、方法和依据；

2）单价合同：特点是单价优先。实际工程款则按实际完成的工程量和合同中确定的单价计算；单价合同又分为固定单价合同和可调单价合同；

3）成本加酬金合同：成本加酬金合同大多适用于边设计、边施工的紧急工程或灾后修复工程；采用这种合同，承包单位不承担任何价格变化或工程量变化的风险，这些风险主要由建筑单位承担，对建筑单位的造价控制很不利。

注：合同管理主要内容：项目监理机构可根据工程特点、工程设计文件及监理合同约定对合同管理目标进行风险分析，并提出防范性对策。

2. 工程暂停及复工管理

（1）工程暂停及复工管理主要内容：

1）总监在签发工程暂停令时，可根据停工原因的影响范围和影响程度，确定停工范围，并应按施工合同和建筑工程监理合同的约定签发工程暂停令；

2）项目监理机构发现下列情况之一时，总监应及时签发工程暂停令：

①建筑单位要求暂停施工且工程需要暂停施工的；

②施工单位未经批准擅自施工或拒绝项目监理机构管理的；

③施工单位未按审查通过的工程设计文件施工的；

④施工单位违反工程建筑强制性标准的；

⑤施工存在重大质量、安全事故隐患或发生质量、安全事故的；

3）总监应会同有关各方按施工合同约定，处理因工程暂停引起的与工期、费用有关的问题；

3. 工程变更管理

项目监理机构可按下列程序处理施工单位提出的工程变更：

（1）总监组织专监审查施工单位提出的工程变更申请，并提出审查意见。对涉及工程设计文件修改的工程变更，应由建筑单位转交原设计单位修改工程设计文件；

（2）总监组织专监对工程变更费用及工期影响做出评估；

4. 费用索赔管理

项目监理机构处理费用索赔的主要依据应包括下列内容：

（1）法律法规；

（2）工程建筑标准；

（3）勘察设计文件、施工合同文件；

（4）索赔事件的证据；

5. 项目监理机构批准工程延期应同时满足下列条件

（1）施工单位在施工合同约定的期限内提出工程延期；

（2）因非施工单位原因造成施工进度滞后；

（3）施工进度滞后影响到施工合同约定的工期；

6. 施工合同解除管理主要内容

（1）因建筑单位原因导致施工合同解除时，施工单位按施工合同约定已完成的工作应得款项；

（2）因施工单位原因导致施工合同解除时，施工单位已按施工合同约定实际完成的工作应得款项和已给付的款项；

第五节 质量控制

1. 工程质量控制基本原理

工程质量控制基本原理可归纳为：PDCA 循环原理及三阶段控制原理；

（1）PDCA（P-计划，D-实施，C-检查，A-处置）循环；每一循环都围绕着实现预期目标，进行计划、实施、检查和处理活动；

1）计划 P：计划职能包括确定质量目标和制定实现质量目标的行动方案；

2）实施 D：实施是指将质量目标值，通过生产要素的投入、作业技术活动和产出过程，转换为质量实际值；

3）检查 C：检查是指对计划实施过程进行的各种检查。包括作业者的自检、互检和专职管理者专检；

4）处置 A：处置可分为纠偏和预防改进两个方面。纠偏是采取措施，解决当前的问题或事故。

（2）三阶段控制原理

1）事前质量控制：重点是工作质量计划预控，即做好工程实施前的准备工作。一是根据质量目标制定质量计划或编制实施方案；二是按质量计划对相应的准备工作进行控制；

2）事中质量控制：重点是过程质量控制，即对工程实施过程进行全面控制，包括技术交底、过程输入的检验、工艺流程、检验点以及变更、不合格质量文件等控制；

3）事后质量控制：时候质量控制也称为事后质量把关，使不合格工序或最终产品不流入下道工序；控制的重点是发现质量方面的缺陷，并通过分析提出质量改进的措施，保持质量处于受控状态。

2. 工程质量控制主要内容

（1）工程开工前，项目监理机构应审查施工单位现场的质量管理组织机构、管理制度及专职管理人员和特种作业人员的资格；

（2）专业监理工程师应对施工单位在施工过程中报送的施工测量放线成果进行查验；

（3）项目监理机构应安排监理人员对工程施工质量进行巡视，巡视应包括下列主要内容：

①施工单位是否按工程设计文件、工程建筑标准和批准的施工组织设计、（专项）施工方案施工；

②使用的工程材料、构配件和设备是否合格；

③施工现场管理人员，特别是施工质量管理人员是否到位；

④特种作业人员是否持证上岗。

（4）项目监理机构应对施工单位报验的隐蔽工程、检验批、分项工程和分部工程进行验收，对验收合格的应给予签认；对验收不合格的应拒绝签认，同时应要求施工单位在指定的时间内整改并重新报验。

对已同意覆盖的工程隐蔽部位质量有疑问的，进行重新检验。经重新检验证明工程质量符合工程建筑相关验收标准、设计图纸、合同要求的，建筑单位应承担由此增加的费用或工期延期，并支付施工单位合理利润；经重新检验证明工程质量不符合工程建筑相关验收标准、设计图纸、合同要求的，施工单位应承担由此增加的费用或工期延误。

（5）对需要返工处理或加固补强的质量缺陷，项目监理机构应要求施工单位报送经设计等相关单位认可的处理方案。

3. 明确工作程序

在工程质量控制过程中，监理工作应围绕影响工程质量的人、机、料、法、环五大因素和事前、事中、事后三阶段，按 PDCA 循环原理和规范的工作程序开展监理工作，才能有效地控制工程施工质量。

4. 工程质量控制措施

工程质量控制措施依据实施内容，可分为组织措施、技术措施、经济措施、合同措施等；依据实施时间，可分为事前控制措施、事中控制措施及事后控制措施等；

依据实施内容采取的主要措施有：

（1）组织措施：建立健全项目监理机构，明确质量控制人员及其岗位职责，制定监理工作制度和工作程序，落实工程质量控制责任；

（2）技术措施：熟悉工程设计文件，加强设计交底与图纸会审工作，审查施工组织设计和施工方案的可行性、可操作性，严格事前、事中和事后的质量检查与验收；

（3）经济措施：严格质量检查与验收，对报验资料不全、与合同文件约定不符、未经监理人员验收合格的工程不予计量，并拒绝支付该部分工程款；

（4）合同措施：加强合同管理，严格控制合同变更，在合同中充分考虑影响工程质量的主要风险因素，并制定防范对策。

5. 工程质量检查方法与内容

（1）质量检查方法：目测法、量测法（实测法）和试验法；

1）目测法：看、摸、敲、照；

2）量测法：靠、量、吊、套；

3）试验法：通过必要的试验手段进行质量状况判断；

①理化试验：工程中常用的理化试验包括物理力学性能检验和化学成分及化学性能测定等两个方面。物理力学性能检验包括各种力学指标的测定和各种物理性能的测定。

②无损检测：利用专门的仪器设备从表面探测结构物、材料、设备的内部组织结构或损伤情况。常用的无损检测方法有超声波探伤、X 射线探伤等；

（2）质量检查内容：

1）工程开工前检查：是否具备工程开工条件，工程开工后是否能够保持连续正常施工，能否保证工程质量；

2）隐蔽工程检查验收：隐蔽工程在隐蔽前，应经施工单位自检合格，并将隐蔽工程报验表及相关验收资料报送项目监理机构申请验收。专监组织相关人员进行现场验收，签署现场验收检查原始记录，并形成验收文件。验收合格后方可进行下道工序施工；

6. 工程质量验收层次划分

工程施工质量验收应划分为单位工程、分部工程、分项工程和检验批；

（1）单位工程的划分；

1）具备独立施工条件并能形成独立使用功能的建筑物或构筑物为一个单位工程；

2）对于规模较大的单位工程，可将其能独立使用功能的部分划分为一个子单位工程；

（2）分部工程的划分（是单位工程的组成部分，一个单位工程由多个分部工程组成）；

1）可按专业性质、工程部位确定；

2）当分部工程较大或较复杂时，可按材料种类、施工特点、施工程序、专业系统及类别将分部工程划分为若干子分部工程；

（3）分项工程的划分（是分部工程的组成部分，由一个或若干个检验批组成）：分项工程可按主要工种、材料、施工工艺、设备类别进行划分；

（4）检验批的划分（是分项工程的组成部分）：按相同生产条件或规定的方法汇总起来供抽样检验用的，由一定数量样本组成的检验体；

7. 工程质量验收程序

（1）检验批：应由专监组织施工单位项目专业质量检查员、专业工长等进行验收；

（2）隐蔽工程：应由专监组织施工单位项目专业质量检查员、专业工长等进行验收；

（3）分项工程：应由专监组织施工单位项目专业技术负责人等进行验收；

（4）分部工程：应由总监组织施工单位项目负责人和项目技术负责人等进行验收；

注：单位工程观感质量检查记录中的质量评价结果填写"好""一般"或"差"；

8. 建筑工程质量验收合格规定

（1）检验批质量验收合格规定；

1）主控项目的质量经抽样检验均应合格；

2）一般项目的质量经抽样检验合格。当采用计数抽样时，合格点率应符合有关专业验收规范的规定，且不得存在严重缺陷；

（2）分项工程质量验收合格规定；

1）所含检验批的质量均应验收合格；

2）所含检验批的质量验收记录应完整；

（3）分部工程质量验收合格规定

1）所含分项工程的质量均应验收合格；

2）质量控制资料应完整；

3）有关安全、节能、环境保护和主要使用功能的抽样检验结果应符合相应规定；

4）观感质量应符合要求。

（4）单位工程质量验收合格规定

1）所含分部工程的质量均应验收合格；

2）质量控制资料应完整；

3）所含分部工程中有关安全、节能、环境保护和主要使用功能的检验资料应完整；

4）主要使用功能的抽查结果应符合相关专业质量验收规范的规定；

5）观感质量应符合要求。

9. 工程质量验收时不符合要求的处理

（1）经返工或返修的检验批，应重新进行验收；

（2）当鉴定结果认为能够达到设计要求时，该检验批可以通过验收；

（3）如经检测鉴定达不到设计要求，但经原设计单位核算、鉴定，仍可满足相关设计规范和使用功能要求时，该检验批可予以验收；

（4）经返修或加固处理的分项、分部工程，满足安全及使用功能要求时，可按技术处理方案和协商文件要求予以验收；

（5）经返修或加固处理仍不能满足安全或重要使用要求的分部工程及单位工程，严禁验收；

（6）工程质量控制资料不完整情况处理。当部分资料缺失时，应委托有资质的检测机构按有关标准进行相应的实体检验或抽样试验；

第六节 造价控制

项目监理机构应根据建筑工程监理合同约定，运用动态控制原理，采取有效措施，通过跟踪检查、比较分析和纠偏等方法对工程造价实施动态控制。

1. 工程造价的含义

工程造价是指建造一个工程项目所花费的全部费用，即工程项目建筑预计支出或实际支出的全部固定资产投资费用；投资一般是从建筑单位或投资者的角度出发，是指在保质保量按期完成工程项目建筑条件下，投入固定资产或流动资产的全部费用。

2. 我国现行工程造价构成

按照我国现行规定，建筑工程总投资分为建筑投资和流动资产投资两部分。

（1）建筑安装工程费：是指用于建筑工程和安装工程的费用；建筑安装工程费由分

部分项工程费、措施项目费、其他项目费、规费、税金组成；

（2）设备及工器具购置费：是指为工程购置或自制达到固定资产标准的设备和新建、扩建工程配置的设备、工器具及生产家具所需的费用；设备购置费包括设备原价和设备运杂费；

（3）工程建筑其他费用；包括土地使用费；与项目建筑有关的其他费用；与未来企业生产经营有关的其他费用；

（4）预备费：包括基本预备费和涨价预备费；

（5）建筑期融资费用：借款利息、债券利息、融资费用。

3. 建筑安装工程费用项目组成（按造价形成划分）

按照工程造价形成，建筑安装工程费由分部分项工程费、措施项目费、其他项目费、规费、税金组成，分部分项工程费、措施项目费、其他项目费包含人工费、材料费、施工机具使用费、企业管理费和利润。

4. 建筑安装工程费组成（按照费用构成要素划分）

安装费用构成要素划分，建筑安装工程费由人工费、材料（包含工程设备）费、施工机具使用费、企业管理费、利润、规费和税金组成。

5. 工程造价控制基本原理

（1）全方位控制；（2）全生命周期控制；（3）动态控制。

6. 工程造价控制程序

在确定工程造价控制目标后，应进行造价控制目标分解。依据施工合同、施工进度计划等，编制资金使用计划。运用动态控制原理，进行造价计划值与实际值的比较，当实际值偏离计划值时，应分析产生偏差的原因，采取有效纠偏措施，以确保造价控制目标的实现；

7. 赢得值法基本参数

赢得值（挣值）法EVM作为一项先进的项目管理技术，已普遍在工程项目投资、进度综合分析中应用。它是通过实际完成工程与原进度计划相比较，确定工程进度是否符合计划要求，从而确定工程实际投资是否与原计划投资存在偏差，并在其基础上进一步分析偏差原因，从而制定纠正偏差的措施；

8. 造价偏差分析常用方法

横道图法、表格法和曲线法（赢得值法）。

9. 纠偏

通常可采用组织措施、技术措施、经济措施、合同措施等。

第七节　进度控制

项目监理机构应根据建筑工程监理合同约定，运用动态控制原理，采取有效措施，通过跟踪检查、分析比较和调整等方法对工程进度实施动态控制；

1. 施工进度计划审查应包括下列基本内容

（1）施工进度计划应符合工程施工合同中工期的约定；

（2）施工进度计划中的主要工程项目无遗漏，应满足分批投入试运，分批动用的需要，阶段性施工进度计划应满足总进度控制目标的要求；

（3）施工顺序的安排应符合施工工艺要求；

（4）施工人员、工程材料、施工机械等资源供应应满足施工进度计划的需要；

（5）施工进度计划应符合建筑单位提供的资金、施工图纸、施工场地、物资等施工条件。

2. 工程进度控制措施

组织措施、技术措施、经济措施、合同措施。

3. 进度计划的编制程序

（1）确定进度计划目标；

（2）确定进度计划工作任务和时间；

（3）明确组织机构、人员与岗位；

（4）检查各工作之间的逻辑关系；

（5）草拟进度计划；

（6）完善并优化进度计划。

4. 进度计划表示方式有

（1）横道图

（2）网络图

1）双代号网络图：是以箭线及其两端节点的编号表示工作，节点表示工作的开始或结束以及工作之间的连接状态。

虚箭线是实际工作中并不存在的一项虚拟工作，故它们既不占用时间，也不消耗资源，一般只表示相邻工作之间的逻辑关系。

2）单代号网络图：是以节点及其编号表示工作，以箭线表示工作之间逻辑关系的网络图，并在节点中加注工作代号、名称和持续时间，以形成单代号网络计划；

5. 工作总时差（TF_{i-j}）

是指在不影响总工期的前提下，本工作可以利用的机动时间。

6. 关键线路

(1) 工作持续时间之和最长的线路为关键线路；

(2) 总时差为零或为最小值的工作串联起来的线路为关键线路。

7. 关键工作

(1) 关键工作是指关键线路上的工作，即延长其持续时间就会影响计划工期的工作；

(2) 关键工作是网络计划中总时差最小的工作；

(3) 当计划工期＝计算工期时，关键工作的总时差为 0。

8. 通过比较实际进度 S 曲线和计划进度 S 曲线，可以获得如下信息

(1) 工程项目实际进展状况。如果工程实际进展点落在计划 S 曲线左侧，表明此时实际进度比进度计划超前，如果工程实际进展点落在计划 S 曲线右侧，表明此时实际进度拖后（左超右拖）；

(2) 工程项目实际进度超前或拖后的时间；

(3) 工程项目实际超额或拖欠的任务量。

9. 香蕉曲线比较法

实际进度描出的电落在 ES 曲线的上方（左侧）或 LS 曲线的下方（右侧），则说明与计划要求相比实际进度超前或拖后；（上超下拖、左超右拖）。

10. 进度计划调整

将实际进度与计划进度进行对比、分析，根据出现进度偏差的大小，以及对后续工作和总工期的影响，决定是否采取相应的措施对原进度计划进行调整，以确保工期目标的顺利实现。

11. 网络计划的调整

可以定期进行，亦可根据计划检查的结果在必要时进行。

第八节　安全生产管理的监理工作

1. 安全生产管理的监理工作内容

(1) 项目监理机构应根据法律法规、工程建筑强制性标准，履行建筑工程安全生产管理法定的监理职责；

(2) 专项施工方案审查应包括下列基本内容：安全技术措施应符合工程建筑强制性标准；

(3) 项目监理机构应编制危险性较大的分部分项工程监理实施细则，明确监理工作要点、工作流程、方法及措施；

(4) 项目监理机构在实施监理过程中，发现工程存在安全事故隐患时，应签发监理

通知单，要求施工单位整改；情况严重时，应签发工程暂停令，并应及时报告建筑单位，施工单位拒不整改或不停止施工时，项目监理机构应及时向有关主管部门报送监理报告。

2. 专项施工方案

（1）其中机械安装拆卸工程、深基坑工程、附着式升降脚手架等专业工程实行分包的，其专项施工方案可由专业承包单位组织编制；

（2）专项施工方案编制应当包括下列内容：

1）工程概况：危险性较大的分部分项工程概况、施工平面布置、施工要求和技术保证条件；

2）编制依据：相关法律、法规、规范性文件、标准、规范及图纸、施工组织设计等；

3）施工计划：施工进度计划、材料与设备计划；

4）施工工艺技术：技术参数、工艺流程、施工方法、检查验收；

5）施工安全保证措施：组织保障、技术措施、应急预案、监测监控；

6）劳动力计划：专职安全生产管理人员、特种作业人员；

7）计算书及相关图纸。

（3）专项施工方案报审程序

1）对超过一定规模的危险性较大的分部分项工程，专项施工方案应由施工单位组织专家进行论证，并将论证报告作为专项施工方案的附件报送项目监理机构；

2）对超过一定规模的危险性较大的分部分项工程，专项施工方案应经建筑单位审批并签署意见；

（4）专项施工方案审查

1）专项施工方案审查的主要内容：

①编审程序应符合相关规定；

②安全技术措施应符合工程建筑强制性标准。

2）常见专项施工方案审查要点

①土方开挖机基坑支护工程：

a. 相邻建筑物和构筑物、地下管线的保护措施是否可行；

b. 土方开挖机基坑支护工程施工方法及安全技术措施是否合理，并具有可操作性；

c. 基坑支护计算书是否完整，计算是否正确；

d. 基坑周边的安全防护措施是否可行，是否具有针对性；

e. 基坑监测点的布置是否符合有关标准及监测要求．

②脚手架工程

a. 脚手架工程设计方案是否合理，并具有可操作性；

b. 脚手架工程计算书是否完整，计算方法是否正确；

c. 脚手架工程安全技术措施是否合理，并具有可操作性；

d.脚手架工程搭设与拆除方案是否完整，是否具有可操作性。

③模板工程及支撑体系

a.模板工程及支撑体系计算书的荷载取值是否符合工程实际，计算方法是否正确；

b.模板工程及支撑体系西部构造的大样图、材料规格、尺寸、连接件等是否完整；

c.模板工程及支撑体系安全技术措施是否具有针对性和可操作性；

d.模板工程及支撑体系施工流程及施工方法是否符合有关标准和要求。

（5）专项施工方案审查应注意的事项

项目监理机构审查施工单位提交的专项施工方案时，一般先进行程序性审查，程序上满足规定的，再进行符合性审查，最后进行针对性审查。

3.危险性较大的分部分项工程范围

（1）危险性较大的分部分项工程

1）模板工程及支撑体系

①各类工具式模板工程：包括大模板、滑模、爬模、飞模等工程；

②混凝土模板支撑工程：搭设高度5m及以上；搭设跨度10m及以上；施工总荷载10kN/m^2及以上；集中线荷载15kN/m及以上；高度大于支撑水平投影宽度且相对独立无联系构建的混凝土模板支撑工程。

③承重支撑体系：用于钢结构安装等满堂支撑体系。

（2）超过一定规模的危险性较大的分部分项工程

1）模板工程及支撑体系

①工具式模板工程：包括滑模、爬模、飞模工程；

②混凝土模板支撑工程：搭设高度8m及以上；搭设跨度18m及以上；施工总荷载15kN/m^2及以上；集中线荷载20kN/m及以上；

③承重支撑体系：用于钢结构安装等满堂支撑体系，承受单点集中荷载700kg以上。

2）起重吊装及安装拆卸工程

①采用非常规起重设备、方法且单件起吊重量在100kN及以上的起重吊装工程；

②起重量300kN及以上的起重设备安装工程；高度200m及以上内爬起重设备的拆除施工。

3）脚手架工程

①搭设高度50m及以上落地式钢管脚手架工程；

②提升高度150m及以上附着式整体和分片提升脚手架工程；

③架体高度20m及以上悬挑式脚手架工程。

4.施工现场专职安全管理人员配备

（1）总承包单位配备项目专职安全生产管理人员应当满足的要求：

1）建筑工程、装修工程按照面积配备：1万~5万m^2的工程不少于2人；5万m^2及以上的工程不少于 3 人，且按专业配备专职安全生产管理人员；

2）土木工程、线路管道、设备安装工程按照工程合同价配备：5000 万～1 亿元的工程不少于 2 人；1 亿元及以上的工程不少于 3 人，且按专业配备专职安全生产管理人员。

5. 安全事故及其处理

（1）安全事故等级划分：

1）特别重大事故，是指造成 30 人以上死亡，或者 100 人以上重伤（包括急性工业中毒，下同），或者 1 亿元以上直接经济损失的事故；

2）重大事故：是指造成 10 人以上 30 人以下死亡，或者 50 人以上 100 人以下重伤，或者 5000 万以上 1 亿元以下直接经济损失的事故；

3）较大事故：是指造成 3 人以上 10 人以下死亡，或者 10 人以上 50 人以下重伤，或者 1000 万元以上 5000 万元以下直接经济损失的事故；

4）一般事故，是指造成 3 人以下死亡，或者 10 人以下重伤，或者 1000 万元以下直接经济损失的事故。

注："以上"包括本数，"以下"不包括本数。

（2）安全事故处理程序：要求施工单位及时启动安全生产应急救援预案，采取有效措施抢救伤员并保护事故现场，防止事故扩大。

第九节　开工准备

1. 分部单位资质审核的基本内容

（1）营业执照、企业资质等级证书；

（2）安全生产许可文件；

（3）类似工程业绩；

（4）专职管理人员和特种作业人员的资格。

2. 试验室检查内容

（1）试验室的资质及试验范围；

（2）法定计量部门对试验设备出具的计算检定证明；

（3）试验室管理制度；

（4）试验人员资格证书；

（5）试验室的信用情况。

3. 施工控制测量成果及保护措施检查复核

专业监理工程师应对施工单位在施工过程中报送的施工测量放线成果进行查验。

4. 进场材料、构配件和设备的质量查验

项目监理机构应审查施工单位报送的材料、构配件和设备的质量证明文件,质量证明文件包括出厂合格证、质量检验报告、性能检测报告以及施工单位的质量抽检报告,并会同施工单位检查材料、构配件和设备的外观质量。

5. 开工条件审查

(1) 开工应具备的条件

1) 设计交底与图纸会审已完成;

2) 施工组织设计已由总监签认;

3) 施工单位现场质量、安全生产管理体系已建立,管理及施工人员已到位,施工机械具备使用条件,主要工程材料已落实;

4) 进场道路及水、电、通信等已满足开工要求;

5) 对毗邻建筑物、构筑物和地下管线的专项保护措施已落实。

(2) 施工工期计算

施工工期自总监发出的工程开工令中载明的开工日期起计算。

第十节 监理规划

建筑工程监理规划是项目监理机构全面开展监理工作的指导性文件。项目监理机构应结合工程实际情况编制监理规划,明确监理工作目标,确定具体的监理工作内容、制度、程序、方法和措施;

1. 监理规划可在签订建筑工程监理合同及收到工程设计文件后,由总监组织编制,并应在召开第一次工地会议前报送建筑单位。

2. 总监主持召开监理规划编制会议,确定个专业编制人员,布置编制任务和要求,明确工作职责和进度。

3. 监理规划编制依据

(1) 工程建筑的法律、法规和标准;

(2) 工程勘察设计文件;

(3) 工程监理合同及其他合同文件;

(4) 其他文件资料。

第十一节 监理实施细则

建筑工程监理实施细则是项目监理机构开展监理工作的操作性文件。项目监理机构应根据有关规定,结合工程特点、施工环境、施工工艺等编制监理实施细则,明确监理工作要点、工作流程和工作方法及措施;

1. 对工程规模较小、技术较简单且有成熟管理经验和措施的,可不必编制监理实施细则。
2. 监理实施细则由专监编制完成后,报总监审批。
3. 监理实施细则编制依据

（1）工程建筑标准;
（2）工程设计文件;
（3）监理规划;
（4）施工组织设计、（专项）施工方案。

第十二节 监理日志与日记

1. 监理日志
（1）主要内容
1）当日工程施工进展情况

记录当日工程材料、构配件和设备进场情况,并记录其名称、规格、数量、所用部位以及质量证明文件等情况;

2）当日监理工作情况,包括审查、巡视、旁站、见证取样、平行检验、材料和设备进场查验、工程验收、质量安全检查等情况。

记录当日项目监理机构巡视检查的内容、部位、包括安全防护、临时用电、消防设施、特种作业人员资格,专项施工方案实施情况。

（2）注意事项
1）项目监理自进入施工现场应记录监理日志,直至工程竣工验收合格后可停止记录;
2）监理日志记录应字迹清晰、工整、数字准确、用语规范、内容严谨;
3）监理日志记录内容必须真实、准确、及时、完整、具有可追溯性。

2. 监理日记

监理日记是项目监理机构所有监理人员每日对自己所进行的监理工作及本专业工程施

工进展情况所做的记录。

（1）记录当日本人巡视内容、部位，专项施工方案实施情况，特种作业人员的资格；

（2）所有监理人员每日均应记录监理日记，内容应连续，杜绝事后追记。

第十三节　工地会议

建筑工程工地会议包括第一次工地会议、监理交底会议、监理例会和专题会议。

第一次工地会议在工程尚未全面开展，总监签发工程开工令前，由建筑单位主持召开。

第十四节　监理月报

监理月报是项目监理机构定期编制并向建筑单位和监理单位提交的重要监理资料，是记录、分析总结项目监理机构的监理工作及工程建筑实施情况的文档资料。

1. 监理月报编制要求

（1）监理月报中应有分析、有比较、有措施、并附必要的图表和照片；

（2）监理月报中提出的问题，应做到交圈闭合，具有可追溯性；

（3）每月均应编制监理月报，内容统计周期一般为上月 26 日至本月 25 日，在下月 5 日前报送建筑单位和监理单位。

2. 监理月报编制依据

（1）工程建筑法律法规和标准；

（2）工程勘察设计文件；

（3）工程监理合同及其他合同文件；

（4）监理规划、监理实施细则；

（5）施工组织设计、（专项）施工方案；

（6）施工现场信息（包括图片资料）。

3. 监理月报编审程序

监理月报由总监组织专监编写；监理月报应经总监审核签字后，报送建筑单位和监理单位。

4. 监理月报应包括的主要内容

（1）本月工程实施情况；

（2）本月监理工作情况；

（3）本月施工过程中存在的主要问题及处理情况；

（4）下月监理工作重点。

5. 监理月报编写的具体内容

本月工程实施情况；

1）工程进展情况；

2）工程质量情况；

3）工程量与工程款支付情况；

4）安全生产管理工作评述。

6. 合同管理

针对工程变更，项目监理机构采取以下措施：

（1）严格按工程变更程序进行处理；

（2）审查工程变更单，变更内容必须符合有关要求，且表述准确；

（3）对工程变更费用及工期影响做出评估，并组织建筑单位、施工单位共同协商确定工程变更费用及工期变化，会签工程变更单；

（4）监督施工单位严格按会签的工程变更单实施。

第十五节　质量评估报告

工程质量评估报告是项目监理机构对工程施工质量进行检查验收，并对其是否达到施工合同约定的工程质量标准进行评估的重要监理资料。工程质量竣工验收合格后，项目监理机构应编写工程质量评估报告，并在工程竣工验收前报送建筑单位。

1. 工程质量评估报告编制要求

工程质量评估报告应经总监和监理单位技术负责人审核签字，并加盖监理单位公章。

2. 工程质量评估报告应包括的主要内容

（1）工程概况；

（2）工程参建单位；

（3）工程质量验收情况；

（4）工程质量事故及其处理情况；

（5）竣工资料审查情况；

（6）工程质量评估结论。

第十六节　监理工作总结

监理工作总结是全面反映项目监理机构工作成效以及监理合同履行情况的重要资料。监理工作结束后，项目监理机构应向建筑单位、监理单位提交监理工作总结。

1. 监理工作总结编制要求

监理工作总结应经总监审核签字，并加盖项目监理机构印章。

2. 监理工作总结编审程序

监理工作总结应由总监组织专监编写。

3. 监理工作总结应包括的主要内容

（1）工程概况；
（2）项目监理机构；
（3）建筑工程监理合同履行情况；
（4）监理工作成效；
（5）监理工作中发现的问题及其处理情况；
（6）说明和建议。

第十七节　监理文件资料管理

建筑工程监理文件资料管理是指项目监理机构对履行建筑工程监理合同过程中形成或获取的，以一定形式记录、保存的文件资料进行整理、传递、组卷、归档、并向建筑单位移交有关监理文件资料。

1. 监理文件资料管理要求

（1）项目监理机构应建立健全监理文件资料管理制度，宜设熟悉工程监理业务、经过监理文件资料培训的人员负责管理监理文件资料，落实监理文件资料管理职责；

（2）监理文件资料应真实、准确、有效和完整，具有可追溯性；严禁对文件资料伪造、涂改或故意撤换、损坏和丢失；

（3）总监在监理交底时应强调及时收集、整理文件资料的重要性，并明确参建各方的管理职责；

（4）监理文件资料的信息量大，覆盖面广，类别多，可追溯性强，资料管理人员必须及时整理、分类汇总，并按规定组卷、归档，做到分类有序、存放整齐；

（5）监理单位应根据工程特点和有关规定，保存监理档案，并合理确定监理文件资料的保存期限。

2. 监理文件资料管理主要内容

（1）项目监理机构建立健全建筑工程监理文件资料的管理制度和报告制度；

（2）项目监理机构应运用计算机信息技术进行监理文件资料管理，实现监理文件资料管理的科学化、标准化、程序化和规范化；

（3）专监应及时签认进场工程材料、构配件和设备的质量报审资料以及隐蔽工程、检验批、分项工程和分部工程的质量验收资料。

3. 监理文件资料管理程序

（1）签收文件资料。资料管理人员应对各参建单位报送的文件资料的完整性进行确认，若文件资料不完整，应拒收，待报送单位补充完整后再进行签收；（所有文件应在收文登记簿上进行登记，登记内容包括：文件编号、文件名称、内容摘要、发文单位、收文日期、收文人员签字）

（2）处理文件资料。文件资料签收后，资料管理人员应附上文件资料处理签，报送总监或专监确定文件资料的承办人、是否需传阅、传阅范围。

（3）归档文件资料。文件资料处理完后，文件资料原件应及时交还资料管理人员进行归档。

4. 监理文件资料主要内容

（1）勘察设计文件、建筑工程监理合同及其他合同文件；

（2）总监任命书，工程开工令、暂停令、复工令，工程开工、复工报审文件资料；

（3）见证取样和平行检验文件资料；

（4）监理通知单、工作联系单与监理报告；

（5）监理月报、监理日志、旁站记录。

5. 监理文件资料归档与移交

监理文件资料归档内容、组卷方法以及监理档案的验收、移交和管理，应根据有关规定，并参照工程所在地建筑行政主管部门、地方城市建筑档案管理部门的规定执行。

（1）监理文件资料归档

1）项目监理机构收集归档的监理文件资料应为原件，若为复印件，应加盖报送单位印章，并注明原件存放处、经办人及经办时间；

2）监理单位应根据工程特点和有关规定，保存监理档案。保存期限应符合有关规定和建筑工程资料管理的要求。

（2）监理文件资料移交

1）监理单位应按有关资料管理规定和监理合同约定，及时向建筑单位移交需要归档的监理文件资料，并办理移交手续。

第十八节　监理表格

建筑工程监理表格分 A、B、C 三类。A 类表为工程监理单位报告、指令用表，由工程监理单位或项目监理机构签发；B 类表为施工单位报审、报验用表，由施工单位或施工项目经理填写后报送工程建筑相关方；C 类表为通用表，是工程建筑相关方工作联系的通用表。

1. A 类表（工程监理单位用表）

（1）表 A.0.1 总监任命书：本表用于在建筑工程监理合同签订后，工程监理单位对总监的任命以及相应的授权范围书面通知建筑单位；

（2）表 A.0.3 监理通知单：本表用于项目监理机构针对施工现场出现的各种问题，对施工单位发出书面通知、提出整改要求；对于一般问题可由专监签发，对于重要问题应由总监或经其同意后签发；

（3）表 A.0.6 旁站记录：本表用于监理人员对关键部位、关键工序的施工质量实施现场跟踪监督活动的实时记录；

（4）表 A.0.7 工程复工令：工程复工令必须注明复工的部位和范围，复工日期等；由总监签字，并加盖执业印章。

2. B 类表（施工单位报审、报验用表）

（1）表 B.0.1 施工组织设计/（专项）施工方案的报审：项目监理机构对施工组织设计/（专项）施工方案进行审查并签署意见。当需要施工单位修改时，应由总监签署书面意见要求施工单位修改后重新报审；

（2）表 B.0.3 工程复工报审表：工程复工报审时，应附有能够证明已具备复工条件的相关文件资料，包括相关检查记录、有针对性的整改措施及落实情况、会议纪要、影像资料；

（3）表 B.0.4 分包单位资格报审表：

1）本表用于分包单位的资格报审，包括劳务分包和专业分包；

2）分包单位的名称应按企业法人营业执照全称填写。分包单位资质材料包括：营业执照、企业资质等级证书、安全生产许可证、专职管理人员和特种作业人员的资格证书等；分包单位资质材料应注意资质年审合格情况，防止越级分包；分包单位业绩材料是指分包单位近三年完成的与分包工程内容类似的工程业绩材料；

（4）B.0.5 施工控制测量成果报验表：用于施工单位施工控制测量完成并自检合格后，向项目监理机构报验；

（5）B.0.9 监理通知回复单：用于施工单位在收到监理通知单后，根据监理通知单要求进行整改、自检合格后，向项目监理机构报送监理通知回复意见；

（6）B.0.11 工程款支付报审表：项目监理机构对其进行审查，提出审查意见，并报建筑单位审批。经建筑单位审批后方可作为总监签发工程款支付证书的依据；本表应由总监签字，并加盖执业印章。

3. C 类表（通用表）

（1）C.0.1 工作联系单：用于项目监理机构与工程建筑有关方（包括建筑、施工、勘察、设计等单位和上级主管部门）之间的日常书面工作联系，包括告知、督促、建议等事项；

4. 填表注意事项

（1）各类表在实际使用中，应分类建立统一的编码体系，各类表其编号应连续，不得重号、跳号；

（2）对于涉及的有关工程质量方面的基本表式，由于各行业、各部门的专业要求不同，各类工程的质量验收应按相关专业验收规范、标准及相应表式的要求使用。如果没有相应的表式，项目监理机构采用定制的表式应事先告知建筑单位、施工单位，使其明确表格的使用要求。

结　语

　　建筑施工是一个技术复杂的生产过程，需要建筑施工工作者发挥聪明才智，创造性地应用材料、力学、结构、工艺等理论解决施工中不断出现的技术难题，确保工程质量和施工安全。这一施工过程是在有限的时间和一定的空间上进行着多工种工人操作。成百上千种材料的供应、各种机械设备的运行，因此必须要有科学的、先进的组织管理措施和采用先进的施工工艺方能圆满完成这个生产过程，这一过程又是一个具有较大经济性的过程。在施工中将要消耗大量的人力、物力和财力。因此要求在施工过程中处处考虑其经济效益，采取措施降低成本。施工过程中人们关注的焦点始终是工程质量、安全（包括环境保护）进度和成本。